高等院校规划教材

PUTONG GAODENG YUANXIAO JISUANJI JICHU JIAOYU XILIE JIAOCAI

普通高等院校计算机基础教育系列教材

计算机信息管理基础（第二版）

JISUANJI XINXI GUANLI JICHU

主　编　曾　一　王欣如

编　者（按姓氏笔画排序）

王欣如　冉春林　卢海峰

伍　星　刘立平　陈　策

曾　一　熊心志

重庆大学出版社

内容提要

教材从信息管理的角度出发，以数据库应用为核心，以管理信息系统应用软件开发为主线，以数据库应用软件系统开发为重点，以系统的分析、设计、实现为主要过程，结合应用案例，介绍信息管理的基本概念、关系数据库基础、SQL 语言与 SQL Server 2008、应用软件建模方法、PowerDesigner 建模技术、VB.NET 程序设计技术和数据库应用编程技术、典型应用系统开发案例、Web 开发技术等内容。本教材还简要介绍了系统的测试、运行、维护、管理等内容。

本教材侧重应用软件建模方法和应用软件开发技术，强调数据库应用系统的开发过程，应用性和实用性强，可作为高校各专业计算机基础类课程的教材或参考书，也可作为软件开发人员、工程技术人员从事信息系统开发的参考书。

图书在版编目(CIP)数据

计算机信息管理基础/曾一，王欣如主编.—重庆：重庆大学出版社，2006. 8(2016.8 重印)
(普通高等院校计算机基础教育系列教材)
ISBN 978-7-5624-3776-5

Ⅰ.①计… Ⅱ.①曾…②王… Ⅲ. 计算机应用—信息管理—高等学校—教材 Ⅳ. G203

中国版本图书馆 CIP 数据核字(2006)第 096727 号

普通高等院校计算机基础教育系列教材
计算机信息管理基础
(第二版)
主 编 曾 一 王欣如
策划编辑：章 可 陈一柳
责任编辑：陈一柳 版式设计：陈一柳
责任校对：贾 梅 责任印制：张 策
*
重庆大学出版社出版发行
出版人：易树平
社址：重庆市沙坪坝区大学城西路 21 号
邮编：401331
电话：(023) 88617190 88617185(中小学)
传真：(023) 88617186 88617166
网址：http://www. cqup. com. cn
邮箱：fxk@ cqup. com. cn (营销中心)
全国新华书店经销
重庆市国丰印务有限责任公司印刷
*
开本：787mm×1092mm 1/16 印张：15 字数：337 千
2016 年 8 月第 2 版 2016 年 8 月第 9 次印刷
印数：15 701—17 700
ISBN 978-7-5624-3776-5 定价：29.00 元

前言

目前,大学计算机基础教学已经成为高等学校人才培养过程中不可或缺的重要环节。随着教育部高等学校计算机基础课程教学改革步伐的进一步推动,以计算思维为导向的大学计算机基础课程的新一轮教学改革,开启了以提升学生信息素养和应用能力为目标的,我国高校计算机基础教育改革的新局面。这种新的改革思路和发展方向,对于促进传统的知识型、技能型教学向思维型教学的转变,加深计算机技术与本专业技术的融合以满足社会对复合型人才的需求,进一步提升学生的计算思维能力和计算机应用能力等具有积极的意义。本教材就是在深入开展以计算思维为导向的计算机基础课程教学的研究、改革和实践的基础上,为适应新的计算机基础教学改革与发展,在原有第一版教材的基础上而编写的。

我们组织编写的这本教材既能反映当前计算机基础教育改革发展方向,又能适应社会发展需求、个人学习需求和信息技术发展与进步,使其有利于学生计算思维能力的培养,有利于学生利用计算机解决问题的应用能力的提升。

本教材的再版就是为大学非计算机专业的学生提供一本以数据库技术为核心、面向应用的基础性教材,教材内容的组织以体现计算思维的本质和特点为宗旨。我们认为,计算思维就是如何利用计算机解决问题的认知过程。这个过程大致可以分为:问题的可行性分析、利用计算机解决问题的思路和方案、解决问题的基本计算环境的建立、解决问题的方法和技术、实现工具与具体计算问题的实现,以及计算的执行和对最后计算结果的评价等。这也与我们编写的第一版教材的主导思想是一致的。

基于以上目的和认识,我们对原版教材的主要内容做了较大修改,大部分章节重新组织,对数据库基础、SQL 语言、建模技术、数据库应用程序开发技术、典型案例、Web 开发技术等主要内容进行了重新编写。

再版教材从信息管理的角度出发,以数据库应用为核心,以管理信息系统应用软件开发为主线,以数据库应用软件系统开发为重点,以系统的分析、设计、实现为主要过程,结合应用案例,介绍信息管理的基本概念、关系数据库基础、SQL 语言与 SQL Server 2008、应用软件建模方法、PowerDesigner 建模技术、VB 应用程序开发方法和技术、Web 开发技术等内容。为了加强对数据库技术的深入理解,特别设计了一个简单教学管理系统为典型的管理信息系统应用开发案例,将分析、设计、实现等主要开发过程通过完整的一章加以介绍。本教材还简要介绍了系统的测试、运行、维护、管理等内容。

教材第 1 章由陈策编写,第 2 章由王欣如编写,第 3 章由熊心志编写,第 4 章由曾一编写，第5章由冉春林编写，第6章由卢海峰编写，第7章由王欣如、刘立平编写，第8章由伍星编写。全书由曾一、王欣如担任主编，负责教材大纲的编写、内容调整、修改和最后统稿等工作。

在编写和出版过程中得到了杨丹教授、沙行勉教授、王茜教授的支持和鼓励，朱庆生教授对全书进行了审阅，刘慧君副教授、郭松涛副教授、熊壮副教授、李杰副教授对本书提出了许多建议和意见，也得到了许多同事的支持和帮助，重庆大学教务处给予了大力支持，出版社为本教材的出版做了大量的工作，编者在此表示衷心的感谢。

由于作者水平有限，书中错误和不妥之处恳请读者批评指正。

本教材可作为高校非计算机专业计算机基础类课程的教材或参考书，也可作为从事信息系统开发人员的参考书或培训资料。

编　者

2015年7月

目录

第1章

计算机信息管理概述

信息是人类社会最重要的战略资源之一。人类认识世界、改造世界的一切有意义的活动都离不开信息资源的开发、加工和利用。信息也是知识创新的关键因素,但浩如烟海的信息,只有经过有效获取、科学加工和有序管理,才能成为可利用的资源。有人把网络比作信息高速公路,计算机软硬件比作在高速公路上跑的“车”,信息资源比作“货”,当前的问题是“车”严重空载和“货”的质量不高。

计算机信息管理是“加工生产”大量优质信息产品的知识工具,它直接推动了世界的信息化以及知识经济迅速发展。本章按照“硬件—系统软件—数据库管理系统—应用软件开发工具—最终用户软件”这个层次关系,从数据与信息、技术基础、信息管理标准化与分类编码、管理信息系统等几个方面概述了计算机信息管理的主要内容,为以后各章的学习提供了一个宏观的知识背景。

1.1 信息与信息管理

1.1.1 数据和信息

1)数据的概念

数据的概念包括两个方面:其一,数据内容是事物特性的反映或描述;其二,数据本身是符号的集合。由于记录和描述事物的特性必须借助一定的符号,这些符号就是数据形式。例如,中文日期形式是“1998 年 7 月 27 日”,而英语国家的日期形式用“07/27/98”来表示。可以将数据形式归纳为静态和动态两种。静态的数据形式包括文字、图形、色彩、符号等;动态的数据形式有动画、视频、声音等,它的主要特点是与时间轴有关。

数据强调“符号”和“记录”。“符号”不仅仅指数字、字母、文字和其他特殊字符,还包括图形、图像、声音等多媒体数据。“符号”就是数据形式。“记录”也不仅是指印在纸上,也包括记录在磁介质、光介质、半导体存储器中，甚至包括生物记录。现代数据记录一般利用计算机输入技术完成。

2)信息及其属性

“信息”一词源于拉丁文“Information”，是指一种陈述或一种解释、理解等。《辞海》中将信息定义为音信、消息。《现代汉语词典》对信息的解释是：对信息接受者来说事先不知道的报道。安东尼·G·欧廷格曾经说过“没有物质，就什么东西也不存在；没有能量，就什么事情也不发生；没有信息，就什么东西也无意义。这就是信息。”

信息是关于现实世界各种事物的可通信的知识。信息是有意义的数据，是人脑经过加工形成的知识。例如：13 亿是一个数据，如果解释为中国的人口数，13 亿中国人就是信息。如果你记忆到大脑，就形成了知识。信息的可通信是指它的交流传播能力。信息是具体的，并且可以被人(生物、仪器等)所感知、提取、识别，可以被传递、存储、变换、处理、显示、检索和利用。

数据与信息既有联系又有区别。数据是载荷信息的物理符号或称为载体。数据能表示信息，但并非任何数据都能表示信息。同一数据也可能有不同的解释。因此，信息是一种被加工成特定形式的数据，这种数据形式对于数据接收者来说是有意义的。信息不随数据设备所决定的数据形式而改变，但数据表示方式却具有可选性，用不同的数据形式可以表示同样的信息。例如，同一条新闻信息可用文字在报纸上刊登，在电台上用声音广播，在电视上用图像放映。

信息具有如下属性：

➢ 真实性　信息反映了客观世界的存在事物，因此是真实可信的。换句话说，信息包括真实的数据。

➢ 时效性　这是指信息被利用的时间效率。信源至信息利用的时间间隔越短，时效性越强。

➢ 依附性　信息必须通过人这个主体的认知才能被反映和揭示。人的观念、意识、思维、能力、素质和心理等因素对信息的质和量都有着重大的影响。信息必须依附于一定的物质形式(声波、纸张、电磁波、磁性材料等)之上，不可能脱离物质单独存在。

➢ 等级性　以管理信息为例，信息分为：战略级(校级)、战术级(院级)、作业级(教学任务)。不同等级的信息在来源、寿命、使用频率等方面有不同的表现。表 1.1 给出管理信息的等级性。

表 1.1　管理信息的等级性

等　级	来　源	寿　命	加工方法	使用频率	精　度
战略	外部	长	灵活	低	低
战术	内、外	中	中	中	中
作业	内部	短	固定	高	高

➢ 变换性　信息通过加工，把信息从一种形式变换成其他形式，同时在这个过程中保

持或增加一定的信息量。如果这个加工过程中没有任何量的增加或减少，则认为信息加工过程是可逆的。

➤ 价值性　信息是经过加工并对社会生产经营活动产生影响的数据，是劳动创造的一种资源，因此是有价值的。

➤ 共享性　这是信息区别于物质的一个重要特征。物质、能源都遵循能量守恒。唯独"信息"资源可以共享。信息可以被共同占有、共同享用，在信息的传递过程中，可以被众多的信宿同时接收利用。信息的共享性以及扩散容易，因此也提出信息的保密问题。

➤ 压缩性　信息一旦被数字化，其容量可以通过技术手段极大缩小，便于通信、存储。

1.1.2 信息管理的概念

信息管理，作为人类信息交流与传递的一项基本活动，早已存在。随着人类社会步入信息时代，信息管理的理论与方法逐步科学化。一般对信息管理有两种认识：一种是将信息管理等同于信息资源管理，将涉及信息活动的各种要素（信息、人、机器、机构等）进行合理的组织和控制，以实现信息及相关资源的合理配置，从而有效地满足社会的信息需求的过程。而信息资源包括：文献资料、多媒体数据、多种形式的信息等。另一种是将信息管理等同于管理信息系统，强调信息管理的系统特征，认为信息管理是由信息源、信息接收器、管理者和信息处理机等组成的人机系统，其功能是对信息进行组织、控制、加工、规划等，并引向预定目标，为管理人员的决策与生产经营管理服务。

从信息管理的发展历程来看，信息管理始终是沿着"存（保存、存留）→ 理（整理、加工）→传（传播、传递）→找（查找、检索）→用（利用、使用）"这一轨迹向前发展。因此，信息管理的实质是对从信息生产到信息消费（利用）全部过程中各种信息要素与信息活动的组织与管理，以便最大限度地满足社会对适用信息的需要。

管理是计划、组织、指挥、协调和控制等活动，是协调人际关系，激发人的积极性，通过有效利用，配置人、财、物等资源，设计和保持一种良好的环境，使组织能够高效率地完成既定的目标。管理中信息的流动情况如图1.1所示。信息管理模型构造了两个作用体，其一是管理者，它是信息处理的主体；其二是管理对象，它是信息处理的客体。管理者通过调查研究获取管理对象的初始信息和环境信息，然后进行加工，做出决策，发出指令，通过协调

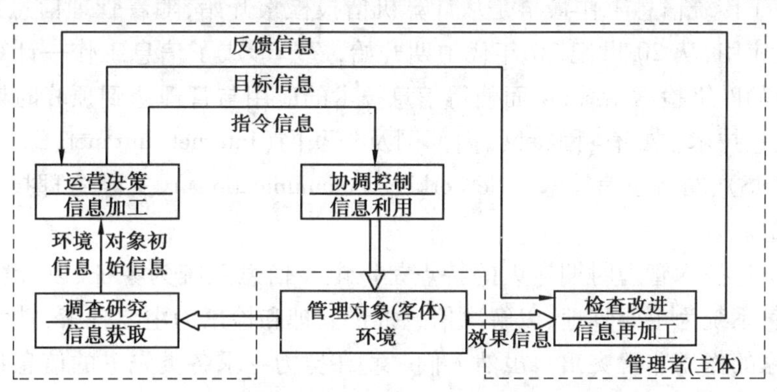

图1.1　信息管理模型

控制机制作用于管理对象。经过一段时间,管理者利用检查对效果信息进行再加工,衡量管理对象的活动是否偏离了既定目标。如果答案是否定的,就要修正管理对象的行为。如果答案是肯定的,则要鼓励管理对象,使之更有效率。

一般认为,信息管理者不再是信息的保管者,而是信息的传递者和交流者;信息管理必须从消极管理走向积极管理、从静态管理走向动态管理、从注重结构走向发展功能;信息效用是信息管理的中心问题和价值体现,信息处理是信息管理的根本手段和服务基础;应该坚持"用户第一""利用为本""服务至上"的思想;信息用户和信息资源的有机结合就是最科学的信息管理。

1.1.3 信息管理的发展历程

信息管理经历了传统管理、技术管理、资源管理 3 个主要时期。

1)传统管理时期(1950 年以前)

这一时期是信息管理的萌芽与发展时期,以信息载体管理为主要特征。概括起来,主要有以下几个特点:

①以图书馆为象征,以文献信息为核心,着眼于文献信息源的收藏管理,既包括文书档案管理,又包括科技文献(信息)管理。

②管理的载体对象主要是文献。

③管理的主要任务是解决文献资料的收藏、保存与整理,并开始注重文献的信息服务。

④管理手段是以手工操作为主,并辅之以部分机械化作业。

⑤管理人员主要是图书馆员。

这一时期的信息管理属社会公益性质,处于信息管理的初级发展阶段。

2)信息技术管理时期(1950—1980 年)

计算机在信息工作中的运用是信息管理的一次质的飞跃,标志着以计算机为工具、以自动化信息处理和信息系统建立为主要内容、着眼于信息流控制的信息技术管理时期的到来。

计算机用于传统信息工作最早是从计算机情报检索开始,随着管理信息系统(MIS)的诞生及其广泛应用,从 20 世纪 70 年代中期开始,逐步形成了信息工作—计算机—现代通信技术三结合的网络检索系统,从而使得信息技术的应用与管理达到顶峰时期。在信息管理中常用的信息技术主要有:因特网、内部网及外联网(Internet、Intranet、Extranet)、数据库管理系统(DBMS)、网络通信技术(Networking Communications)、文献管理技术(Document Management)等。

很显然,信息技术管理时期最大的特点是以电子信息系统为象征、以计算机技术为核心、以管理信息系统为主要阵地,以解决信息批量处理和检索为主要任务,技术因素占主导地位,技术专家的作用非常突出。虽然人们一直在努力寻求各类先进的信息技术来管理信息,但因忽略了信息过程中其他因素的作用,因而这种纯技术的应用并不可能完全实现信息的有效管理和开发利用。

3)信息资源管理时期(1980 年至今)

信息资源管理时期是在传统时期和技术时期的基础上逐步形成与发展起来的。尤其是在信息管理的技术时期极大地推动了社会的信息化进程,加速了全球高速信息网络的形成,从而彻底改变了人类的工作与生活方式。但是,随着技术的进一步发展,出现了技术——社会的一系列复杂的问题。其中最突出的问题就是纯粹的技术手段不能实现对信息的有效控制管理与利用,再加上信息社会中的人们每时每刻都处在信息海洋的包围之中,各种始料不及的新矛盾层出不穷,从而使人们不得不深受各种错综复杂的信息环境的负面影响。同时也给信息管理带来了重重困难。因而也就使人们对信息和信息管理的认识发生了质变。特别是从 20 世纪 80 年代开始,人们对信息的管理逐渐从过去那种单纯依赖技术的管理开始走向综合利用技术、经济、人文手段对信息的内容、载体及信息活动的所有要素进行全方位的复合集成管理,从而标志着信息资源管理的思想和观念的形成。

信息资源管理时期最大的特点是引入经济手段与人文手段实现信息管理。经济手段的引入有两层含义:一层含义是:在社会公益性信息管理中,因信息活动的预算有限、信息系统技术设备日益昂贵、信息服务的耗费越来越大,以及信息服务中的有偿成分增多,因而需要运用经济手段对信息和信息活动进行管理;另一层含义是:当代社会经济发展,使信息已经成为一种重要的经济资源,因而需要全面考察信息作为经济资源的性质、利用状况以及效用、实现的特征与规律,在时间、空间和数量上对其优化配置,并从经济角度对其实施管理,使其效益最大化。

人文手段的引入主要是指用信息政策(Information Policies)与信息法律(Information Laws)来规范和约束信息活动中人的行为,规定各方面的责任、权力和利益,协调信息活动内外的各种关系。信息法律的中心问题是知识产权问题和信息安全问题(主要包括数据安全、信息系统安全、计算机安全、国家信息主权和个人信息隐私权等)。在信息共享和信息产权保护之间、在信息流通和信息安全之间寻求一种合理与和谐的平衡是信息法律追求的目标。信息政策与信息法律两者相辅相成,一方面信息政策为制定信息法律奠定基础,另一方面信息法律是信息政策的具体体现,两者的出现均属信息资源人文管理的必然结果。

1.1.4 信息管理的范围

由于不同的信息管理学派以及对信息管理概念内涵理解的差异,对信息管理的范围的界定有以下几种代表性的观点:

第一种观点认为信息管理主要研究信息业的环境管理(包括社会信息业、信息技术与传递媒介、社会信息流)、信息资源管理、信息流通管理(包括信息服务、信息市场、信息经济)及信息事业管理。

第二种观点认为信息管理的范围包括信息资源开发、调配与组织管理、信息传递与交流组织、信息的揭示、控制与组织、信息研究、咨询与决策、信息技术与信息系统管理、信息服务与用户管理、信息经济管理及与信息活动有关的社会管理。

第三种观点认为信息管理主要研究制定和实施信息政策、规划、计划、机构的设置和组织、人员的配置、使用与培训、经费及成果管理等。

第四种观点认为信息管理含有信息内容管理、信息媒体管理、计算机信息处理、管理信息系统、信息产业及行业的队伍管理等。

通常按照信息的内容、载体、管理层次、管理手段等划分信息管理的不同范围。

1)依信息的内容区分

依信息的内容区分,信息管理大致可分为军事信息管理、政务信息管理、经济信息管理、科技信息管理、社会信息管理、文体信息管理等不同领域的信息管理,这些不同领域的信息管理的产生,往往是这些领域的人们进行信息活动的结果,也是这些不同领域实践的产物。因为各种人类实践领域所产生的信息不仅是该领域活动的伴生物,且对该领域产生重要影响,还对该领域的现实决策、实施操作、经验积累、预测动向等起着重要作用。

2)依信息的载体区分

依信息的载体区分,信息管理大致可分为文献管理、数据库管理、网络管理和多媒体管理。文献是人类社会主要的信息载体。人类最早的信息管理是从对甲骨文献、泥版文献的管理开始的,而档案馆、图书馆从古到今则是典型的文献管理机构,近代文献工作才分化出各种科技信息工作机构、经济信息工作机构等。数据库是新的信息管理技术,现在国内外已逐渐形成数据库产业。网络管理是指对计算机网络的管理,包括通信网络和资源网络的管理。多媒体是指信息的感觉媒体、表示媒体、显示媒体、存储介质和传播媒体的综合。多媒体系统同时具有处理、存储、传输、展示多种载体信息的功能,其应用和管理已日渐成熟。

3)依信息管理层次区分

依信息管理层次区分,可分为宏观管理和微观管理。宏观信息管理是国家政府部门通过政策法规,运用行政、经济、法律等手段,从战略高度对全国信息活动实施的管理。微观信息管理是地区、行业部门以及基层管理机构以各种手段方式对信息活动全过程、各信息要素进行的管理。

4)依信息管理的手段方式区分

依信息管理的手段方式区分,可分为手工管理、技术管理、行政管理、经济管理、法律政策管理等。

1.2 信息管理的技术基础

按照“计算机硬件—操作系统—数据库管理系统—应用软件开发工具—最终用户软件”这个层次关系能够全面理解信息管理的技术基础,如图1.2所示。计算机硬件,包括网络设备,构成了信息管理的物理基础;操作系统负责管理硬件及软件资源,提供安全友好的操作环境;数据库管理系统实现大量数据的集中统一管理;各种应用软件开发工具为系统分析人员、设计人员以及实施人员提供规范和标准,从而极大地提高系统的开发效率;最终完成具体应用领域的信息管理系统。

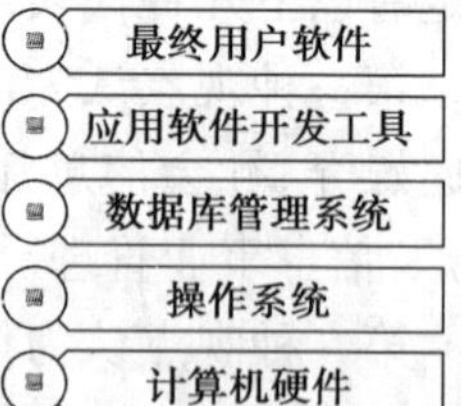

图1.2 信息管理技术的层次结构

1.2.1 计算机与计算机系统

计算机是一种能预先存储程序，自动、高速、精确地进行信息处理的现代电子设备。计算机系统是由硬件系统和软件系统两大部分组成的，硬件(Hardware)也称硬设备，是指计算机的各种看得见、摸得着的机电装置，是计算机系统的物质基础；软件(Software)是指程序系统，是发挥机器硬件功能的关键。硬件是软件建立和依托的基础，软件是计算机系统的灵魂。

1)计算机硬件系统

计算机的硬件系统一直沿袭冯·诺伊曼的传统框架，由运算器、控制器、存储器、输入设备、输出设备五大基本部件构成。基本功能是接受计算机程序的控制来实现数据的输入、计算、输出等一系列操作。

2)软件与操作系统

计算机的软件系统一般分为系统软件和应用软件两大类。软件是具有重复使用价值的程序和相关文档资料，而程序则是计算机指令的有限集合。其中，系统软件是管理、监督和维护计算机资源的软件，主要有操作系统、语言处理程序和各种工具软件。

操作系统是最核心的系统软件，它提供了一系列的程序集合，使用户可以充分地利用系统的资源，同时又提供各种友善的方式来帮助用户方便地使用资源。操作系统屏蔽了复杂的硬件设备管理操作，向用户提供了一个安全、高效的程序运行环境。操作系统的基本特征是“多任务并行和资源共享”，其主要功能是管理计算机系统中的各种资源，主要体现为进程与处理机管理、存储管理、文件管理和设备管理。

根据操作系统使用环境和对作业处理方式来考虑，操作系统的基本类型有：批处理操作系统、分时操作系统、实时操作系统、网络操作系统、分布式操作系统、通用操作系统等。

计算机只能直接运行机器语言的程序。用汇编语言和各种高级语言的符号和语法规则编写的程序称为源程序，它们必须通过语言处理程序转换成机器语言的可执行程序。语言处理程序的种类有汇编、解释和编译。

应用软件是用户为了解决某些特定问题而开发和研制的各种程序，它往往涉及应用领域的知识，并在系统软件的支持下运行。

1.2.2 数据库与数据库系统

1)数据库的概念

数据库(Database)是长期储存在计算机内、有组织的、可共享的相关数据集合。这些数据是结构化的，无有害的或不必要的冗余，并为多种应用服务；数据的存储独立于使用它的程序；对数据库插入新数据，修改和检索原有数据均能按一种公用的和可控制的方式进行。从软件的角度看，数据库是数据库对象的集合，这些数据库对象是指表(Table)、视图(View)、存储过程(Stored Procedure)、触发器(Trigger)等数据集或程序对象。

使用数据库可以带来许多好处，如减少了数据的冗余度，大大地节省了数据的存储空间;实现数据资源的充分共享;为用户提供了统一简便的使用数据的手段;应用程序与数据充分独立等。

2)数据库系统

数据库系统(Database System, DBS)狭义地讲是由数据库、数据库管理系统和用户构成;广义地讲是由计算机硬件、操作系统、数据库管理系统以及在它支持下建立起来的数据库、应用程序、用户和数据库管理员组成的一个整体。数据库管理员(DataBase Administrater, DBA)负责创建、监控和维护整个数据库,使数据能被任何有权使用的人有效使用。

数据库、数据库管理系统和数据库系统是3个不同的概念。数据库强调的是数据,数据库管理系统强调的是系统软件,而数据库系统强调的是数据库应用的整个运行环境。

数据库管理系统(DataBase Management System,DBMS)是位于用户应用软件与操作系统之间的一层相当复杂的数据库管理软件。DBMS使用户能方便地定义和操纵数据,维护数据的安全性和完整性,以及进行多用户下的并发控制和恢复数据库。

3)数据库系统的体系结构

可以从不同的角度分析数据库系统的体系结构,从DBMS角度看,数据库系统采用三级模式结构;从数据库的物理分布来考察,又分为集中式数据库、C/S结构、B/S结构等。

数据库系统的三级模式分为:外模式、内模式和概念模式,如图1.3所示。

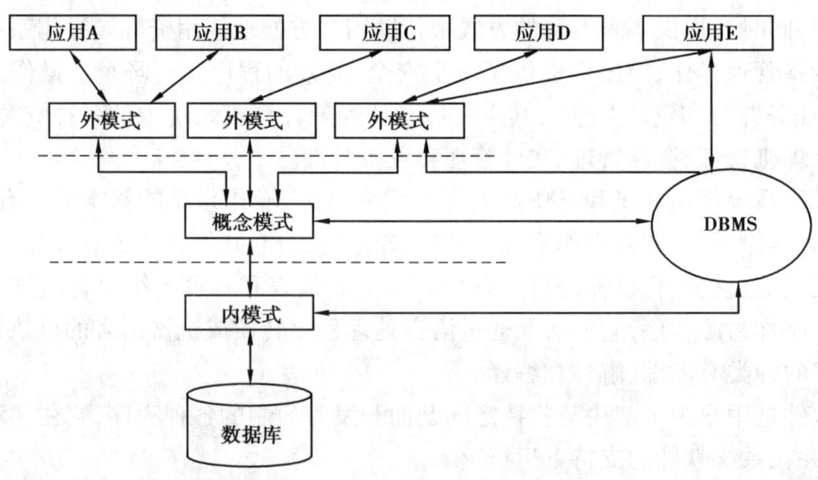

图1.3 数据库系统的体系结构

➢ 外模式　外模式定义了允许用户操作的数据库数据,也称为用户模式或子模式。对最终用户来讲,所看到的视图就是外模式。由于不同用户需求相差很大,看待数据的方式与所使用的数据内容各不相同,对数据的保密性要求也各有差异,因此,不同用户的外模式也不相同。

➢ 概念模式　概念模式也称为数据模式,是数据库全部数据的逻辑结构和特征描述,它以数据模型为基础,采用数据库系统提供的模式描述语言进行定义,可以被看做是现实世界中一个组织或部门中实体及其联系的抽象模型在数据库系统中的实现。概念模式不同于外模式,与具体的应用程序无关;也不同于内模式,与数据库的硬件环境与存储格式无关。概念模式不仅要定义数据的逻辑结构,而且要定义与数据有关的安全性和完整性;不仅要定义数据记录的内部结构,还要定义这些数据之间的联系。

➢ 内模式　内模式也称为存储模式,用来描述数据的物理结构和存储方式。

数据库系统三级模式的意义在于提供数据的层次结构,保持数据的独立性。内模式到概念模式之间的分割提供了数据的物理独立性,即当数据的物理结构发生变化时,如存储设备的改变、数据存储位置或存储组织方式的改变等,不影响数据的逻辑结构。概念模式为外模式的映像提供了数据的逻辑独立性,即当数据的整体逻辑结构发生变化时,如为原有记录增加新的数据项、数据类型、增加新的数据记录等,都不影响外模式。

1.2.3　计算机网络与通信

凡将地理位置不同,并具有独立功能的多个计算机系统,通过通信设备和通信线路连接起来,以功能完善的网络软件(包括网络通信协议、数据交换方式及网络操作系统等)实现网络资源共享的系统,称为计算机网络系统。计算机网络系统由主计算机系统(Host)、终端设备(Terminal)、通信设备和通信线路四大部分构成。主计算机系统是网络的资源,通信设备和通信线路是网络进行数据通信的手段和途径,终端设备是用户应用网络的窗口,是使用者和网络打交道的接口。

计算机网络可以划分为资源子网和通信子网,如图 1.4 所示。资源子网由主机和终端设备组成,负责数据处理,向网络提供可供选用的硬件资源、软件资源和数据资源;通信子网负责整个网络的通信管理与控制,如数据交换、路由选择、差错控制和协议管理等。通信控制与处理设备(如程控交换机)和通信线路属于通信子网。

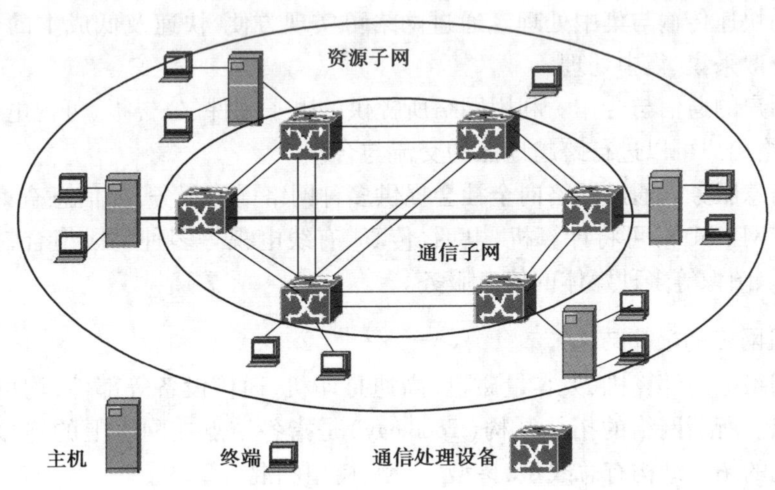

图 1.4　计算机网络中的资源子网和通信子网

数据通信原理就是通过适当的传输介质将数据信息从发出端传送到接收端,其实质上包含了数据处理和数据传输两方面的内容。数据处理主要由资源子网来完成,数据传输是依靠通信子网来实现的。图 1.5 所示为数据通信简化模型。

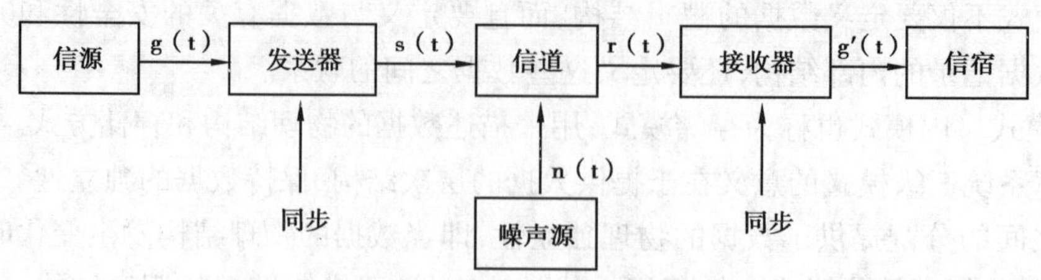

图 1.5　数据通信简化模型

信源/信宿:实现原始信号与电信号的转换,也称为 A/D 转换(模拟信号与数字信号的转换)。信道是信号传输媒介的总称,主要分无线信道和有线信道两种。噪声源将通信系统中各种设备和信道中的噪声集中抽象地加入信道。发送器/接收器也称为调制解调器,其任务是通过差错控制编码/解码防止噪声源的通信干扰,提高信号传输效率,达到远距离传输的目的。g(t)和 g′(t)是信源编码/解码,除了实现 A/D 转换外,在保证传输质量的前提下,用尽可能少的数字脉冲表示信息。s(t)/r(t)是发端和接收端信道编码,对传输的信息码元按一定规则加入冗余码,接收端按照约定的规则进行校验。

1)计算机网络的主要功能

①资源共享。这是计算机网络所提供的最主要的功能。计算机系统中的许多资源十分昂贵,如大型计算机、大容量存储设备、特殊 I/O 设备、大型系统软件与应用软件等,特别是存储大量数据信息的数据库和其他信息存储媒介,都是网络中可共享的资源。用户通过网络可以共享这些分散于不同地点的资源。

②均衡负荷及分布处理。当网络中某台主机的负荷过重时,可将作业通过网络送至其他主机处理,使网络上的多台主机协同进行分布式处理,提高设备利用率。

③信息的快速传输与集中处理。通过网络可实现方便、快速及低成本的信息传输,以便于数据的分散采集、集中处理。

④网络用户的通信与合作。利用网络所提供的电子邮件、公告板、可视电话、视频会议等功能,使网络用户可以进行跨越地区的交流与合作。

⑤综合信息服务。通过网络向全社会提供多种网络增值服务,如信息查询、咨询服务。综合业务数字网(ISDN)可将计算机、电话、传真、有线电视等多种手段组合,提供数字、文本、语音、图形、图像等多种媒体的信息服务。

2)计算机网络的拓扑结构

连接在网络上的计算机、大容量磁盘、高速打印机、通信设备等部件,均可看作是网络上的一个结点。所谓网络的拓扑结构(Topology)是指各结点在网络上的连接形式。计算机网络中常见的拓扑结构有总线型、星型、环型、树型和混合型等。

➢ 总线结构　总线结构的特点是各结点均与一根总线相连,每个结点采用广播式发送信息,信号沿着总线向两侧传播,并可以被其他所有结点接收。整个网络上的通信处理分布在多个结点上,减轻了网络管理控制的负担。

➢ 星型结构　星型结构的特点是将所有的结点都直接连接到一个中央结点上,它负责管理和控制所有的通信。中央结点执行集中式通信控制策略。星型结构是目前小型局域网中使用较为普遍的一种拓扑结构。

➢ 环型结构　环型结构中各结点通过中继器连接到闭环上,多个设备共享一个环。任意两个结点间都要通过环路互相通信,可以单向或双向通信。环型网的特点是信息在网络中沿固定方向流动,两个结点间仅有唯一的通路,大大简化了路径选择的控制;某个结点发生故障时,可以自动旁路,可靠性高,时间固定,实时性强。

➢ 树型结构　树型结构是天然的分级结构。主结点和非主结点可以是交换机或集线器,叶子结点(终端结点)是主机或打印机等外设,主机和交换机之间用双绞线连在一起。树型结构与星型相比,通信线路总长度短,成本较低,结点扩充灵活,寻径比较方便;但除叶子结点及其相连的线路外,非主结点或其相连的线路故障都会使网络局部受到影响,且一旦主结点发生故障会导致整个网络瘫痪。

➢ 混合结构　混合结构是将多种拓扑结构的网络连接在一起而形成的,兼顾了不同拓扑结构的优点。

一般来说,拓扑结构会影响传输介质的选择和控制方法的确定,因而会影响网络上结点的运行速度和网络软、硬件接口的复杂程度。网络的拓扑结构和介质访问控制方法是影响网络性能的最重要因素,因此应根据实际情况选择最合适的拓扑结构,选用相应的网络适配器和传输介质,确保组建的网络具有较高的性能。

3)计算机网络分类

(1)按传输技术可分为点对点式网络和广播式网络。

点对点式网络拓扑结构又分为星型、环型、树型、完全互联型、相交环型和不规则型;广播式网络又分为总线型、环型和卫星网。

(2)按网络的作用范围可分为局域网、城域网、广域网。

局域网(Local Area Network,LAN)是指用高速通信线路将某建筑区域或单位内的计算机连在一起的专用网络,其作用范围一般只有几公里,工作速率大于 10 Mbit/s,甚至 1 Gbit/s。城域网(Metropolitan Area Network, MAN)可以认为是一种大型的LAN,其作用范围在 100 公里左右,能覆盖一个城市,其主干的工作速率可达数百 Mbit/s。广域网(Wide Area Network, WAN)又称为远程网,它的作用范围通常是几十到几千公里,其工作速率可从1.2 kbit/s 到上百 Mbit/s。

(3)按网络的使用范围可分为公用网和专用网。

例如,中国的 ChinaNet 为公用网;而中国教育科研网 Cernet 就是专用网。

(4)按传输介质可分为有线网和无线网。

有线网是通过电缆或光缆将主机连接在一起,无线网是通过自然空间的电磁波连接在一起。例如,在一个展览厅或交易厅可用蜂窝式无线电话组成一个计算机网络,距离在 200~300 m 传输速率在 1~2 Mbit/s;在轮船或火车上可使用便携式计算机通过蜂窝式无线电话与 Internet 通信;另外,通过卫星和地面站也可组成无线广域网。

1.2.4　C/S 与 B/S 应用模式

目前,计算机信息管理系统的主要应用模式是客户机/服务器结构(Client/Server,C/S)

和浏览器/服务器结构(Browse/Server,B/S)。

1)C/S 应用模式

在客户机/服务器结构中,如图 1.6 所示,客户机是访问网络的用户,可以是 PC,也可以是没有外存的所谓瘦客户计算机。服务器可以是提供网络控制功能的任何规模的计算机。客户机运行应用程序,完成屏幕交互和输入输出等前台任务;而服务器则运行 DBMS,完成大量的数据处理及存储管理等后台任务。这种处理方式使后台处理的数据不需要在前台间频繁传输,从而有效地解决了文件服务器/工作站模式下的"传输瓶颈"问题。网络上的用户不仅只是共享打印机、硬盘或数据文件,而且共享数据处理,这是在信息处理思维方法上的一个突破。客户机/服务器的网络结构是采用分布式数据库管理系统的基础。

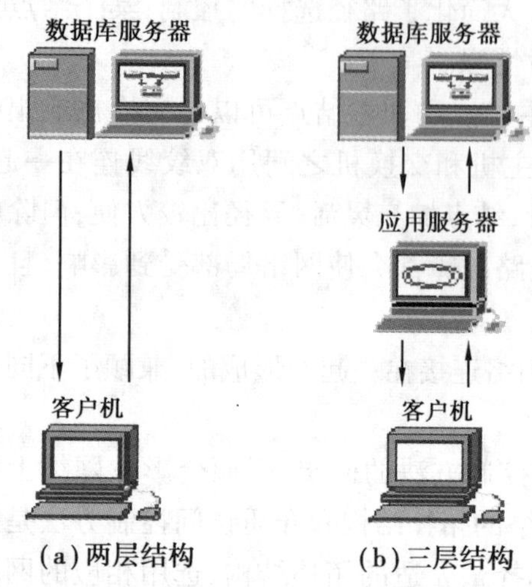

图 1.6 客户/服务器应用模式

通常情况下,客户机只执行本地前端应用,而将数据库的操作交由服务器负责,以合理均衡的事务处理充分保证数据的完整性和一致性。客户机应用软件一般包括用户界面软件、本地数据库、字处理软件和电子表格等。客户机的运行过程是:客户机将请求传送给服务器,服务器回送处理结果,客户机据此进行分析,然后送给用户。服务器分为数据库服务器、工作组应用服务器、电子邮件服务器、打印服务器等。数据库服务器是配有大容量磁盘的计算机,它保存着整个网络系统的公共数据资源及其应用程序,让用户共享。客户机访问数据库服务器时,用户的具体数据操作要求转化为 SQL 语言去执行具体的操作,再将结果返回客户机。

常用的 C/S 模式有两层结构、三层结构两种。在图 1.6(a)两层 C/S 结构中,数据库服务器对客户机的请求直接作出应答。对于某些需要进行较为复杂处理的服务请求,往往另设具有专门应用软件的应用服务器进行这种信息处理。应用服务器根据客户机的服务请求,访问数据库服务器以获取必要的数据,进行相应的信息处理并给客户机做出应答,这就形成了图 1.6(b)所示的三层结构。

2)B/S 应用模式

随着互联网的迅猛发展与广泛应用,越来越多的组织,特别是企业开始积极利用互联网技术建设信息管理系统。浏览器/Web 服务器模式(Browser/WebServer,即 B/S)应运而生。这里的浏览器又称为 Web 浏览器,是客户端用来访问 Web 服务器的通用软件。B/S 模式的简化原理图如图 1.7 所示。浏览器通过 Web 服务器去访问数据库以获取必需的信息,而 Web 服务器与特定的数据库系统的连接可以通过专用的软件来实现。

现在有些软件厂商已提供了 Web 服务器和数据库的统一解决方案。Web 服务器是以"页面"形式给浏览器提供信息的应用系统,开发时要进行这些页面的设计,对 Web 服务器与数据库系统的接口软件进行选择或自行开发,以实现两者的信息交换。从客户端看,整

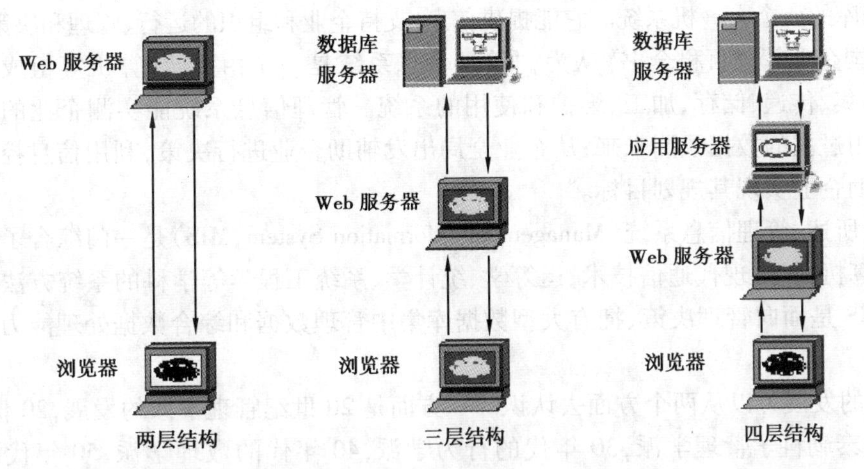

图 1.7　浏览器/服务器应用模式

个系统有两层服务器,因而 B/S 模式是一种基于 Internet 技术的多层客户机/服务器结构。

B/S 模式具有以下优点:

①由于采用基于超文本协议(HTTP)的 Web 服务器和可以对 Web 服务器上超文本文件进行操作的浏览器,使得管理信息系统在信息处理技术上实现了集格式化文本、图形、声音、视频信息为一体的高度交互式环境,使信息处理的广度和深度大为增加。

②由于 Internet 技术采用统一的与平台无关的跨平台通信协议,浏览器和 Web 服务器及相关的接口软件应用程序也独立于计算机的软、硬件平台,整个系统的开发性和可移植性好。在 Internet 网络环境下,既可以建立独立于 Internet 的为某个组织服务的管理信息系统,必要时又可以很方便地连接上 Internet,与 Internet 上各站点实现通信。

③由于浏览器、Web 服务器及其有关接口软件都有现成的商品软件可供选择,并且在服务器端以及必要时在客户端进行应用系统开发所用的工具为 HTML 语言、JAVA 语言、C++语言等,使用方便,界面友好,可大大节省应用系统开发的成本,缩短开发周期。

1.3　管理信息系统

1.3.1　管理信息系统的定义

"管理信息系统"一词最早是在 1961 年由美国经营管理协会及其事业部的 J. D. Gallagher 提出。当时,计算机在数据处理领域中的应用取得了重要的发展,开始尝试用计算机系统来实现各种管理功能和开展情报信息处理业务。管理信息系统是一个服务于管理领域的信息系统,人们利用它对信息进行收集、转换、加工,并利用信息进行预测、控制、辅助企业的管理。但由于当时计算机技术的限制和开发方法的落后,效果并不明显。

20 世纪 80 年代以后,由于信息技术的发展,管理信息系统逐渐形成一门新的学科。美国明尼苏达大学的戈登·戴维斯(Gordon B.Davis)是最早给出管理信息系统完整、准确定义的人。1985 年,戴维斯在其经典著作《管理信息系统》一书中对管理信息系统作了如下定义:"管理信息系统是一个利用计算机硬件、软件、手工作业、分析、计划、控制和决策模型以及数据库的一个人—机系统。它能提供信息,支持企业和组织的运行、管理和决策功能。”

《中国企业管理百科全书》认为;“管理信息系统是一个由人、计算机等组成的能进行信息的收集、传递、储存、加工、维护和使用的系统。管理信息系统能实测企业的各种运行情况;利用过去的数据预测未来;从企业全局出发辅助企业进行决策,利用信息控制企业的行为;帮助企业实现其规划目标。”

综上所述,管理信息系统(Management Information System,MIS)是一门综合了经济管理理论、计算机科学、现代通信技术、运筹学、统计学、系统工程学等学科的系统方法论的边缘科学。MIS 是面向管理决策、拥有大型数据库集中管理数据和综合数据处理能力的人机复合系统。

MIS 的发展可以从两个方面去认识。一方面是 20 世纪管理学派的发展,20 世纪 20 年代出现的泰勒科学管理学派,30 年代的行为学派,40 年代的数理学派,50 年代的决策学派,60 年代的计算机管理学派,70 年代的系统学派,80 年代的信息学派都对 MIS 学科的形成有影响。另一方面是信息技术的发展,通过诺兰阶段模型可以形象地概述 MIS 的成长过程与信息技术发展的关系。1973 年由诺兰(Nolan)首次提出了 MIS 发展的阶段理论。1980 年诺兰进一步完善了该模型,他把 MIS 的形成过程划分为 6 个阶段,即初装、扩展、控制、集成、数据管理和信息管理。初装阶段是指企业或部门购置第一台计算机并初步应用于管理,一般开始应用于财务部门。扩展阶段是指计算机应用扩散到企业的更多部门,数据处理能力发展迅速,但也出现了很多问题,如数据冗余、信息孤岛等。控制阶段是指控制计算机的增长数量,成立信息中心或计算机中心统一协调企业的数据管理。集成阶段是在控制的基础上,实现软硬件的网络化,建立大型数据库系统。数据管理阶段是指在系统集成的基础上完善软件系统的应用,使企业的各种数据能得到有效的管理和利用。信息管理阶段是 MIS 发展的理想阶段,实现跨国区域的信息资源共享、决策支持和知识管理。

1.3.2 管理信息系统的结构

MIS 的结构是横向和纵向划分的矩阵结构,如图 1.8 所示。纵向概括了基于管理任务的层次结构,横向则从组织职能上概括了 MIS 的主要功能部件。横向和纵向的结合描述了 MIS 在各个阶段的构成特点。

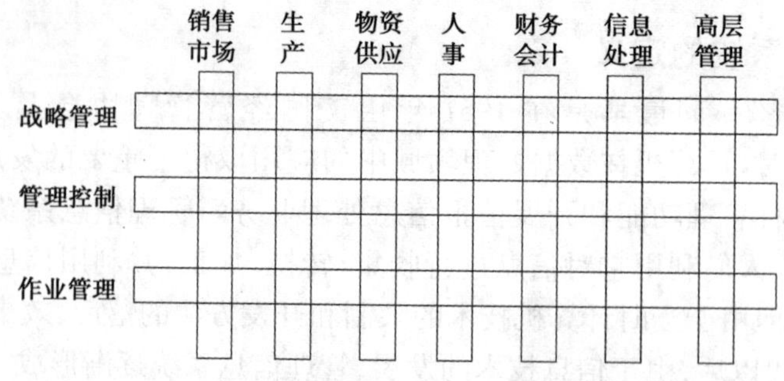

图 1.8 管理信息系统的结构矩阵

1)MIS 的纵向结构

按照 R.N.Anthony 提出的三级管理模型的思想,任一组织或企业的管理功能都可分为3个层次:战略计划层、管理控制层和作业管理层,即人们通常所说的高层、中层和基层。高层管理的主要任务是确定或改变组织的总目标,决定达到目标所需的各种资源,以及获取、使用和分配这些资源的政策;中层管理的任务是根据上述总目标及所拥有的资源,制订资源分配计划及进度,并组织基层部门去实现这个总目标;基层管理的任务则是按照上述计划去执行日常的具体管理工作。在管理活动中,为了支持不同层次的管理,需要使用不同种类的管理信息系统。

现代管理学派的代表人物 H.A.Simon 认为:管理就是决策,决策贯穿于管理的全过程。他将决策按照结构化程度划分成 3 个层次:结构化决策,是能用形式化方法描述和求解的一类管理决策问题;非结构化决策难以用确定的形式来描述,仅能凭经验求解;半结构化决策则介于上述两者之间。根据 Simon 的观点,可以将管理信息系统按照系统所面临的管理决策问题的结构化程度从低到高,将其依次分为事务处理系统(TPS)、传统的管理信息系统(MIS)、决策支持系统(DSS)和知识管理系统等。

从 MIS 的信息处理量来分析,基层管理的数据处理内容具体、变化较大、要求较高的精度、数据量庞大。层次越高,信息的概括性越强、变化越少、数据量骤减。MIS 数据规模及其管理和决策的层次关系形成了如图 1.9 所示的金字塔结构。

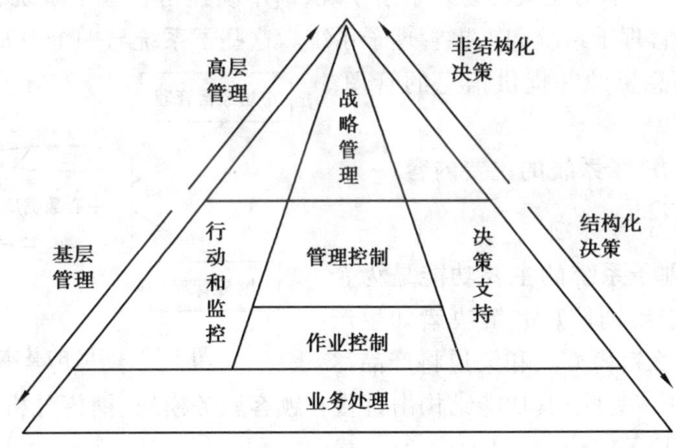

图 1.9　数据规模的金字塔结构

2)MIS 的横向结构

➢ 销售与市场子系统　基本职能是产品的推广销售以及售后服务等。

➢ 生产子系统　基本职能是产品的设计与制造、生产及设备管理、作业调度和运行、生产者的培训和管理以及质量控制和检验等。

➢ 物资供应子系统　基本职能是产品原材料及成品、半成品的采购、收货、验货、库存控制以及物料分配等。

➢ 财务和会计子系统　财务的基本职能是保证企业资金的正常运转,包括托收管理、现金管理和资金筹措等;会计的基本职能是财务工作分类、编制标准财务报表、制订预算及成本核算等。

➢ 人事子系统　基本职能是统筹管理企业的人员录用、培训、业绩考核、工资以及人员的离退休或辞退等，也称为人力资源管理。

➢ 高层管理子系统　基本职能是全面动态地掌握企业的各种信息，处理各种备忘录和法律法规，制订经营方针和资源计划等。

➢ 信息处理子系统　基本职能是为各职能部门提供基础信息资源和信息处理服务，包括硬件设备的维护管理、中心数据库管理、公用软件的维护以及信息系统开发的指导等。

可以将 MIS 矩阵结构进行综合，形成不同风格的管理信息系统。横向综合是把同一管理层次的各种职能综合在一起，如把同属作业管理层的市场销售、供应和财会子系统连接在一起，形成一个横向多级结构的管理系统，使供、销、结算信息一体化。横向多级结构有利于各类资源的统一管理。纵向综合是把同一管理职能的不同管理层次结合在一起。这种结构可以良好的沟通上、下级之间的关系，便于决策者掌握情况，进行正确分析。如各部门和总公司的各级财务系统可以综合起来，构成综合财务子系统。纵横综合是将纵向多级结构和横向多级结构综合到一起，形成一个完全一体化的系统，做到数据的完全集中统一，各子系统功能无缝集成。但它的逻辑非常复杂，对信息技术和企业管理水平要求较高。

1.3.3　管理信息系统的基本功能结构

可以把 MIS 的基本功能概括为 4 个子系统，即市场经营管理子系统、生产（物资供应）管理子系统、财务管理子系统和人事管理子系统。这些子系统与一个逻辑的中心数据库连接，共享企业的信息资源并提供信息的管理，如图 1.10 所示。

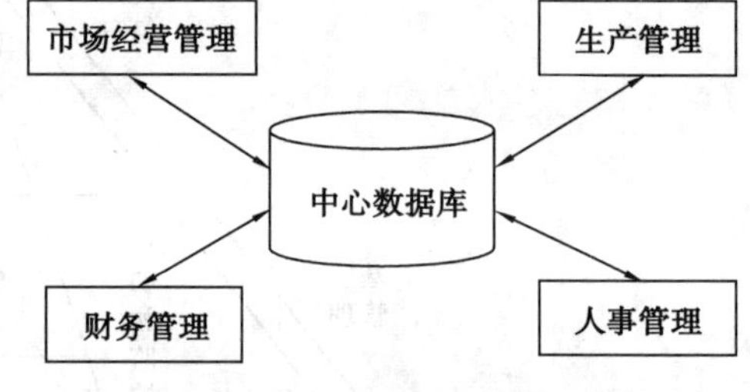

图 1.10　MIS 的基本功能结构

下面介绍各功能子系统的主要内容。

1）市场经营管理子系统

市场经营管理子系统的主要功能是为企业决策者提供关于市场信息并解决诸如生产什么产品、采用什么销售方法和渠道将产品尽快推销出去等问题。为此，其功能结构由订货和顾客服务模块、销售分析模块、计划与市场研究模块、分配模块等组成。

➢ 订货和顾客服务模块　编辑顾客订单，建立和维护顾客档案，销售合同管理，输出合格的订单数据。

➢ 销售分析模块　分别按产品种类、区域、顾客群统计月、季、年的销售数据，修改销售历史数据，修改顾客购货历史数据。

➢ 计划与市场研究模块　采用抽样统计分析市场调查资料，按产品种类建立预测模型，制订销售计划，制订广告策略，反馈广告效果。

➢ 分配模块　产生发货通知单发给顾客，产品的运输管理，产品的库存数据维护。

2）生产（物资供应）管理子系统

生产（物资供应）管理子系统的主要功能是为生产管理人员提供各种生产要素信息并

解决诸如产品结构的实现、产品生产计划、原材料的正常供应、生产进度如何控制、各道工序的资源消耗情况、如何控制产品质量等问题。为此，其功能结构由产品设计模块、生产计划模块、物料库存管理模块、生产控制模块等组成。

➢ 产品设计模块　建立产品装配图、零件树图和零部件清单等产品结构档案，建立制造产品的工艺流程，根据产品结构和工艺流程测算产品生产成本。

➢ 生产计划模块　根据销售订单和生产能力制订总体生产计划，预测按季、月和周的产品需要量，根据订货情况制订具体的进度计划，进行盈亏平衡分析。

➢ 物料库存管理模块　根据生产进度计划制订物料需求计划，物料供应商管理，物料采购管理，物料库存管理（含分级库存管理），成品库存管理，库存 ABC 分析报告。

➢ 生产控制模块　根据总体生产计划调配生产资源，向生产单位发布生产命令，检查和监督作业进度，各道工序的质量控制，生产数据统计（如工作量、物料消耗、在制品数量）。

➢ 固定资产管理模块　对企业的生产和办公环境涉及的贵重设备统一管理，建立档案，提供大修维护信息，设备的采购、划拨、借调、报废等处理。

3）财务管理子系统

财务管理子系统的主要功能是为决策者和财务人员提供企业资金的流动情况并解决诸如如何获得资金、如何做预算、如何有效利用固定资产和流动资产以及如何降低生产和运行成本等问题。为此，其功能结构由会计模块、总账维护模块、会计核算和财务计划模块、财务报表模块等组成。

➢ 会计模块　处理日常账目和现金事务，对各种原始凭证进行审核和编辑，按会计科目建立记账凭证，建立总分类账和明细分类账，进行付款、收款和转账业务处理，工资核算等。

➢ 会计核算和总账维护模块　成本核算、固定资产核算、利润和税金核算等，根据业务变化，对会计账户进行维护，包括设置新账户、合并账户、修改账户或撤销账户，定期进行总账数据维护。

➢ 财务计划模块　根据生产计划编制生产预算，根据销售计划编制销售预算，根据人事计划编制人工成本预算，产生年度预算性财务报告（包含销售、生产、固定资产、流动资产、人工费等数据）。

➢ 财务报表模块　根据总账和明细账可以产生若干财务报表，一般分为反映资金来源和运用的资金平衡表、固定资产折旧明细表等；反映企业经营过程中的成本和费用支出的成本计算表、企业管理明细表等；反映收入和利润的财务成果报表等。

4）人事管理子系统

人事管理子系统的主要功能是提供有关的人事信息并解决诸如人力资源如何调配、奖励和惩罚措施以及人事管理等问题。为此，其功能结构由人事档案管理模块、人事计划模块、劳动管理模块等组成。

➢ 人事档案管理模块　建立和维护职工的人事数据档案，对职工的调动、聘任、职务变迁、工资变动、奖励、处分、离职、退休、死亡等进行处理，能及时检索历史数据。

➢ 人事计划模块　建立和核实企业人员编制，根据企业的战略目标制定人才战略，制定各种培训制度。

➤ 劳动管理模块　劳动考核管理，计算劳动生产率，安全事故检查。

1.3.4　管理信息系统的开发过程

从提出建立 MIS 开始，经过分析设计，直到新系统投入运行的时间过程，称为 MIS 的开发过程。随着生产和科学技术的发展，人们对 MIS 的要求亦不断提高，通常一个 MIS 运行 3~5 年，就会因为系统老化，不适应新的环境的要求或者功能退化而需要开发新系统。这种新老更迭、周而复始的循环过程有两个特点：其一是循环过程并非简单的重复而是循环上升；其二是这种更迭过程包含工作内容的交叉重叠，有明显的阶段性。

MIS 的开发过程包括 4 个阶段和若干步骤，如图 1.11 所示。系统分析阶段决定了 MIS 的目标、需求、数据、功能逻辑模型，重点解决系统"做什么"的问题。系统设计阶段研制详细规格并提出 MIS 的物理实现模型，重点解决系统"怎么做"的问题。系统实施阶段完成系统的软件和硬件建设，此时的工作量和投资应该达到顶峰。系统评价阶段则详细核实运行效率，评价系统的经济、技术和社会指标是否满足系统目标，积累经验，发现新问题以待今后改进。

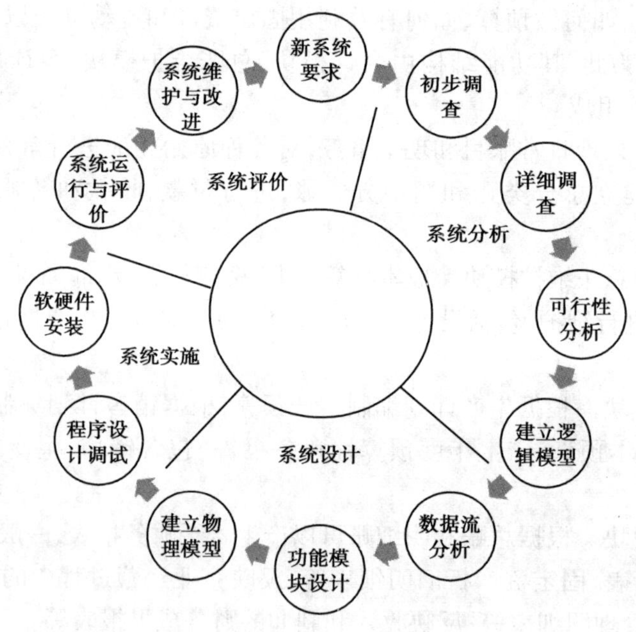

图 1.11　管理信息系统的开发过程

1）提出系统研制的任务

由于旧系统不能满足企业经营管理需要，提出建立完善新系统的任务，研究新系统的目标和功能。

2）初步调查

了解企业概况（企业目标、边界、资源、环境、旧信息系统现状、管理业务、问题迫切性),明确问题,定义需求。

3)可行性分析

在初步调查基础上,从技术、经济和管理环境分析系统实施的可行性,得出结论。

4)需求分析和逻辑设计(系统分析)

自上而下对现行管理系统(包括机构、业务流程、现行信息系统、数据资源、人员结构等)进行详细调查。建立 MIS 逻辑模型,解决新系统"做什么"的问题。逻辑模型主要包括系统总体逻辑结构、子系统划分、功能分析,并以数据流图、数据字典、判断表等图表工具描述。其成果是系统分析报告。

5)物理设计(系统设计)

根据系统分析报告,确定系统的功能结构,解决系统应该"怎么做"的问题。具体任务有数据编码、子系统输入输出及数据库设计、功能模块处理设计、硬软件配置方案,并以 HIPO(层次/输入/处理/输出)图、结构图、程序流程图、N-S 图(盒图)、PAD(问题分析)图、PDL(程序设计语言-伪码形式)、E-RD(实体联系图)等工具描述。其成果是系统设计说明书。

6)系统实施

主要任务是将物理模型转换为具体的软硬件实体,包括设备安装、软件程序编码、程序调试、人员培训以及基础数据装入等。系统实施时重点考虑系统开发工具的选择和灵活应用。

7)系统运行维护及评价

监督系统运行,数据管理,设备维护,及时对系统做出评价,找出问题,并进行修改、完善,改进功能。

1.4 信息管理标准化与信息分类编码

1.4.1 信息化与标准化

信息化与标准化是现代管理业务的两大基本特点。管理业务信息化是指推广信息技术,促进信息资源共享,保障信息安全,最大限度地发挥管理效能的过程。信息化建设应当遵循"统筹规划,统一标准;互联互通,资源共享;应用主导,面向市场;安全可靠,务求实效"的原则。

"标准化"的含义是,在经济、技术、科学及管理等社会实践中,对重复性事物和概念通过制定、实施标准,达到统一,以获得最佳秩序和社会效益的过程。它以科学、技术和实践经验的综合成果为基础,经有关方面协商一致,由主管机构批准,以特定形式发布,作为共同遵守的准则和依据。

事实上,组织管理的信息化、标准化是一个长期的过程,标准的形成需要在实际工作中反复修改和完善。通常将信息化建设分为 3 个层面:第一个层面是外表的信息系统开发;第二个层面是标准体系建设,这是信息系统能够持续、深入发展所必需的支撑;第三个层面是标准化组织机构的职责到位、发挥作用，这是标准体系能够完善和贯彻所必需的保障。

标准化的过程是没有终点的，是一个进行时。因此，信息化的标准化是在制订企业信息化架构时必须综合考虑、充分权衡的问题。在制定企业信息化架构时，我们不仅要考虑技术标准和行业标准，而且要结合企业的实际情况，形成自己的标准化体系，从而指导企业信息化的建设和发展。例如：信息化建设项目的招标工作中，标书怎样写？组织什么人评标？按照什么条件评标？系统开发过程中，从技术层面的信息分类与代码到企业的业务流程规范以及系统的扩充和升级，都必须以标准规范为依据。

信息化是利用信息技术来帮助企业实现其管理业务和战略目标，因此，与技术标准相对应的另一面就是相关行业的标准问题。行业标准从内容上来说包含两个方面：数据和流程。数据标准规范了企业间数据交换的格式和数据交换的范围，例如，SWIFT 是金融业的数据交换标准，HL7 是医疗健康业数据交换的标准。除了数据标准之外，相关业务流程的标准使得企业间进行“业务对话”成为可能。例如，高科技制造业所使用的 Rose+Net 就是一种融合了数据、业务和技术的标准。

企业级的标准信息化模型是信息化能否持续发展的重要一步。如果没有标准化的信息模型，各个应用系统自行其是，使得系统之间完全没有共同语言，从而形成无法消除的信息孤岛。标准信息化模型与行业标准的融合，决定了企业信息化系统与外部系统的互联性。在标准信息化模型的指导之下，各个应用系统充分考虑信息的共性，再结合应用系统自身的重点和特性，形成一个既满足标准，又有自身特点的应用系统。

合理的集成架构可以使得信息化系统不受限于某一个单一的标准体系或某一个单一的技术体系。集成技术也可以用来解决因标准演进所带来的融合问题，从而避免或降低了因为标准的变化所带来的风险问题。标准的使用也可以用来提高系统的可管理性，从而降低信息化系统的拥有成本。因此，企业信息化标准就是在企业级架构的层面结合业界的技术和业务标准，形成适合于企业自己的标准，而不是简单的技术和业务标准的堆砌。

1.4.2 信息分类的原则和方法

信息分类是信息标准化工作的一项重要内容。信息分类就是根据信息内容的属性或特征，将信息按一定的原则和方法进行区分和归类，并建立起一定的分类系统和排列顺序，以便管理和使用信息。

1）信息分类的原则

《标准化工作导则》（GB 7027—86）（UDC025.4（083.7））中指出，信息分类的基本原则是：

①科学性。通常要选择事物或概念（即分类对象）的最稳定的本质属性或特征作为分类的基础和依据。

②系统性。将选定的事物、概念的属性或特征按一定排列顺序予以系统化，并形成一个合理的科学分类体系。

③可扩延性。通常要设置收容类目，以便保证增加新的事物或概念时，不至于打乱已建立的分类体系，同时还为下级信息管理系统在本分类体系的基础上进行延拓细化创造条件。

④兼容性。与有关标准（包括国际标准）协调一致。

⑤综合实用性。分类要从系统工程角度出发,把局部问题放在系统整体中处理,达到系统最优。即在满足系统总任务、总要求的前提下,尽量满足系统内各有关单位的实际需要。

2)信息分类的方法

(1)线分类法

线分类法也称层级分类法,它是将初始的分类对象按所选定的若干个属性或特征(作为分类的划分基础)逐次地分成若干个层级的类目,并排列成一个有层次的、逐级展开的分类体系。在这个分类体系中,同位类类目之间存在着并列关系;下位类与上位类类目之间存在着隶属关系;同位类类目不重复,不交叉。例如,中华人民共和国行政区划代码,就采用线分类法,并用6位数字编码。全国行政区划共分3个层级,每一层用两位数字码表示。第一层级为省(自治区、直辖市),用第一、二位数字表示;第二层级为地区(市、州、盟),用第三、四位数字表示;第三层级为县(市、旗、镇、区),用第五、六位数字表示。表1.2是河北省部分行政区的划分与编码。

表1.2 线分类法示例

分类编码	行政区划名称
13	河北省
1301	石家庄市
1302	唐山市
……	……
1322	邢台地区
132221	邢台县
132222	沙河县

线分类法的原则是:

①在线分类中,由某一上位类划分出的下位类类目的总范围应与其上位类类目范围相等。

②当某一个上位类类目划分成若干个下位类类目时,应选择好一个划分基准。

③同位类类目之间不交叉、不重复,只对应于一个上位类。

④分类应依次进行,不应有空层或加层。

线分类法的优点是层次性好,能较好地反映类目之间的逻辑关系;使用方便,既符合手工处理信息的传统习惯,也便于计算机的信息处理。其缺点是结构弹性较差,效率较低;当分类层次较多时,代码位数较长。

(2)面分类法

面分类法是将所选定的分类对象的若干属性或特征视为若干个"面",每一个"面"中又可分成许多彼此独立的若干类目。使用时,可根据需要将这些"面"中的类目组合起来,形成一个复合类目。例如,服装的分类就可采用面分类法,选服装材料、款式、花色、尺寸4个基本属性作为4个"面",每个"面"又可分成若干类目。表1.3是某服装分类的编码。

表 1.3　面分类法示例

材　料	款　式	花　色	尺　寸
纯棉 CM	男式中山装 MZ	条文灰 101	小号　S
纯毛 CO	男式西服 MX	藏青色　240	中号　M
中长纤维 XZ	男式长裤 MK	红花　215	大号　L
氨纶 XA	女式连衣裙 WQ	绿花　225	加大号 XL
……	……	……	……

使用时,将有关类目组配起来。例如,CO MZ 101 XL 表示加大号条文灰纯毛男式中山装。

面分类法的原则是:

①根据需要选择分类对象本质的属性或特征作为分类对象的各个“面”。

②不同“面”内的类目不应相互交叉,也不能重复出现。

③每个“面”有严格的固定位置。

④“面”的选择以及位置的确定,根据实际需要灵活处理。

面分类法的优点是代码弹性较大,各“面”类目独立,互不影响;适应性强;便于机器处理。其缺点是不能充分利用编码空间,因为组配的类目较多,但实际用到的类目不多,从而造成浪费;另外,人工处理困难。

1.4.3　信息分类编码

信息分类编码也称代码,是依据信息分类方法,为具体编码对象编写的一个或一组有序的,易于计算机和人识别处理的符号,有时简称“码”。其基本功能是:标志、分类、排序和特定含义。

1)编码的基本原则

①唯一性。代码与编码对象只能是一对一的关系。

②合理性。代码结构与分类体系相适应。

③可扩充性。必须为代码空间留有余量,以适应不断扩充的需要。

④简单性。代码结构尽量简单,长度尽量短。

⑤适应性。代码要尽可能反映编码对象的特点,有助记忆与理解。

⑥规范性。在一个信息分类编码标准中,代码的类型、结构和编写格式必须统一。

2)信息编码的种类

代码的种类很多,以下是几种常用的代码结构及其优缺点。

➢ 顺序码　顺序码用一组连续数字代表编码对象。例如,《人的性别代码》(GB 2261—80)中,1-男,2-女。

顺序码的优点是代码简短,使用方便,易于扩展;对编码对象的顺序无特殊规定与要求。其缺点是代码本身不给出任何有关编码对象的其他信息。

➢ 区间码　区间码把编码对象分为若干组,每一区间代表一组,码中数字的值和位置都有一定意义,如邮政编码。

区间码的优点是代码结构简单,容量大,便于机器汇总。其缺点是代码结构弹性较差,当层次较多时,代码位数较长。

➢ 助记码　将编码对象的名称、规格等作为代码的一部分,帮助识记代码。例如:

TV-B-14　14 寸黑白电视机

TV-C-29　29 寸彩色电视机

助记码的优点是逻辑性强,易记易读;缺点是位数较多,不便计算机处理。助记码常用于编码对象较少,需要表达物理属性的场合,如产品代码。

➢ 字母顺序码　将所有编码对象按其名称的字母顺序排列,然后分别赋予顺序码,例如:

001　apples

002　bananas

003　cherries

004　dates

字母顺序码的优点是编码对象容易归类,容易维持并可起到代码检索的作用;其缺点是编码类目密集程度不均匀,使用寿命可能随着编码对象的增加而缩短。

➢ 多面码　多面码也称为特征组合码,常用于面分类体系,它是将编码对象的多个属性各规定一个位置,从而表示其不同方面特征的编码。例如,对于机制螺钉,可作表 1.4 编码规定。

表 1.4　多面码示例

材　料	直　径	螺钉头形状	表面处理
1-不锈钢	1-ϕ0.5	1-圆头	1-未处理
2-黄铜	2-ϕ1.0	2-平头	2-镀铬
3-钢	3-ϕ1.5	3-方头	3-镀锌
		4-六角头	4-油漆

某机制螺钉编码:2332,表示材料为黄铜的直径 ϕ1.5 mm 方头镀铬螺钉。

多面码的优点是代码结构具有一定柔韧性,适于机器处理;其缺点是代码容量利用率低,不便于求和汇总。

➢ 层次码　层次码也称为上下关联区间码,是线分类法常用的编码形式。它按照编码对象的各属性层次规定一个位置,并使其排列符合一定的层次关系。例如,某公司的组织结构代码含义如表 1.5 所示。

表 1.5　层次码示例

公司级	科室级	小组级
1-总公司	1-财务科	1-订单组
2-广州分公司	2-人事科	2-广告组
……	……	……

该公司组织机构层次代码:122,表示总公司人事科广告组。

层次码的优点是能明确表明分类对象的类别,有严格的隶属关系,代码结构简单,容量大,便于机器汇总;其缺点是代码结构弹性较差,当层次较多时,代码位数较长。

➢ 十进制码　十进制码也称为复合码,是层次码的一种改良。它的特点是每层区间不定长,各层用小数点分隔,小数点左边的数字组合代表主要分类,小数点右边的代表子分类。图书分类编码、IP 编码都是典型的十进制码。例如,十进制码表示汽车零部件:

631　汽车零件

631.1　小汽车零件

631.1.1　国产小汽车零件

631.1.2　进口小汽车零件

十进制码的优点是代码结构具有很大的柔性,易于扩大代码容量和调整编码对象的所属类别;同时,代码的标志部分可以用于不同的信息系统,便于若干系统的信息交换。其缺点是代码总长度较大。

本章小结

本章从数据与信息、信息管理的发展历程、技术基础、信息管理标准化与分类编码、管理信息系统几个方面概述了计算机信息管理的主要内容。

数据是记录事物特性的符号,信息是关于现实世界各种事物的可通信的知识。信息管理经历了传统管理、技术管理、资源管理 3 个主要时期。

信息管理的技术基础包括:计算机系统(硬件和软件系统)、数据库系统、计算机网络系统等。它构建起了计算机信息管理系统从"硬件(裸机)—系统软件(操作系统、编译系统、编辑、连接、调试等系统工具类软件)—数据库管理系统—应用开发工具—最终用户软件"的层次关系。

管理信息系统(简称 MIS)是利用计算机硬件、软件、手工作业、分析、计划、控制和决策模型以及数据库的一个人—机系统。MIS 的开发过程包括 4 个阶段,系统分析阶段,重点解决系统"做什么"的问题;系统设计阶段,重点解决系统"怎么做"的问题;系统实施阶段完成了系统的软件和硬件建设;系统评价阶段则详细核实运行效率,评价系统的经济、技术和社会指标,发现新问题以待今后改进。

信息分类就是根据信息内容的属性或特征,将信息按一定的原则和方法进行区分和归类,并建立起一定的分类系统和排列顺序,以便管理和使用信息。信息分类是标准化工作的重要内容。信息分类的方法有:线分类法、面分类法。信息分类编码(简称:代码)的基本功能是标志、分类、排序和特定含义。常用代码结构:顺序码、区间码、助记码、字母顺序码、多面码、层次码、十进制码。

习题与思考题

1.简述数据与信息的关系和区别。

2.简述信息管理模型的运行机制。

3.简述 C/S 与 B/S 两种应用模式的优缺点。

4.简述管理信息系统的基本功能。

5.比较"线分类法"与"面分类法"的优缺点,谈谈你对信息分类方法的认识和体会。

6.在网上收集一个管理信息系统的案例,说明其具有的功能、采用的软件体系结构等。

7.在网上收集目前流行的管理信息系统开发环境和工具,阐述其功能特点。

8.论述信息化与标准化的内在联系。

9.在网上搜索诸如身份证、商品条码、发动机编码、材料编码、单位人员编码等例子,说明编码应用的标准与用途。

10.论述 MIS 的开发过程及主要任务。

第2章

数据库基础知识

数据库技术是研究如何对数据进行科学管理,为人们提供安全可靠、可共享的数据,包括数据组织和数据处理等方面的软件学科。

数据库在许多行业有着广泛的应用和深远的影响,数据库技术变得越来越重要,而且它无处不在:它们是电子商务和其他基于 Web 应用程序的重要组成部分,是企业操作和决策支持应用程序的核心。本章着重介绍数据库系统的组成、数据模型、数据库设计过程以及数据库技术的相关理论。

2.1 数据库概述

数据库用于帮助用户记录数据,它可以克服简单的列表记录数据可能会导致数据不一致和其他问题。

2.1.1 数据管理技术的发展

随着计算机的普及和信息量的不断增加,以数据为中心的应用非常突显,它的特点是:涉及的数据量大,数据不随程序的结束而消失,数据被多个应用程序共享。

在应用需求的推动下,在计算机硬件、软件发展的基础上,数据管理技术经历了人工管理、文件系统、数据库系统 3 个阶段。

1) 人工管理阶段

在 20 世纪 50 年代中期以前,计算机主要用于科学计算。当时的硬件状况是:外存只有纸带、卡带、磁带,没有磁盘等直接存取的存储设备;软件状况是,没有操作系统,没有管理数据的软件,数据处理是批处理。人工管理数据具有如下特点:

①数据不保存。由于当时计算机主要用于科学计算,一般不需要将数据长期保存,只是在计算某一课题时将数据输入,用完就撤走。

②数据需要由应用程序自己管理,没有相应的软件系统负责数据的管理工作,因此程序员负担很重。

③数据不共享。数据是面向应用的,一组数据只能对应一个程序。当多个应用程序涉及某些相同的数据时,由于必须各自定义,无法互相利用、互相参照,因此程序与程序之间有大量的冗余数据。

④数据不具有独立性。数据的逻辑结构或物理结构发生变化后,必须对应用程序做相应的修改,这就进一步加重了程序员的负担。

2)文件系统阶段

在20世纪50年代后期至60年代中期,计算机不仅用于科学计算,还大量用于信息管理,对大量的数据进行存储、检索和维护成为紧迫的需求。此时,硬件有了磁盘、磁鼓等直接存取设备;在软件方面,出现了高级语言和操作系统。操作系统中有了专门管理数据的软件,一般称为文件系统。

文件系统管理数据的特点:

①数据以文件形式长期保存。数据以文件的组织方式保存在计算机的存储设备上,应用程序可对文件进行查询、修改和增删等处理。

②文件系统可对数据的存取进行管理。程序员只与存储在存储设备上的文件的文件名打交道,不必关心数据的物理存储,大大减轻了程序员的负担。

③数据共享性差。在文件系统中,一个文件基本上对应于一个应用程序,即文件仍然是面向应用的。当不同的应用程序具有部分相同的数据时,也必须建立各自的文件,而不能共享相同的数据,因此数据的冗余度大,浪费存储空间。同时由于相同数据的重复存储、各自管理,给数据的修改和维护带来了困难,容易造成数据的不一致性。

④数据独立性低。文件系统中的文件是为某一特定应用服务的,就现有的数据增加一些新的应用是困难的。一旦数据的逻辑结构改变,必须修改应用程序;而应用程序的改变,如应用程序改用不同的高级语言等,也将引起文件的数据结构的改变。因此数据与应用程序之间缺乏独立性。

3)数据库系统阶段

从20世纪60年代后期开始,计算机应用于管理的规模更加庞大,数据量急剧增加,文件系统的数据管理方法已无法适应开发应用系统的需要,于是为解决多用户、多个应用程序共享数据的需求,出现了统一管理数据的专门软件系统,即数据库管理系统。

数据库系统管理数据有如下几个特点:

①数据共享性高、冗余低。这是数据库系统阶段的最大改进,数据不再面向某个应用程序而是面向整个系统,当前所有用户可同时存取库中的数据。这样便减少了不必要的数据冗余,节约了存储空间,同时也避免了数据之间的不相容性与不一致性。

②数据结构化。在数据库系统中,按照某种数据模型,将应用的各种数据组织到一个结构化的数据库中。例如,对于关系模型,要建立学生成绩管理系统,系统包含学生(学号、姓名、性别、年龄、系别)、课程(课程号、课程名)、成绩(学号、课程号、成绩)等数据,分别对应3个文件。

③数据独立性强。数据库系统的独立性包括逻辑独立性和物理独立性。

➢ 逻辑独立性:是指用户的应用程序与数据库的逻辑结构是相互独立的。就是说,数据库逻辑结构改变了,应用程序也可以不变。

➢ 物理独立性:是指用户应用程序与存储在磁盘上数据库数据是相互独立的。即数据在磁盘上的数据库中如何存储是由 DBMS 管理的,用户应用程序不需要了解。当数据存储改变时,应用程序不用改变。

数据与程序之间的独立性,使得可以把数据的定义和描述从应用程序中分离出去。另外,由于数据的存取由 DBMS 管理,用户不必考虑存取路径等细节,从而简化了应用程序的编制,大大减少了应用程序的维护和修改。

④数据由 DBMS 统一管理。为确保数据库数据的正确、有效和数据库系统的有效运行,数据库管理系统提供 4 个方面的数据控制功能,即数据的安全性保护、数据的完整性检查、数据的并发控制和数据库恢复(详细内容可以参见 2.1.3)。

综上所述,数据库是长期存储在计算机内有组织的、大量的、共享的数据集合,可以供各种用户共享,具有最小冗余度和较高的数据独立性。DBMS 在数据库建立、运用和维护时对数据库进行统一控制,以确保数据的完整性、安全性,并在多用户同时使用数据库时进行并发控制,在发生故障后对系统进行恢复。

2.1.2 数据库系统的组成

数据库系统是基于数据库的计算机应用系统,它一般包括 3 个主要部分:数据库、数据库管理系统和应用程序。数据库系统的简单结构如图 2.1 所示。数据库是数据的汇集,它们以一定的组织形式存于存储介质上。数据库管理系统(Database Management System, DBMS)是用于创建、处理和管理数据库的计算机程序。DBMS 是由软件供应商授权的一个庞大且复杂的程序,普通公司不用编写自己的 DBMS 程序。应用程序是作为用户和 DBMS 间媒介的一个或多个计算机程序,应用程序必须通过 DBMS 访问数据库,它可以由软件供应商提供,也可以由企业内部编写。

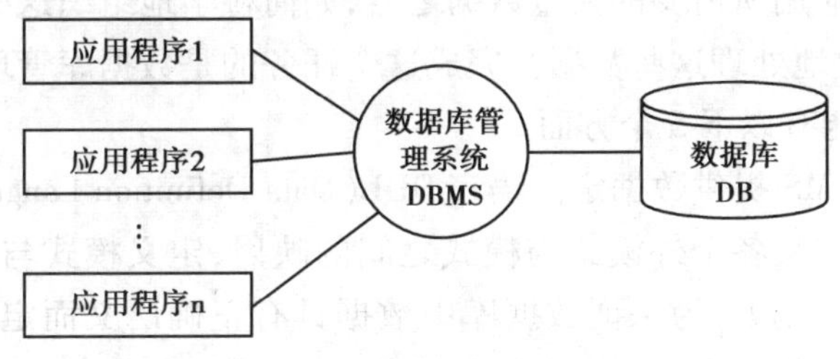

图 2.1 数据库系统简单结构

常用基本术语:

➢ 数据(Data) 数据是数据库中存储的基本对象。

➢ 数据库(DataBase, DB) 长期存储在磁盘等外部介质上,将数据按一定的数据结构组织起来,统一管理的相关数据的集合。既能保证数据间的必要联系,又能使冗余度达到最小。

➢ 数据库管理系统(DBMS)　数据库系统中专门用于管理数据的软件。它位于用户与操作系统之间,是用户使用数据库的接口。DBMS 为用户提供包括对数据库的定义、数据的查询、数据的修改维护、数据库的运行等各种操作。

DBMS 总是基于某种数据模型,数据模型主要有关系型、层次型和网状型。

➢ 数据库系统(DBS)　采用了数据库技术的整个计算机系统,一般由数据库、数据库管理系统、计算机软、硬件以及数据库管理员和用户等组成。

2.1.3　数据库管理系统(DBMS)

1)数据库管理系统的工作模式

DBMS 是数据库系统的核心。应用程序只有通过 DBMS 才能和数据库打交道,DBMS 总是基于某种数据模型,因此可以把 DBMS 看成是某种数据模型在计算机系统中的具体实现。DBMS 工作模式如图 2.2 所示。

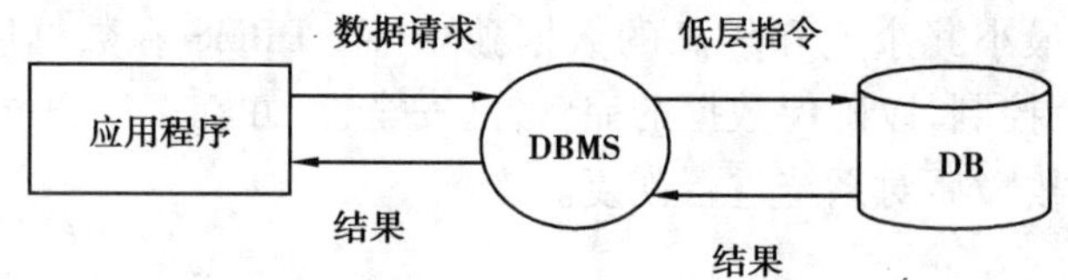

图 2.2　DBMS 工作模式

①接受应用程序的数据请求。

②将用户的数据请求转换为机器指令(低层指令),实现所需要的数据操作。

③从对数据库的操作中接受查询结果。

④对查询结果进行格式转换处理。

⑤将结果返回给应用程序。

2)数据库管理系统的主要功能

收集并抽取一个应用所需要的大量数据之后,如何科学地组织这些数据并将其存储在数据库中,又如何高效地处理这些数据?完成这个任务的是数据库管理系统。

DBMS 的主要功能有以下 5 个方面。

➢ 数据定义　DBMS 提供数据定义语言 DDL(Data Definition Language),定义数据的模式、外模式和内模式,定义各个外模式与模式之间的映射,定义模式与内模式之间的映射,定义有关的约束条件。例如,为保证数据库中数据具有正确语义而定义的完整性规则、为保证数据库安全而定义的用户口令和存取权限等。

➢ 数据操纵　数据操纵包括对数据库数据的检索、插入、删除和修改等基本操作。

➢ 数据库运行管理　对数据库的运行进行管理是 DBMS 运行时的核心部分。DBMS 通过对数据库的控制以确保数据正确有效和数据库系统的正常运行。DBMS 对数据库的控制主要通过 4 个方面实现:数据的安全性控制、数据的完整性控制、多用户环境下的并发控制和数据库的恢复。

数据的安全性:是指保护数据,防止不合法使用数据造成数据的泄密和破坏,使每个用户只能按规定对某些数据以某些方式进行访问和处理,如读方式、写方式、查询等。

数据的完整性:是指数据的正确性、有效性和相容性。即将数据控制在有效的范围内,或要求数据之间满足一定的关系,如成绩需要在 0~100,学号是 8 位,身份证 18 位等。

并发控制:当多个用户的并发进程同时存取、修改数据库时,可能会发生相互干扰而得到错误的结果,并使得数据库的完整性遭到破坏,因此必须对多用户的并发操作加以控制和协调。

数据库恢复:计算机系统的硬件故障、软件故障、操作员的失误以及故意的破坏也会影响数据库中数据的正确性,甚至造成数据库中的数据部分或全部丢失。DBMS 必须具有将数据库从错误状态恢复到某一已知的正确状态(也称为完整状态或一致状态)的功能,这就是数据库的恢复功能。

➢ 数据库的建立和维护功能　数据库的建立和维护包括数据库的初始数据的装入,数据库的转储、恢复、重组织,系统性能监视、分析等功能。

➢ 数据通信接口　DBMS 需要提供与其他软件系统进行通信的功能。例如,提供与其他 DBMS 或文件系统的接口,从而能够将数据转换为另一个 DBMS 或文件系统能够接受的格式,或者接受其他 DBMS 或文件系统的数据。

2.2 数据模型与实体联系模型

本节介绍如何理解现实世界,如何将它“信息化”以及如何描述现实世界的信息结构等相关内容。

2.2.1 数据模型

数据是要处理的信息,数据模型是数据的组织方式。数据模型是用来抽象、表示和处理现实世界中的数据和信息的(如数据库、文件)。对数据库中数据的组织都是基于某种数据模型的,因此了解数据模型的基本概念是学习数据库的基础。数据模型的好坏很难抽象地评价,这取决于它的用途。对人来说,总是希望数据模型尽可能自然地反映现实世界和接近人对现实世界的观察和理解,即数据模型要面向现实世界、面向用户。但是数据模型又是实现 DBMS 的基础,从实现的角度来看,又希望数据模型接近在计算机中的物理表示,以便于实现、减小开销。这两个方面的要求是矛盾的,这如同程序设计语言,既有面向用户的高级语言,又有面向计算机的汇编语言,还有由编译系统完成高级到低级程序设计语言的转换。在数据库中,也是针对不同的使用对象和应用目的,采用多级数据模型,一般分为 3 级。

1)概念数据模型(Conceptual Data Model, CDM)

DBMS 至少向用户提供一种数据模型,关系模型是目前用得最多的一种数据模型。这类数据模型有许多规定与限制,不便于非专业人员的理解和应用。数据库是对一个企业的模拟,它的设计必须得到企业人员的合作与参与,那么,一开始就用 DBMS 提供的数据模型来设计数据库是不合适的。另一方面,专业人员一开始就纠缠实现的细节,也不符合自顶向下、逐步求精的软件设计原则。概念数据模型是面向用户、面向现实世界的,与 DBMS 无关,它主要用来描述一个企业的概念化结构。采用概念数据模型,数据库设计人员可以在设计的开始阶段,把主要精力用于了解和描述现实世界。E-R 数据模型是广泛使用的概念数据模型,将在后面详细介绍。

2)逻辑数据模型(Logical Data Model, LDM)

逻辑数据模型是用户从数据库中所看到的模型。它与 DBMS 有关,DBMS 常以其所用的逻辑数据模型来分类。关系数据模型是目前最常用的逻辑数据模型,它以关系代数理论为基础。用概念数据模型表示的数据必须转化为逻辑数据模型表示的数据,才能在 DBMS 中实现。逻辑数据模型既要面向用户,也要面向实现。

3)物理数据模型(Physical Data Model, PDM)

逻辑数据模型只反映数据的逻辑结构,如文件、记录、字段等,不反映数据的存储结构,如物理块、指针、索引等。反映数据存储结构的数据模型称为物理数据模型。数据库的数据最终需要存储到介质上,每种逻辑数据模型在实现时都有其对应的物理数据模型。物理数据模型不但与 DBMS 有关,而且还与操作系统和硬件有关。

2.2.2 实体联系(Entity Relation)模型

从现实世界的信息到数据库存储的数据是一个逐步抽象的过程,这个过程一般来说要经过 3 个世界。这 3 个世界也是人们对现实世界的认识和描述过程:

➢ 现实世界　人们头脑之外的客观世界,它包含了客观事物及其相互联系。

➢ 信息世界　现实世界在人们头脑中的反映。客观事物在信息世界中称为实体,为了反映实体和实体的联系,可以用 E-R 模型来描述。

➢ 数据世界　信息世界中信息的数据化。现实世界中的事物及其联系,在数据世界中用数据模型来描述。

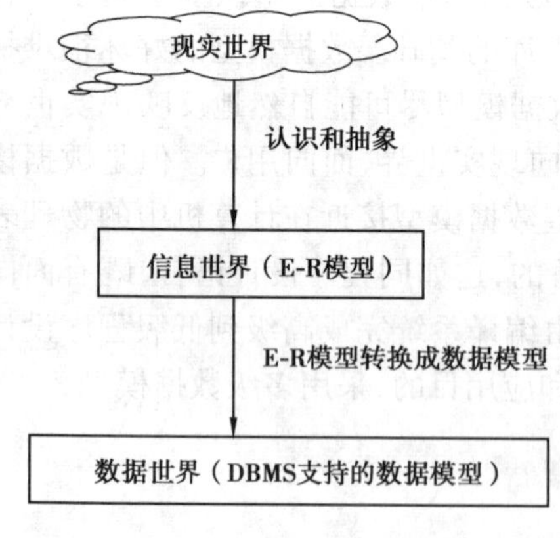

图 2.3　数据的抽象过程

这个认识过程包含了一个抽象和一个转换:首先对现实世界进行认识和抽象,抽象出信息世界的信息模型,这个信息模型的描述可以使用 E-R 模型,并且这个信息模型是独立于 DBMS 的,而且不依赖于具体的计算机系统;然后对信息世界的信息模型进行转换,转换为计算机上某一个 DBMS 支持的数据模型。这个过程可以用图 2.3 来表示。

1)E-R 模型

E-R 模型反映的是现实世界中的事物及其相互联系,是由 P.P.S.Chen 于 1976 年提出来的。E-R 模型中包含 3 个要素:实体、属性、联系。下面介绍一些基本概念。

➢ 实体　是客观世界中描述客观事物的概念。实体可以是人,也可以是事物或抽象的概念;可以指事物本身,也可以指事物之间的联系。例如,学生、课程都是具体的对象,足球比赛可称为是抽象的对象。

实体是具有相同性质并且彼此之间可以相互区分的现实世界对象的集合。

例如,"学生"是一个实体,这个实体中的每个学生都有学号、姓名、性别、出生日期等相同属性。

在关系数据库中,一个实体被映射成一个关系表,表中的一行对应一个可区分的现实世界的对象(这些对象组成实体),称为实体实例。例如,"学生"实体中的每个学生都是"学生"实体的实例。在E-R图中矩形表示实体。

➢ 属性　实体所具有的某种特性,用来描述实体。一个实体可以由若干个属性来刻画。例如,学生的学号、姓名、年龄、性别、系、年级等都是"学生"实体具有的特征。(7806032,王平,19,男,贸易及法律学院,三年级)这些属性值组合起来表征了一个学生实体。在E-R图中椭圆表示属性。

➢ 标识符　唯一标志实体的属性集合。每个实体都有一个标识符(也称为实体的主键),标识符是实体中的一个属性或者属性的集合,每个实体实例在标识符上具有不同的值。标识符用于区分实体中每个不同的实例,如"学生"实体的标识符是学号属性。

➢ 联系　在现实世界中,事物内部以及事物之间是有联系的,这些联系在信息世界中反映为实体内部的联系与实体之间的联系。实体内部的联系通常是指实体各属性之间的联系,事物之间的联系是指不同实体之间的联系。我们接下来讨论的联系都是属于不同实体之间的联系。联系方式可以分为三类:一对一联系(1∶1)、一对多联系(1∶n)、多对多联系(m∶n)。联系用菱形框标志,框内写上联系名,并用连线将有关的实体连接起来,线上标明联系的类型。

一对一联系:如果实体A中的每个实例在实体B中至多有一个(也可以没有)实例与之关联;反之,实体B中的每一个实例在实体A中至多有一个实例与之关联,则称A与B是一对一联系,如图2.4(a)所示。例如,班级与班长之间的联系,一个班级只有一个班长,一个班长只在一个班中任职。

一对多联系:如果对于实体A中的每一个实例在实体B中有多个实例与之关联,而实体B中的每一个实例只对应实体A中的一个实例,则称A与B是一对多联系,如图2.4(b)所示。例如,班与学生的关系,一个班级中有若干名学生,每个学生只在一个班级中学习。

多对多联系:如果对于实体A中的每一个实例,实体B中有多个实例与之关联;反之,实体B中的每一个实例对应实体A中的多个实例,则称A与B是多对多联系,图2.4(c)所示。例如,课程与学生之间的联系,一门课程同时有若干个学生选修,一个学生可以同时选修多门课程。

在对客户需求进行分析,了解了客观事物及其相互联系之后,就可以画出E-R模型。图2.5就是一个典型的E-R模型。其中,矩形框表示实体,菱形框表示实体间的关系,椭圆框表示实体属性,带下划线的属性是实体的标识符。

2)E-R模型的特点

①接近人的思维,容易理解。

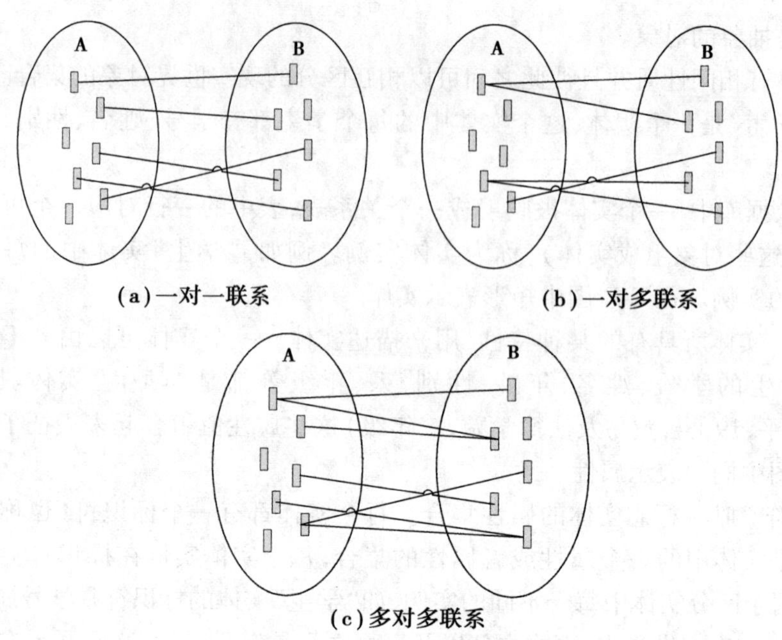

(a)一对一联系　(b)一对多联系

(c)多对多联系

图 2.4　不同类型的联系

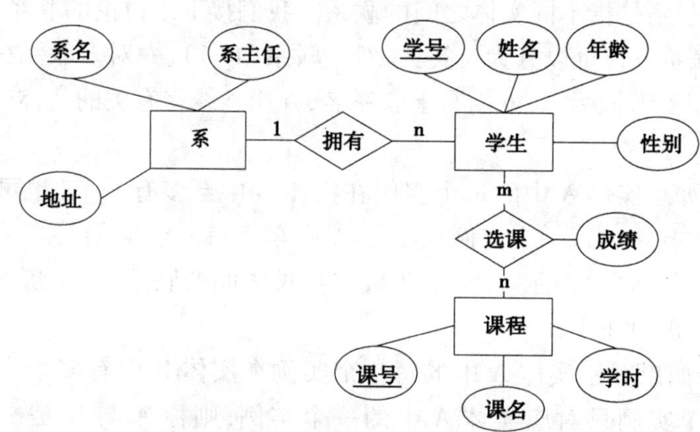

图 2.5　学生选课系统中的 E-R 模型

②与计算机无关,用户容易接受。

3)构造 E-R 模型的步骤

①确定实体;

②除去重复实体;

③列出每个实体的属性;

④标记标识符;

⑤定义联系;

⑥描述联系的类型;

⑦除去冗余关系。

【例 2.1】　大学实行学分制,学生可根据自己的情况选课,学生具有学号、姓名、性别、年龄等属性。每名学生可同时选修多门课程,修完课程记录成绩,课程有课程号、课程名、学时等属性。每门课程可由多位教师主讲,教师具有教师号、教师名、性别、职称等属性;每位教师可讲授多门课程。完成子 E-R 图,标出标识符,然后完成完整的 E-R 图。

思考:

(1)有哪些实体? 指出学生与课程的联系类型。

(2)指出教师与课程的联系类型。

【解】 有学生、课程、教师 3 个实体,3 个实体的 E-R 图如下。

(1)学生实体 E-R 图,如图 2.6 所示。

(2)课程实体 E-R 图,如图 2.7 所示。

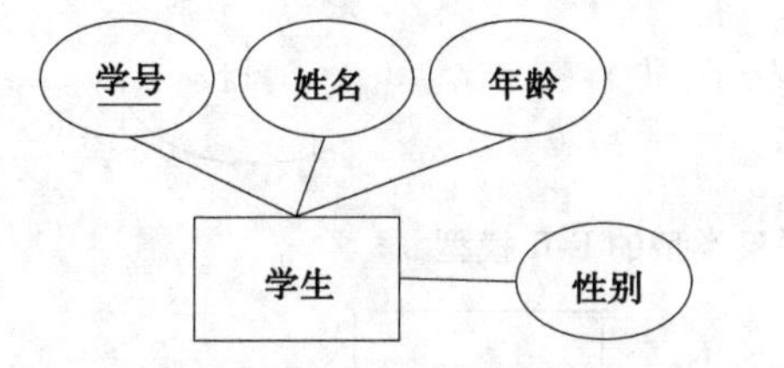

图 2.6 学生实体 E-R 模型

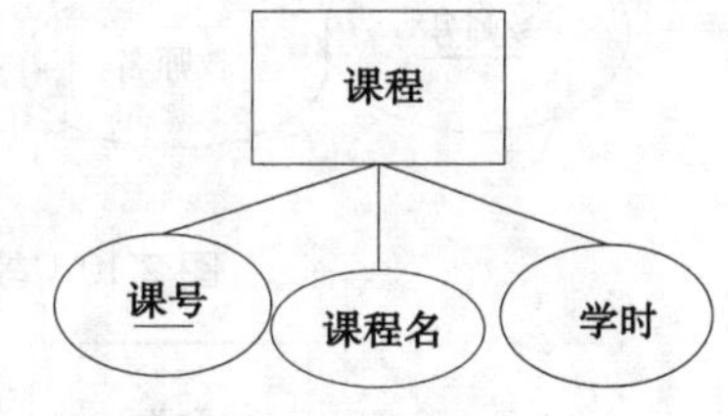

图 2.7 课程实体 E-R 模型

(3)教师实体 E-R 图,如图 2.8 所示。

(4)学生与课程联系类型为多对多,E-R 图如图 2.9 所示。

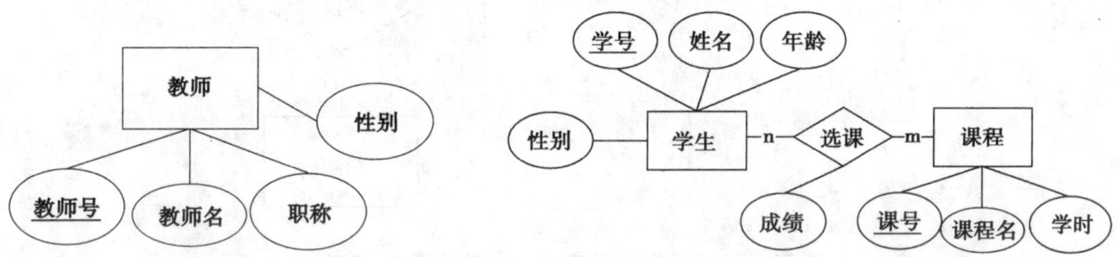

图 2.8 教师实体 E-R 模型

图 2.9 学生与课程联系类型的 E-R 模型

(5)教师与课程的联系类型是多对多,E-R 图如图 2.10 所示。

(6)由各子 ER 图构成完整 E-R 图,为了突出实体间联系及篇幅原因,省略实体的属性,如图 2.11 所示。

【例 2.2】 某图书借阅系统有以下功能:可随时查询书库中现有书籍的书名、数量与存放位置。所有书籍均可由书号唯一标志。可随时查询书籍借还情况,包括借书人单位、姓名、借书证号、借书日期和还书日期。任何人可借多种书,任何一种书可为多个人所借。借书证号具有唯一性。

可通过数据库中保存的出版社的 E-mail、电话、邮编及地址等信息向相应出版社增购有关书籍。一个出版社可出版多种书籍,同一本书仅为一个出版社出版;出版社名具有唯一性。

要求完成如下处理:

(1)设计满足上述要求的 E-R 图。

(2)用下划线标明每个实体中的标识符。

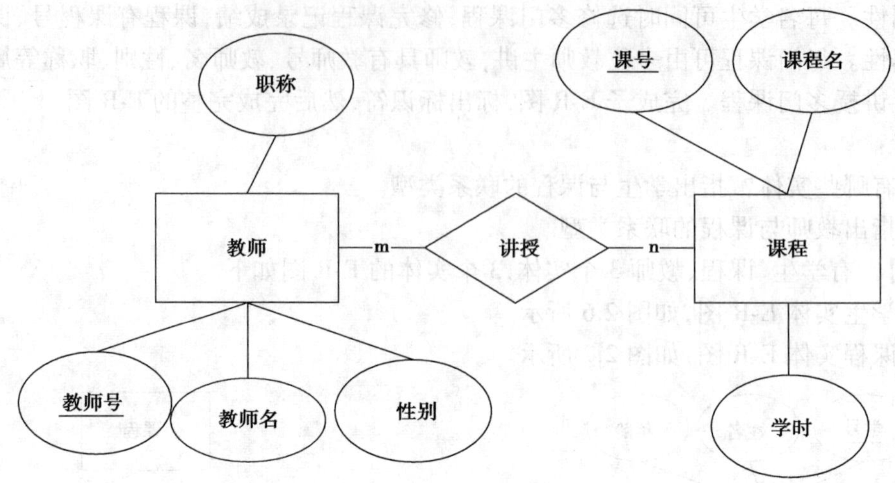

图 2.10 教师与课程的联系类型的 E-R 模型

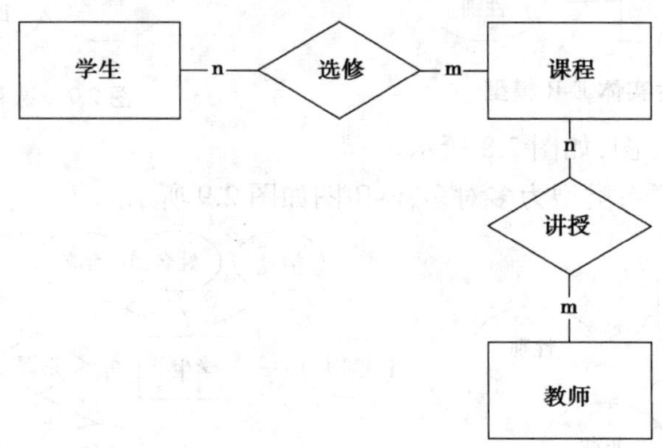

图 2.11 学生选课系统中完整的 E-R 模型

【解】

(1)有 3 个实体:借书人、图书、出版社,两个联系:借阅、出版。

(2)借书人与图书之间是多对多联系,图书与出版社之间是多对一联系。

(3)按语义画出图书借阅系统的 E-R 图,如图 2.12 所示。

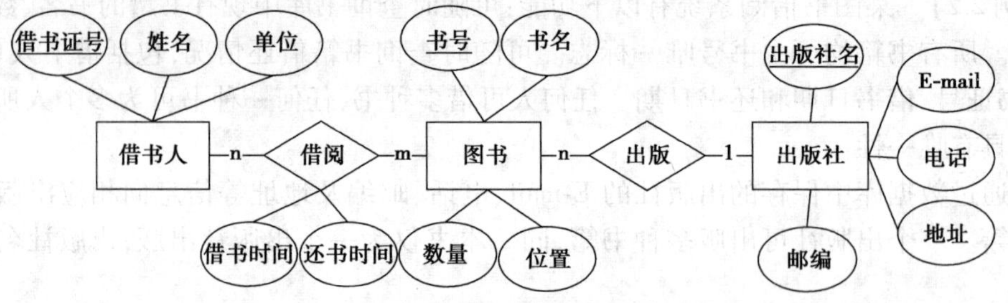

图 2.12 图书借阅系统中的 E-R 模型

通常人们先将现实世界抽象为概念世界,然后再将概念世界转为机器世界。换句话说,先将现实世界中的客观对象抽象为实体(Entity)和联系(Relationship),它并不依赖于具体的计算机系统或某个 DBMS 系统,这种模型就是我们所说的概念数据模型,即 CDM;

然后再将 CDM 转换为计算机上某个 DBMS 所支持的数据模型,这样的模型就是物理数据模型,即 PDM。

利用 PowerDesigner 可以制作概念数据模型、物理数据模型,使用它可以缩短开发时间和使系统设计更优化。关于 PowerDesigner 使用见 2.5 节。

2.3 关系数据模型

2.3.1 关系数据模型的基本概念

关系数据模型是发展较晚的一种模型。1970 年美国 IBM 公司的研究员 E.F.Codd 首次提出了数据库系统的关系模型。他发表了题为《大型共享数据库数据的关系模型》(A Relation Model of Data for Large Shared Data Banks)的论文。在文中解释了关系模型,定义了某些关系代数运算,研究了数据的函数相关性,定义了关系的第三范式,从而开创了数据库的关系方法和数据规范化理论的研究。为此 1981 年他获得了 ACM 图灵奖。此后许多人把研究方向转到关系方法上,陆续出现了关系数据库系统。1977 年 IBM 公司研制的关系数据库的代表 System R 开始运行,其后又不断地改进和扩充,出现了基于 System R 的数据库系统 SQL/DB。

关系数据模型有严格的数学基础,抽象级别比较高,而且简单清晰,便于理解和使用。20 世纪 80 年代以来,计算机厂商新推出的数据库管理系统几乎都支持关系模型,非关系系统的产品也都加上了关系接口。当前,数据库领域的研究工作也都是以关系方法为基础。关系数据库已成为目前应用最广泛的数据库系统,如曾广泛使用的小型数据库系统 Foxpro、Access,大型数据库系统 Oracle、SQL Server、Informix、Sybase 等都是关系数据库系统。

关系数据模型的数据结构是一个"二维表"组成的集合,每个二维表又可称为关系,所以关系数据模型又是"关系"的集合。图 2.13 给出了教学选课数据库的关系数据模型,它包含 3 个关系:学生关系 S、课程关系 C、选课关系 SC,分别对应 3 张我们熟悉的表:

S(学生关系)表

SNO (学号)	SNAME (姓名)	SEX (性别)	AGE (年龄)	DEPT (系别)
S1	赵云	男	19	计算机
S2	李艳	女	18	信息
S3	张百佳	女	18	自动化
S4	李思	女	19	机械
S5	吴立立	女	19	电气
S6	王凯	男	18	电气

C(课程关系)表

CNO (课程号)	CNAME (课程名)	CREDIT (学分)
C1	程序设计	2
C2	微机原理	3
C3	数字逻辑	3
C4	电路原理	3
C5	数据结构	3

SC(选课关系)表

SNO (学号)	CNO (课程号)	SCORE (成绩)
S1	C1	60
S1	C2	88
S2	C2	92
S3	C2	75
S3	C3	85
S4	C2	86
S4	C3	96
S4	C4	63
S5	C5	78
S6	C5	89

图 2.13　教学数据库的关系模型

2.3.2　由 E-R 模型向关系数据模型的转换

用概念数据模型表示的数据必须转化为某种逻辑数据模型表示的数据,才能在 DBMS 中实现。如转换为关系数据模型,关系数据模型既要面向用户,也要面向实现。

概念结构设计阶段产生的 E-R 模型是由实体、属性和联系组成的,而关系数据库逻辑结构设计的结果是一组关系模式的集合,所以将 E-R 模型转换成关系数据模型实际上就是将实体、属性和联系转换成关系模式。在转换中遵循以下原则:

(1)一个实体转换为一个关系模式,实体的属性就是关系的属性,实体的标识符就是关系的主键。

(2)对于实体间的联系也要进行相应的转换,但联系的类型不一样转换方法就不一样。具体转换方法为:

①若实体间的联系是 1∶1的,可以在两个实体类型转换成的两个关系模式中选择任意

一个关系模式,在选择的关系模式属性中加入另一个关系模式的主键和联系具有的属性。

②若实体间的联系是1∶n的,则在n端实体转换成的关系模式中加入1端实体转换成的关系模式的主键和联系具有的属性。

③若实体间联系是m∶n的,则将该联系也转换成关系模式,该关系模式的属性为两端实体的标识符加上联系的属性,而该关系模式的主键为两端实体标识符的组合。

【例2.3】 设有描述部门与经理的E-R图,如图2.14所示,将其转换为合适的关系模式。

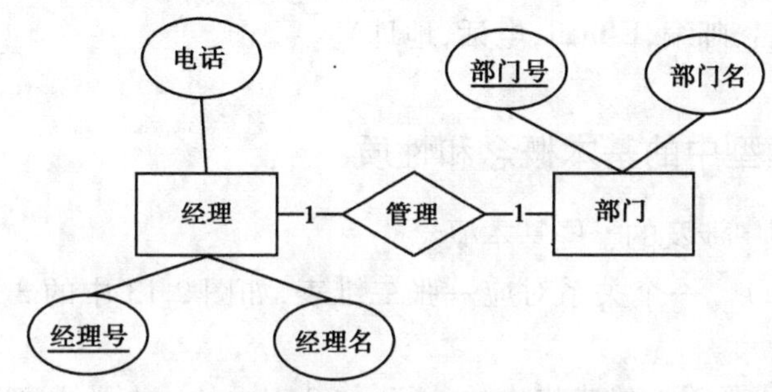

图2.14 经理与部门关系的E-R模型

【解】 两个实体转换为两个关系,"管理"联系为1对1,故将"部门"中的主键(部门号)加入到"经理"模式中,或者将经理号加入到部门关系中。

经理(<u>经理号</u>,经理名,电话,部门号)

部门(<u>部门号</u>,部门名)

或者:

经理(<u>经理号</u>,经理名,电话)

部门(<u>部门号</u>,部门名,经理号)

【例2.4】 设有教师与学生的E-R图,如图2.15所示,将其转换为合适的关系模式。

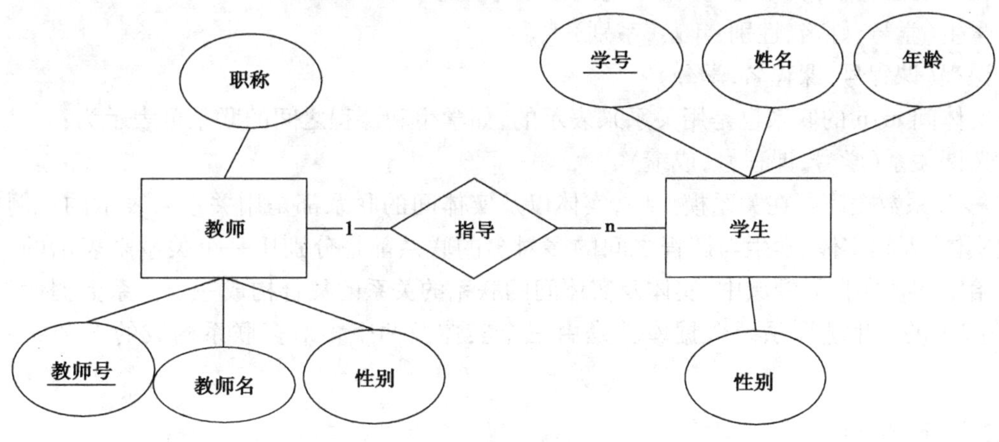

图2.15 教师与学生关系的E-R模型

【解】 两个实体转换为两个关系,"指导"联系是1对多,其中多端(学生)加入"教师"实体的主键(教师号)。结果如下:

教师(<u>教师号</u>,教师名,性别,职称)

学生(学号,姓名,性别,年龄,教师号)

【例 2.5】 将例 2.2(图 2.12)图书借阅系统中的 E-R 模型转换为关系模式。

【解】 3 个实体借书人、图书、出版社转换为 3 个关系,“借阅”联系是 m∶n 的,转换为独立的关系,如下所示。

借书人(借书证号,姓名,单位)

图书(书号,书名,数量,位置,出版社名)

借阅(借书证号,书号,借书日期,还书日期)

出版社(出版社名,邮编,E-mail,电话,地址)

2.3.3 关系数据模型中的基本概念和性质

1)关系数据模型中涉及的一些基本概念

➢ 关系(Relation) 一个关系对应一张二维表,如图 2.13 中的 3 张表分别对应 3 个关系。

➢ 元组(Tuple) 关系二维表格中的一行,如 S 表中的一个学生即为一个元组。

➢ 属性(Attribute) 二维表格中的一列,相当于记录中的一个字段,如 S 表中有 5 个属性(学号、姓名、性别、年龄、系别)。

➢ 关键字(Key) 可唯一标志元组的属性或属性集,也称为主键或主码,如 S 表中学号可以唯一确定一个学生,学号为学生关系的关键字。

➢ 域(Domain) 属性的取值范围,如年龄的域是(14~40),性别的域是(男,女)。

➢ 分量 每一行对应的列的属性值,即为元组中的一个属性值。

➢ 关系模式 关系模式是对关系的描述,一般表示为:关系名(属性 1,属性 2,……,属性 n),如学生(学号,姓名,性别,年龄,系别)。

在关系模型中,实体是用关系来表示的。例如:

学生(学号,姓名,性别,年龄,系别)

课程(课程号,课程名,学分)

实体间 m:n 的联系也是用关系来表示的,如学生和课程之间的联系可表示为:

选课关系(学号,课程号,成绩)

➢ 关系数据库 在关系模型中,实体以及实体间的联系都是用关系来表示的。例如,学生实体、课程实体、学生与课程之间的多对多的联系都是分别用一个关系来表示的。在一个给定的现实世界领域中,实体及实体间的联系的关系的集合构成一个关系数据库。例如,例 2.1 的学生选课系统数据库就是由三个实体及两个多对多联系构成的五个关系的集合。

2)关系的性质

尽管关系与二维表格、传统的数据文件是非常类似的,但它们之间又有着重要的区别。严格地说,关系是一种规范化了的二维表中行的集合,为了使相应的数据操作简化,在关系模型中,对关系做了种种限制。关系具有如下特性:

①关系中不允许出现相同的元组。因为数学上集合中没有相同的元素,而关系是元组

的集合,所以作为集合元素的行应该是唯一的。

②关系中元组的顺序(即行序)可任意,在一个关系中可以任意交换两行的次序。因为集合中的元素是无序的,所以作为集合元素的元组也是无序的。根据关系的这个性质,可以改变元组的顺序使其具有某种顺序,然后按照顺序查询数据,这样可以提高查询速度。

③关系中属性的顺序可任意,即列的顺序可以任意交换。交换时,应连同属性名一起交换,否则将得到不同的关系。

④同一属性名下的各个属性值必须来自同一个域,必须是同一类型的数据。

⑤关系中各个属性必须有不同的名字,不同的属性可来自同一个域。

⑥关系中每一个分量必须是不可分的数据项,或者说所有属性值都是原子性的,即它是一个确定的值,而不是值的集合。例如,在表2.1中,籍贯属性含有省、市县两项,我们把它称为"非规范化"关系,而应把籍贯分成省、市县两列,将其规范化,如表2.2所示。

表2.1 "非规范化"的关系

姓 名	籍 贯	
	省	市县
张三	四川	成都
王丽	山西	大同

表2.2 "规范化"的关系

姓 名	省	市 县
张三	四川	成都
王丽	山西	大同

2.3.4 关系的完整性

为了维护数据库中数据与现实世界的一致性,对关系数据库的插入、删除和修改操作必须有一定的约束条件,这就是关系模型的三类完整性,即实体完整性、参照完整性和用户自定义的完整性。

1)实体完整性

一个关系通常对应现实世界的一个实体。例如,学生关系对应于学生实体。现实世界中的实体是可区分的,即它们具有唯一性标志。相应地,关系模型中以主码作为唯一性标志。主码中的属性即主属性不能取空值。如果主码取空值,说明存在某个不可标志的实体,即存在不可区分的实体,这与现实世界的应用环境相矛盾,因此这个实体一定不是一个完整的实体。

实体完整性规则:主码的取值不能为空或部分为空值。

空值是特殊的标量常数,表示不确定,目前未知的状态。例如,学生关系S中某个学号为空,则此学生一定不属于正常管理的学生;在选课关系SC中,主码由SNO、CNO两个属性构成,这两个属性的取值不能同时为空或某个属性为空,缺其一该条记录就没有意义。

2)参照完整性

现实世界中的实体之间往往存在某种联系,在关系模型中实体及实体间的联系都是用关系来描述的。这样就自然存在关系与关系间的引用。

对图2.12中,如果删除了S(学生关系)中的第一行(赵云的数据)会发生什么情况?

那么,SC(选课关系)的第一、二行 Sno 值无效,因为 S1 在 S 表中不再存在。为了避免这一问题,可以这样设计数据库:当其他行依赖于某一行时,不允许删除该行,或者同时删除相关的行。

【定义 2.1】 设 F 是基本关系 R 的一个或一组属性,但不是关系 R 的码,如果 F 与基本关系 S 的主码 KS 相对应,则称 F 是基本关系 R 的外码(Foreign Key),并称基本关系 R 为参照关系(Referencing Relation),基本关系 S 为被参照关系(Referenced Relation)或目标关系。

参照完整性规则就是定义外码与主码之间的引用规则。

参照完整性规则:若属性(或属性组)F 是基本关系 R 的外码,它与基本关系 S 的主码 KS 相对应,则对于 R 中每个元组在 F 上的值必须为:

➢ 或者取空值(F 的每个属性值均为空值);

➢ 或者等于 S 中某个元组的主码值。

【例 2.6】 学生实体与专业实体可以用下面的关系来表示,其中主码用下划线标志:

学生(学号,姓名,性别,专业号,年龄)

专业(专业号,专业名)

这两个关系之间存在着属性的引用,即学生关系引用了专业关系的主码“专业号”。显然,学生关系中专业号的取值必须是确实存在的专业的专业号,即专业关系中有该专业的记录。这也就是说,学生关系中的专业号属性的取值,需要参照专业关系的专业号属性取值,专业号在学生关系中称为外键,用下波浪线表示。

【例 2.7】 例 2.1 学生与课程之间的多对多联系可以用如下 3 个关系表示:

学生(学号,姓名,性别,年龄)

课程(课程号,课程名,学分)

选课(学号,课程号,成绩)

这 3 个关系之间也存在着属性的引用,即选课关系引用了学生关系的主码“学号”和课程关系的主码“课程号”。选课关系中的学号值必须是确实存在的学生的学号,即学生关系中有该学生的记录;选课关系中的课程号值也必须是确实存在的课程的课程号,即课程关系中有该课程的记录。换句话说,选课关系中某些属性(学号、课程号)的取值需要参照其他关系(学生关系和课程关系)的属性取值。

3)用户定义的完整性

用户定义的完整性也称为域完整性或语义完整性。实体完整性和参照完整性适用于任何关系数据库系统。除此之外,不同的关系数据库系统根据其应用环境的不同,往往还需要一些特殊的约束关系。用户定义的完整性就是针对某一具体关系数据库的约束条件,它反映某一具体应用所涉及的数据必须满足的语义要求。

用户定义的完整性就是指明关系中属性的取值范围,防止属性的值与应用语义的矛盾。例如,学生的成绩属性的取值范围在 0~100,或取{优、良、中、及格、不及格};又如,“开始时间”小于“结束时间”等。关系模型应提供定义和检索这类完整性的机制,以便用统一的、系统的方法处理它们,而不要由应用程序承担这一功能。

2.4 关系数据库规范化与数据库设计

数据库设计是数据库应用领域中一个关键性工作，数据库设计的任务是在给定的应用环境下，创建满足用户需求且性能良好的数据库模式。关系数据库规范化理论是数据库设计的一个理论指南。

关系数据库的规范化理论最早是由关系数据库的创始人 E.F.Codd 提出的，后经过许多专家学者对关系数据库理论作深入的研究和发展，形成了一整套有关关系数据库设计的理论。

2.4.1 函数依赖

数据语义不仅表现为完整性约束，对关系模式的设计也提出一定的要求。在关系数据库系统中，关系模型包括一组关系模式，并且各个关系不是完全孤立的。如何设计一个合适的关系数据库系统，关键是关系模式的设计。一个好的关系数据库模型应该包括多少个关系模式，而每一个关系模式又应该包括哪些属性，如何将这些关联的关系模式组建成一个适合的关系模型，这些都是数据库的逻辑设计问题。这些工作决定了整个系统运行的效率，也是系统成败的关键所在，所以必须在关系数据库的规范化理论的指导下逐步完成。

数据库的逻辑设计为什么要遵循一定的规范化理论？什么是好的关系模式？那些不好的关系模式可能导致哪些问题？

下面首先介绍与函数依赖相关的一些内容。

1）函数依赖的基本概念

函数对我们来说已经非常熟悉，$y = f(x)$ 为一个函数，y 的值由 x 的值唯一确定，则我们就说 x 函数决定 y，y 函数依赖于 x。例如，我们描述一个学生关系，有学号、姓名、院系等属性，由于一个学号对应一个学生，一个学生只在一个院系学习，因而当“学号”值确定之后，学生的姓名和所在院系的值也就被确定了。可以类似地表示为 姓名=f(学号)，院系=f(学号)，即“学号”函数决定“姓名”，“学号”函数决定“院系”，或者说“姓名”和“院系”函数依赖于“学号”，记作：学号—>姓名，学号—>院系。

【定义 2.2】 设有关系模式 R(A1，A2，A3，…，An)，X 和 Y 为{A1，A2，A3，…，An}的子集，如果对于 R 中的任意 X，都有一个 Y 值与之对应，则称 X 函数决定 Y，或 Y 函数依赖于 X，表示为 X—>Y。

关系模式属性之间是否存在函数依赖只与语义有关。

2）一些术语与符号

设有关系模式 R(A1，A2，A3，…，An)，X 和 Y 均为{A1，A2，A3，…，An}的子集。

（1）如果 X—>Y，但 Y 不包含于 X，则称 X—>Y 是非平凡的函数依赖。我们以下讨论的都是非平凡的函数依赖。

（2）如果 X—>Y，则称 X 是决定因子。

（3）如果 X—>Y，并且对于 X 的任意一个真子集 X'，都有 $X' \not\rightarrow Y$，则称 Y 完全依赖于 X，记作 $X \xrightarrow{f} Y$；如果 X' —>Y 成立，则称 Y 部分依赖于 X，记作 $X \xrightarrow{p} Y$.

(4)如果 X—>Y，Y—>Z，则称 Z 传递函数依赖于 X，记作 $X \xrightarrow{t} Z$。

【例 2.8】 设有关系模式 SC(SNO,SNAME,CNO,CREDIT,GRADE)，其中各属性含义分别是：学号、姓名、课号、学分、成绩。主键为：(SNO,CNO)，则函数依赖关系有：

SNO—>SNAME，　　　SNAME 依赖于 SNO

(SNO,CNO) $\xrightarrow{p}$ SNAME，　SNAME 部分依赖于(SNO,CNO)

(SNO,CNO) $\xrightarrow{f}$ GRADE，　GRADE 完全依赖于(SNO,CNO)

3)为什么要讨论函数依赖

讨论属性之间的关系及函数依赖有什么意义呢？下面通过例子来说明。

【例 2.9】 要求设计教学管理数据库，其关系模式如下：

SCD(SNO,SNAME,SAGE,DEPT,HEAD,CNO,CNAME,SCORE)

其中各个字段分别表示学号、姓名、年龄、系名、系主任、课程号、课程名、成绩。根据实际情况，这些数据有如下语义规定：

①一个系有若干名学生，但一个学生只属于一个系；

②一个系只能有一名系主任，但一个系主任可以同时兼任几个系的系主任；

③一个学生可以选修多门课程，每门课程可被若干学生选修；

④每个学生学习的一门课程有一个成绩。

在此关系模式存在什么问题？假如有表 2.3 中的数据。

表 2.3　教学数据库

SNO	SNAME	SAGE	DEPT	HEAD	CNO	CNAME	SCORE
S1	王凯	22	计算机	刘易	C1	数据结构	90
S1	王凯	22	计算机	刘易	C2	数据库系统	85
S1	王凯	22	计算机	刘易	C3	程序设计	80
S2	刘洋	21	信息	张伟	C3	程序设计	85
S3	李非非	21	信息	张伟	C3	程序设计	95
S3	李非非	21	信息	张伟	C5	电路原理	95
S4	李浩	22	网络工程	张伟	C2	数据库系统	88
S4	李浩	22	网络工程	张伟	C1	数据结构	77

根据上述的语义规定并分析以上关系中的数据，我们可以看出，(SNO,CNO)属性的组合能够唯一地标志一个元组，所以(SNO,CNO)是该关系的主键。但在进行数据库的操作时，会出现以下几个方面的问题。

①数据冗余。每个系名和系主任的名字反复存储，存储的次数等于该系的学生人数乘以每个学生选修的课程门数，同时学生的姓名、年龄也重复存储，数据的冗余度很大，浪费了大量的存储空间。

②插入异常。如果某个新系没有招生，尚无学生时，则系名和系主任的信息就无法插

入。因为在这个关系中,主码为(SNO,CNO),根据实体完整性约束,主码的值不能为空,由于没有学生,SNO、CNO 均无值,因此没办法把新系的信息插入进去。相同的道理,当某个学生没有选课时,开的新课信息也不能插入。

③删除异常。当某个系的学生全部毕业了,要删除全部学生的记录,这时系名、系主任也随之一起删掉了,而现实中这个系依然存在,但在数据库中已经找不到这个系的信息了。另外,由于课程信息也一起删掉了,所以在数据库中也不能查询课程信息。

④更新异常。如果某个学生改名,则该学生的所有记录信息都必须逐一进行修改,否则就会出现数据的不一致。另外,如果系主任更换了,则关于这个系的所有记录也必须逐一修改,使修改复杂化。稍有不慎,就可能漏改某些记录,这样会造成数据的不一致性。

由于存在以上问题,SCD 不是一个好的关系模式。产生上述问题的原因,直观地说,是因为这个关系没有设计好,某些属性之间存在"不良"的函数依赖。例如,SNO 决定 SNAME 属性、SNO 决定 SAGE 属性、SNO 决定 DEPT 属性、DEPT 决定 HEAD 属性,SNAME、SAGE、DEPT 属性存在对主键(SNO,CNO)的部分依赖,HEAD 属性传递依赖于 SNO。如何改造这个关系模式?克服以上种种问题,是我们要解决的问题,也是讨论函数依赖的原因。

2.4.2 关系规范化

怎样才能得到一个好的关系模式呢?就是对关系进行分解,按照一定的规范设计关系模式,将结构复杂的关系分解成结构简单的关系,从而把不好的关系数据库模式转变为好的关系数据库模式,这就是关系的规范化。

我们把【例 2.9】关系模式 SCD 分解为学生关系 S(SNO,SNAME,AGE,DEPT)、课程关系 C(CNO,CNAME)、选课关系 SC(SNO,CNO,SCORE)、系关系 D(DEPT,HEAD)4 个结构简单的关系模式,从而消除"不良"的函数依赖,如图 2.16 所示。

学生关系 S

SNO	SNAME	SAGE	DEPT
S1	王凯	22	计算机
S2	刘洋	21	信息
S3	李非非	21	信息
S4	李浩	22	网络工程

课程关系 C

CNO	CNAME
C1	数据结构
C2	数据库系统
C3	程序设计
C5	电路原理

系关系 D

DEPT	HEAD
计算机	刘易
信息	张伟
网络工程	张伟

选课关系 SC

SNO	CNO	SCORE
S1	C1	90
S1	C2	85
S1	C3	80
S2	C3	85
S3	C3	95
S3	C5	95
S4	C2	88
S4	C1	77

图 2.16 分解后的关系模式

在以上 4 个关系模式中,实现了信息的某种程度的分离,S 中存储学生信息,与所选课程及系主任无关;D 中存储系的有关信息,与学生无关;C 中存储课程信息,与学生无关;SC 中存储学生选课的信息,与系主任无关。与 SCD 相比,分解后的 4 个关系模式,数据冗余度明显降低。当新插入一个新系和一门新课时,只需分别在关系 D 和 C 中插入信息即可;当某个学生尚未选课,只需在学生关系 S 中添加一条学生记录即可,而与选课无关,这就避免了插入异常。当一个系的学生毕业时,只需在学生关系中删掉相应学生的信息即可,而关于这些学生所在的系的信息仍然保存在关系 D 中,从而解决了删除异常的问题。同时,由于数据冗余度明显降低,数据没有反复存储,也不会引起更新异常。

经过上述分析,我们说分解后的关系数据库模式是一个好的关系数据库模式。从而得出结论,一个好的关系数据库模式应该具备以下 4 个条件:

①尽可能少的数据冗余;

②没有插入异常;

③没有删除异常;

④没有更新异常。

但要注意,一个好的关系数据库模式并不是在任何情况下都是最优的,如查询某个学生选修的课程名及所在系的系主任时,要通过连接,而连接所需要的系统开销非常大。因此,要以实际设计的目标出发进行设计。

2.4.3 范式

规范化又可以根据不同的要求而分成若干级别,满足不同程度要求的不同范式。目前主要有6种范式:第一范式、第二范式、第三范式、BC范式、第四范式和第五范式。满足最低要求的称为第一范式,简称为1NF。在第一范式基础上进一步满足一些要求的为第二范式,简称为2NF。其余以此类推。在这些范式中,用得最多的是前3个范式,因此我们重点介绍这3个范式。

1)第一范式

【定义2.3】 如果一个关系模式R的所有属性都是不可分解的基本数据项,则R∈1NF。

在任何一个关系数据库系统中,第一范式是对关系模式的一个最起码的要求。不满足第一范式的数据库模式不能称为关系数据库。表2.1所示的关系不符合第一范式,而表2.2则是经过规范化处理得到的符合第一范式的关系。

但是满足第一范式的关系模式并不一定是一个好的关系模式。例如,表2.3所示的关系SCD虽然满足第一范式的要求,但是仍然存在插入异常、删除异常、数据冗余度大、修改复杂4个问题。因此我们说满足第一范式要求的关系并不一定是一个好的关系,还需要在此基础之上做进一步的规范化处理。

2)第二范式

【定义2.4】 若关系模式R∈1NF,并且每一个非主属性都完全依赖于R的主键,则R∈2NF。

例如,表2.3所示关系虽然满足1NF,但不满足2NF,因为它的非主属性(如SNAME、SAGE、DEPT、CNAME)不完全依赖于由SNO、CNO组成的主键,其中SNAME、SAGE、DEPT只依赖于SNO,而CNAME只依赖于CNO,部分依赖于主键(SNO、CNO),如图2.17所示。

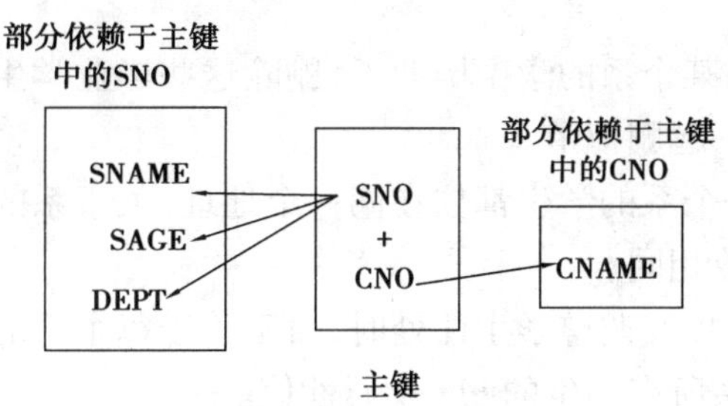

图2.17 函数依赖示意图

对关系SCD分解后得到的4个关系都属于2NF,在关系S中,非主属性SNAME、AGE、DEPT都完全依赖于主码SNO;在关系C中,非主属性CNAME完全依赖于主码;在关系D中HEAD完全依赖于主码DEPT;在关系SC中,非主属性SCORE完全依赖于主码SNO、CNO。

3）第三范式

【定义 2.5】 如果关系模式 $R\in 2NF$，且每个非主属性都不传递依赖于 R 的主码，则称 $R\in 3NF$。

对关系 SCD 分解后的 4 个关系，S、C、D、SC，既属于 2NF，每个非主属性又无传递依赖，故 $S\in 3NF$，$C\in 3NF$，$D\in 3NF$，$SC\in 3NF$。

【例 2.10】 关系 S1(SNO，SNAME，SSEX，SAGE，DEPT，SLOC)，根据实际情况，这些数据有如下语义规定：

(1)一个系有若干名学生，但一个学生只属于一个系；

(2)一个系(DEPT)的学生住在同一个地方(SLOC)。

问：关系 S1 属于第几范式？如果不是第三范式，将它规范化为第三范式。

【解】 关系 $S1\in 2NF$，关系主键为 SNO，非主属性(SNAME，SSEX，SAGE，DEPT)都是完全依赖于 SNO 的。但是这个关系仍然存在插入异常、删除异常、数据冗余和修改复杂的问题。在此关系模式中填入一部分数据，则可得到表 2.4。

表 2.4 关系 S1

SNO	SNAME	SSEX	SAGE	DEPT	SLOC
S1	张非	男	18	计算机	A 区
S2	王野	男	19	计算机	A 区
S3	李雪	女	19	网络工程	C 区
S4	王路	男	20	信息	B 区
S5	赵丽	女	18	信息	B 区

(1)插入异常。如果某个系刚刚成立，还没有学生，就无法把这个系的相关信息插入进去。

(2)删除异常。如果某个系的学生毕业了，删除这些毕业学生信息的同时，这些学生所在系的相关住宿信息也一起删掉了。

(3)数据冗余。每一个系的学生都住在同一个地址，关于系的住处的信息却反复存储，重复次数与该系学生人数相同。

(4)修改复杂。当学校要调整学生住处时，由于关于每个系的住处信息是重复存储的，修改时必须同时更新该系所有学生的 SLOC 属性值。

综上所述，S1 虽然满足 2NF 的要求，但仍然不是一个好的关系模式，还需要进一步分解。

存在上述问题的主要原因是在关系 S1 中存在传递依赖。非主属性 SLOC 通过 DEPT 属性传递依赖于主码 SNO，即 $SNO \xrightarrow{t} SLOC$，所以 S1 不属于 3NF。对 S1 进行分解得到两个关系，如图 2.18 所示。

学生关系 S11

SNO	SNAME	SSEX	SAGE	DEPT
S1	张非	男	18	计算机
S2	王野	男	19	计算机
S3	李雪	女	19	网络工程
S4	王路	男	20	信息
S5	赵丽	女	18	信息

住宿关系 S12

DEPT	SLOC
计算机	A 区
网络工程	C 区
信息	B 区

图 2.18　分解后的关系模式

分解后的两个关系都属于第三范式,既没有非主属性对主码的部分依赖,也没有非主属性对主码的传递依赖,在一定程度上解决了上述 4 个问题。

(1) S12 关系中可以插入无在校学生的系的信息。

(2) 某个系的学生全部毕业了,只是删除 S11 关系中的相应元组,S12 中关于该系的信息仍然存在。

(3) 关于系的住处的信息只需要在 S12 中存储一次。

(4) 当学校调整住处时,只需要修改关系 S12 中相应 DEPT 的 SLOC 属性值即可。

2.4.4　关系模式的分解准则

一个关系只要其分量都是不可分解的数据项,就可称它为规范化的关系,但这只是最基本的规范化。规范化的目的就是使结构合理,消除存储异常,使数据冗余尽量小,便于插入、删除和修改。

规范化的基本原则就是遵循"一事一地"的原则,即一个关系只描述一个实体或实体间的联系。若多于一个实体,就把它"分离"出来。因此,所谓规范化,实质上是概念的单一化,即一个关系表示一个实体。

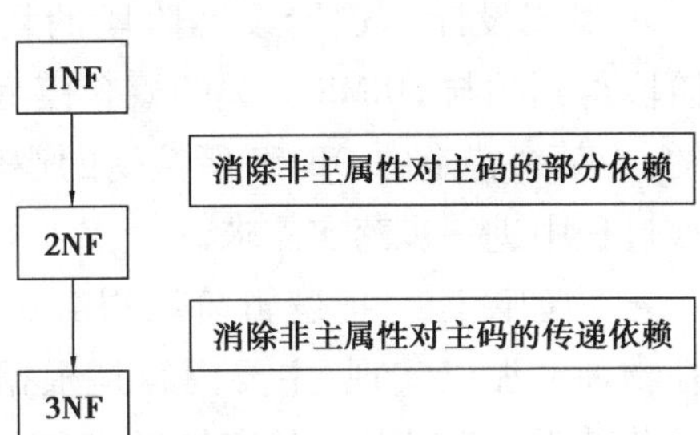

图 2.19　规范化步骤

关系规范化的基本步骤分为以下几步,如图 2.19 所示。

(1) 对 1NF 关系进行分解,消除原关系中非主属性对主码的部分依赖,将 1NF 转换成若干个 2NF 关系。

(2)对2NF进行分解,消除原关系中非主属性对主码的传递依赖,将2NF转换成若干个3NF关系。

一般情况下,我们说没有异常弊病的数据库设计是好的数据库设计,一个不好的关系模式也总可以通过分解转换成好的关系模式的集合。关系数据库包含表的集合。在大多数情况下,每个表中的数据有且仅有一个主题。如果一个表有两个或多个主题,就需要将其分割为两个或多个表。但是在分解时要全面衡量,综合考虑,视实际情况而定。对于那些只要求查询而不要求插入、删除等操作的系统,几种异常现象的存在并不影响数据库的操作,这时不宜过度分解;否则当对系统进行整体查询时,需要更多的多表连接操作,这有可能得不偿失。在实际应用中,通常分解到3NF就足够了。

将列表分割成多块以消除处理过程中出现的问题,但如果用户希望查看原始列表格式的数据,该怎么办?数据被分割到不同的表中,用户就在多个表中跳转来搜索所需的信息。这种跳转会令人厌烦。人们使用了结构化查询语言(Structure Query Language,SQL)重建列表的方法,将关心的列组合在一起。使用SQL,可以通过基本表重建列表;可以根据特定数据条件进行查询;可以对表中的数据进行计算;可以插入、更新和删除数据。第3章将学习如何使用SQL语句。

2.4.5 数据库设计的过程

数据库设计的一般过程可以分为4个阶段:需求分析、概念设计、逻辑设计和物理设计。如图2.20所示。

➢ 需求分析　需求分析的目的是通过调查研究,了解用户的数据要求和处理要求,按一定的格式整理,包括数据库所涉及的数据、数据特征、数据量等。如数据名、类型、主关键字属性、保密要求、完整性约束条件。

➢ 概念设计　概念设计的目标是对需求提供的所有数据和处理进行抽象与综合处理,按一定的方法构造反映用户环境的数据及其相互联系的概念模型。如前面所讲的E-R图就是面向现实世界的数据模型,与DBMS无关。

➢ 逻辑设计　逻辑设计阶段的目标是把上一阶段得到的与DBMS无关的概念模型转换成等价的,为某个特定的DBMS所接受的逻辑模型,在转换过程中进一步落实需求。

➢ 物理设计　把逻辑阶段得到的逻辑数据库在物理上加以实现,主要内容是根据DBMS提供的各种手段设计数据的存储形式和存取路径。

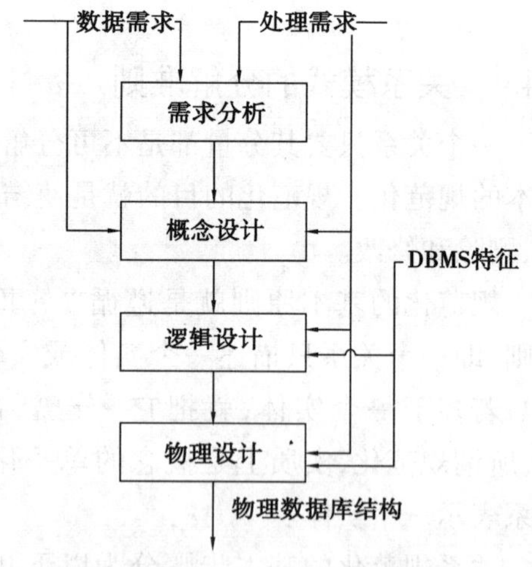

图2.20　数据库设计步骤

数据库设计完成后,就可以利用DBMS创建数据库了。

2.5 使用 PowerDesigner 工具进行数据库设计

PowerDesigner 是 Sybase 公司的 CASE(Computer Aided Software Engineering;计算机辅助软件工程)工具集,使用它可以方便地对管理信息系统进行分析设计,它几乎包括了数据库模型设计的全过程。利用 PowerDesigner 可以制作数据流程图、概念数据模型、物理数据模型,可以生成建立数据库的 SQL 脚本。

PowerDesigner 主要包括以下两个功能:

➢ DataArchitect　这是一个强大的数据库设计工具,使用 DataArchitect 可利用实体-关系图为一个信息系统创建"概念数据模型"CDM,并且可根据 CDM 产生基于某一特定数据库管理系统(如 Sybase System 11)的"物理数据模型"PDM。还能优化 PDM,产生为特定 DBMS 创建数据库的 SQL 语句,并可以文件形式存储,以便在其他时刻运行这些 SQL 语句创建数据库。另外,DataArchitect 还可根据已存在的数据库反向生成 PDM、CDM 及创建数据库的 SQL 脚本。

➢ ProcessAnalyst　建立处理分析模型(PAM),用于创建功能模型和数据流图,这部分将在第 4 章讲解。

下面以图 2.15(教师与学生关系的 E-R 图)为例,说明用 PowerDesigner15 建立数据模型,并生成对应的数据库 SQL 语言脚本的过程。

1)启动 PowerDesigner

单击"开始"→"程序"→"Sysbase"→"PowerDesigner",启动 PowerDesigner。

2)建立概念模型 CDM

①选择菜单和选项"File"→"New Model"→"Conceptual Data",并命名模块为:teacher_student,单击"OK",进入绘制 ER 图区域,并出现工具箱,如图 2.21、图 2.22 所示。

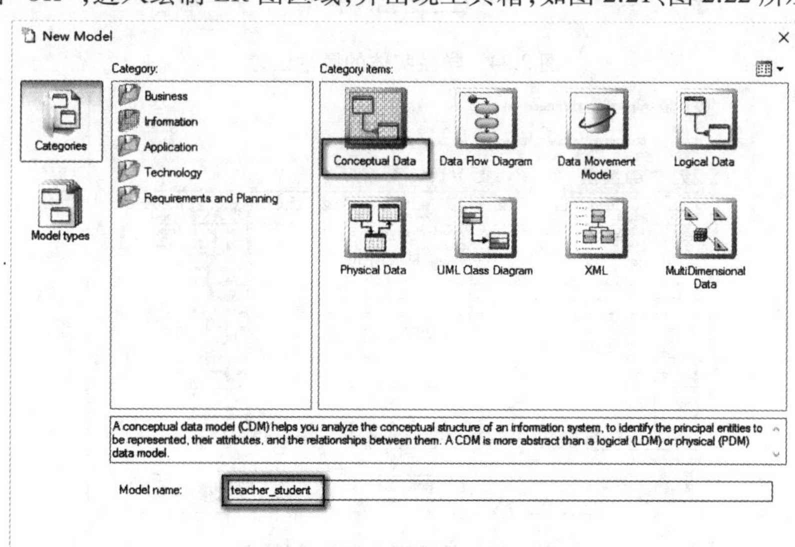

图 2.21　建立 CDM 模型

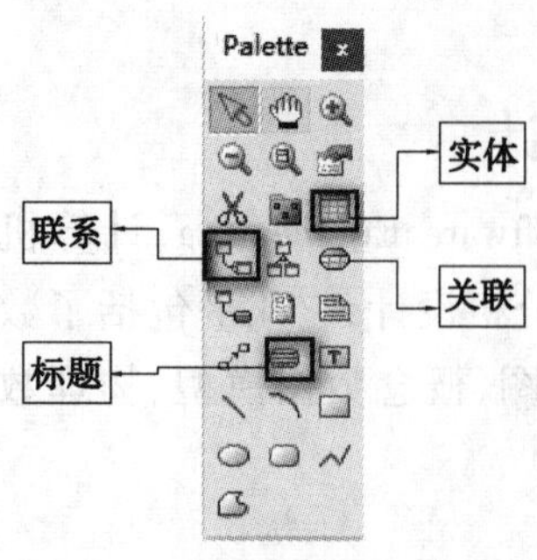

图 2.22　CDM 模型工具箱

②选定 Entity(实体)按钮,单击绘图区 2 次,创建 2 个实体。双击实体,分别命名 2 个实体为“教师”“学生”,分别添加 Attributes 项:“教师”:教师号(字符型,5 位长度)、教师名(变体字符型,最长 16 位)、性别(字符型,2 位)、职称(字符型,10 位);“学生”:学号(字符型,8 位长度)、姓名(变体字符型,最长 16 位)、性别(字符型,2 位)、年龄(整型);设定教师实体标识符为教师号,学生实体的标识符为学号,如图 2.23—图 2.26 所示。

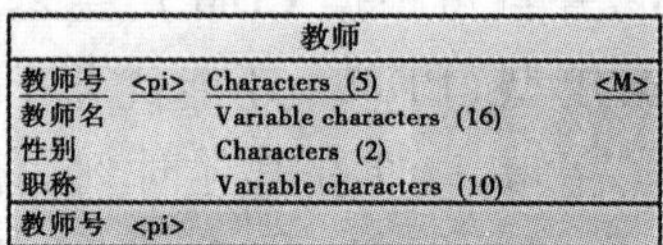

图 2.23　实体及属性

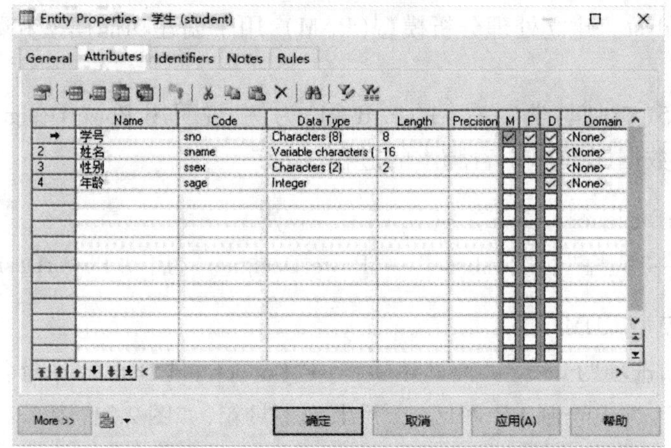

图 2.24　学生实体的属性设置

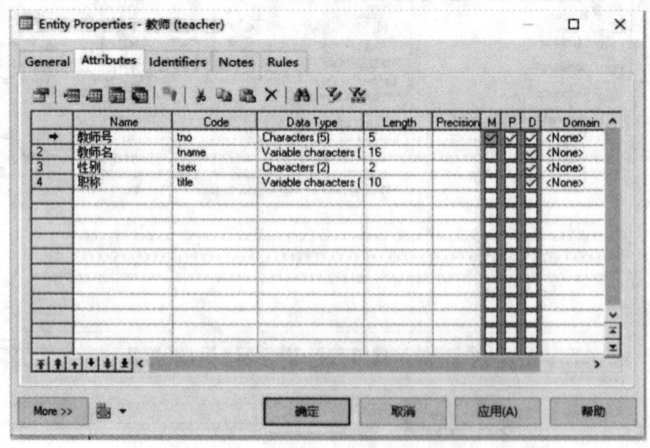

图 2.25　教师实体的属性设置

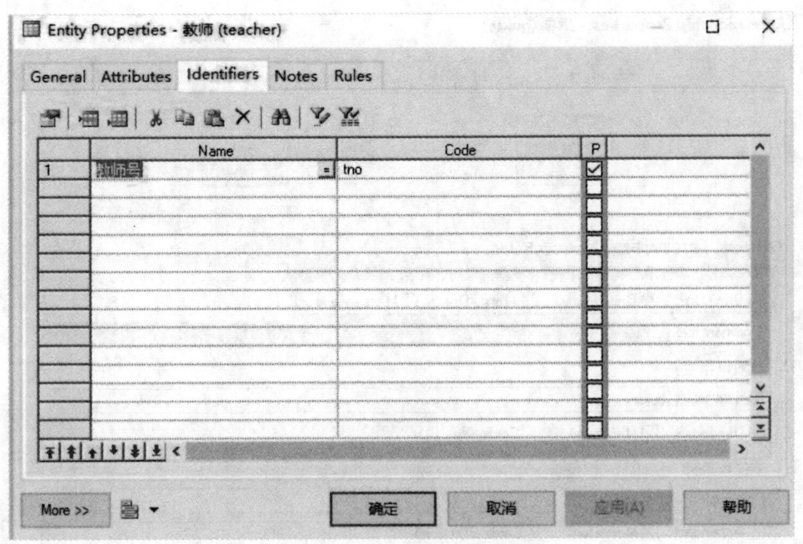

图 2.26 实体标识符设定

③添加联系。将"教师"与"学生"用联系起来,并将 Relationship 命名为"指导",从"教师"到"学生"为多对一,从"学生"到"教师"为一对一,如图 2.27、图 2.28 所示。

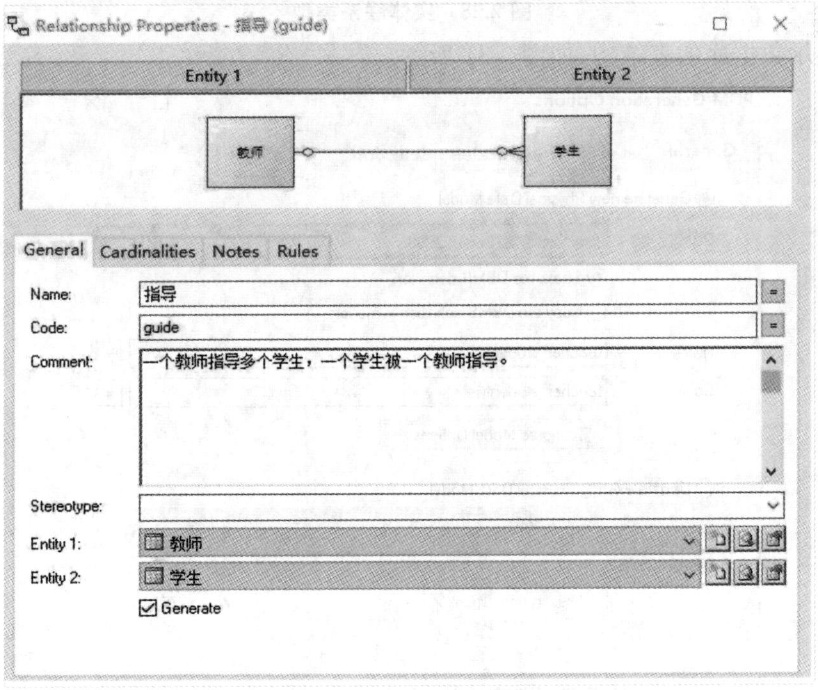

图 2.27 实体与实体联系

3)生成对应的物理数据模型 PDM

①单击"Tools"→"Generate Physical Data Model",参数设置如图 2.29 所示。

②数据库管理信息系统类型选择,如 Microsoft SQL Server 2008。

③生成物理数据模型如图 2.30 所示,注意学生关系中的外键(教师号),对象树形结构

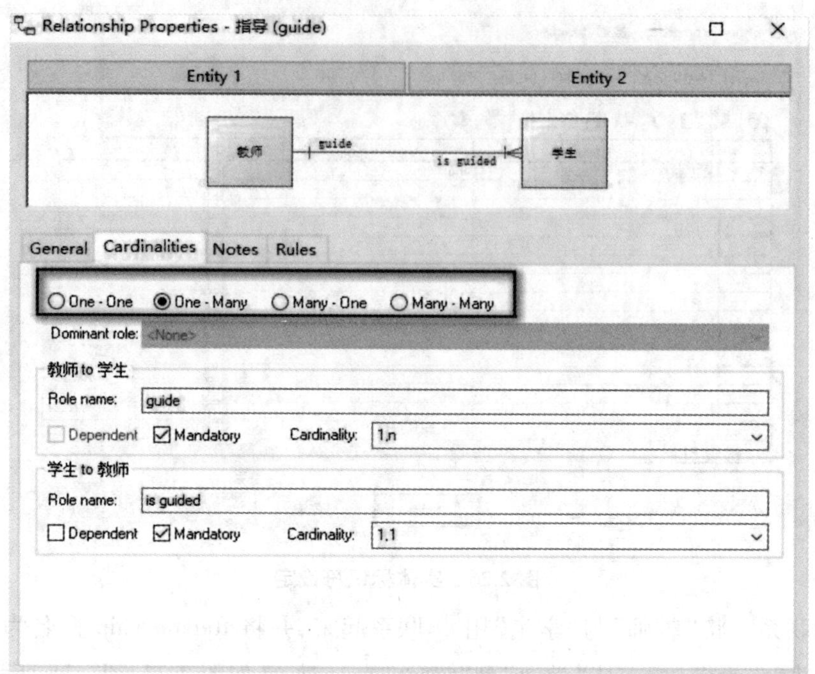

图 2.28　实体联系类型

中直观地显示数据库的表结构，如图 2.31 所示。

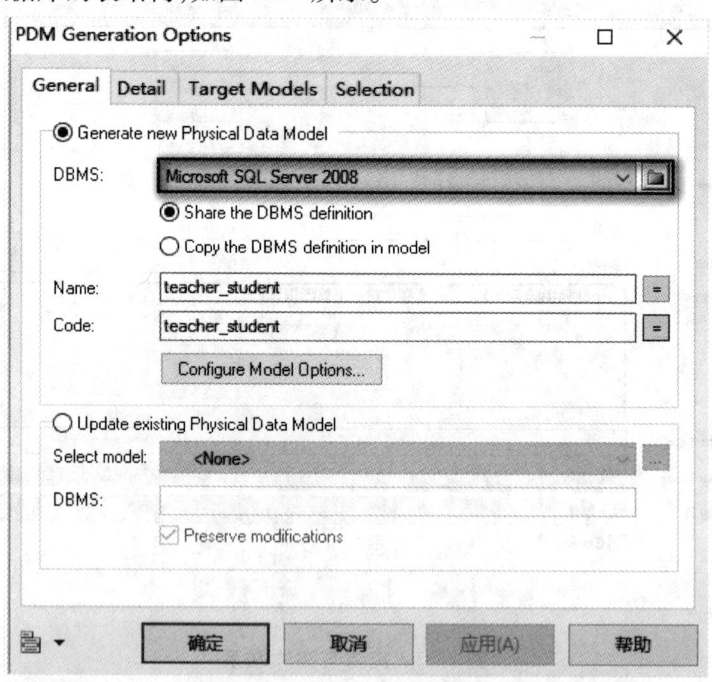

图 2.29　生成物理模型参数设置

4）从 PDM 产生一个数据库

单击“Database”→“Generate Database”，出现数据库生成界面，如图 2.32 所示。生成

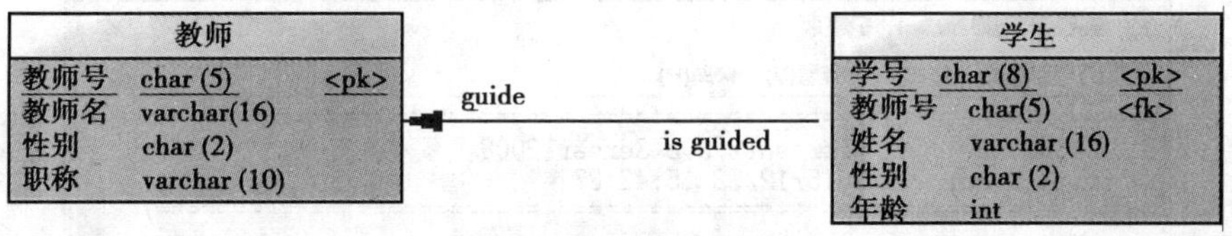

图 2.30　物理数据模型图

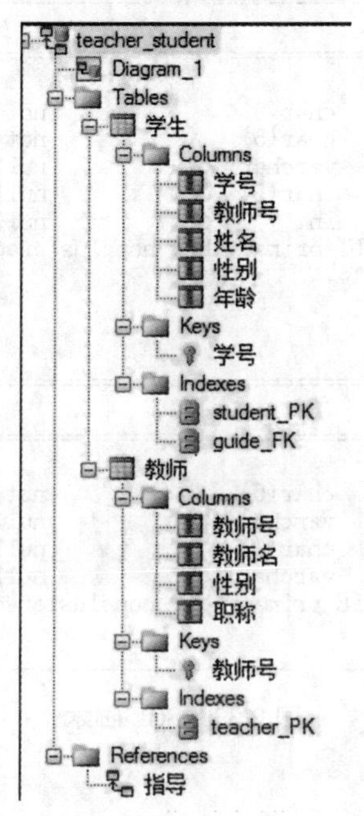

图 2.31　数据库表结构

SQL 脚本,如图 2.33 所示。执行 SQL 脚本,在指定的数据库中生成 teacher 表、student 表。

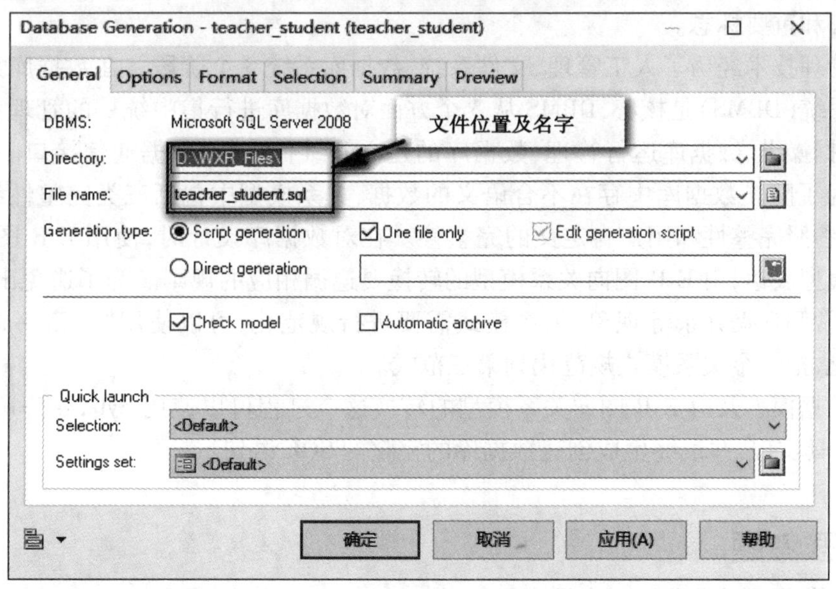

图 2.32　生成数据库参数设置

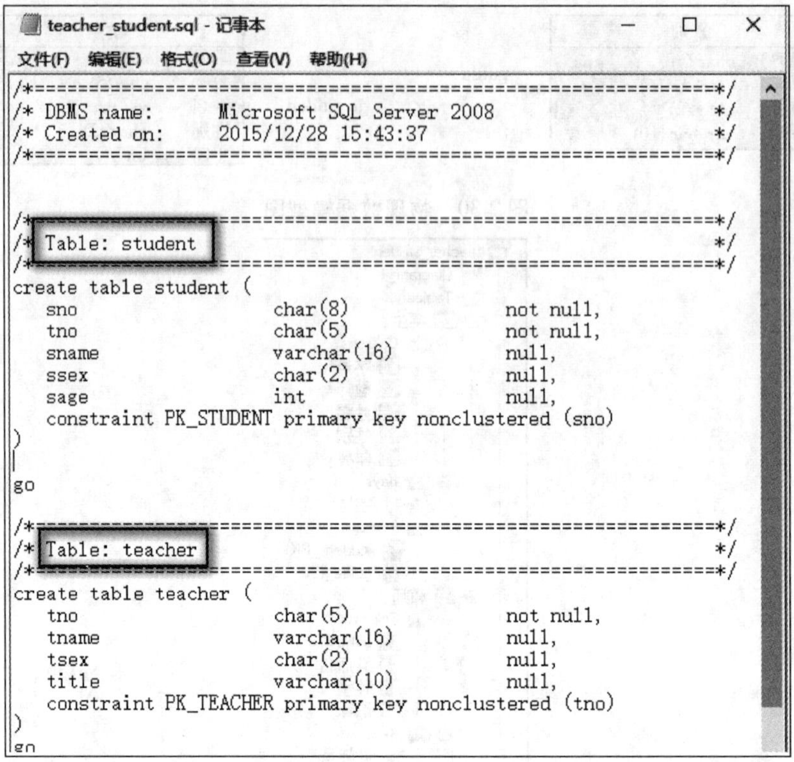

teacher_student.sql - 记事本

文件(F) 编辑(E) 格式(O) 查看(V) 帮助(H)

```
/*==============================================================*/
/* DBMS name:      Microsoft SQL Server 2008                    */
/* Created on:     2015/12/28 15:43:37                          */
/*==============================================================*/


/*==============================================================*/
/* Table: student                                               */
/*==============================================================*/
create table student (
   sno                  char(8)              not null,
   tno                  char(5)              not null,
   sname                varchar(16)          null,
   ssex                 char(2)              null,
   sage                 int                  null,
   constraint PK_STUDENT primary key nonclustered (sno)
)

go

/*==============================================================*/
/* Table: teacher                                               */
/*==============================================================*/
create table teacher (
   tno                  char(5)              not null,
   tname                varchar(16)          null,
   tsex                 char(2)              null,
   title                varchar(10)          null,
   constraint PK_TEACHER primary key nonclustered (tno)
)
go
```

图 2.33　SQL 脚本

本章小结

本章介绍了管理信息系统开发的技术基础——数据库相关理论。数据库是管理信息系统的核心和重要标志。

数据管理技术经历了人工管理、文件系统、数据库系统 3 个阶段。在数据库系统中,数据库管理系统(DBMS)是核心,DBMS 从 5 个方面对数据库进行集中统一的管理和控制:数据定义、数据操纵、数据库运行管理、数据库的建立和维护功能、数据通信接口。数据库的完整性是为了防止数据库中存在不合语义的数据,关系模型中包括三类完整性约束,即实体完整性、参照完整性和用户自定义的完整性。在对数据库设计时,使用 E-R 图是一种有效的概念模型表达,由 E-R 图向关系模型的转换要遵循相应的规则。为了避免出现插入异常、删除异常和数据冗余等现象,关系模式需要进行规范化,可以使用"一事一地"的原则进行规范化,把一个关系模式规范化到第三范式。

建立数据模型及由 E-R 图向关系模型的转换这个过程可以使用 Sybase 公司的 PowerDesigner 工具实现,并最终生成创建数据库的完整的 SQL 语句。

习题与思考题

1.数据管理经历了哪几个阶段?

2.概念结构设计得到的结果是什么?

3.数据库的完整性包括哪三种?

4.数据库文件的表结构由字段组成,字段包括哪四部分?

5.E-R 模型中的联系有几种类型?

6.简述数据库管理系统(DBMS)的主要功能。

7.简述 E-R 图在数据库设计中的作用。

8.设某商品—销售数据库中的信息有:销售组名、销售组负责人、商品号、商品名、单价、销售日期、销售量、供应者号、供应者名、供应者地址。

假定:

(1)一个销售组可销售多种商品,一种商品只能由一个组销售;

(2)一种商品每天有一个销售量;

(3)一个供应者可以供应多种商品,一种商品可以多渠道供货。

要求完成下列各题:

(1)根据以上信息,给出 E-R 图。

(2)将该 E-R 模型转换为关系模型,其中主键用下划线标出,外码用波浪线标出。

9.假设某科研管理系统有如下 3 个实体:

学院:学院号,学院名称,办公电话

教师:教师号,教师姓名,职称

项目:项目号,项目名称,项目经费

该系统概念模型的语义为:一个学院管理多名教师,每位教师在一个学院工作;每位教师可以参与多项科研项目,每个项目由多名教师参与。教师参与项目要记录开始时间。

要求:

(1)请设计并画出相应的 E-R 模型图。

(2)将该 E-R 模型转换为关系模型。其中主码用下划线标出,外码用波浪线标出。

10.根据下图所示关系将其规范成第三范式。

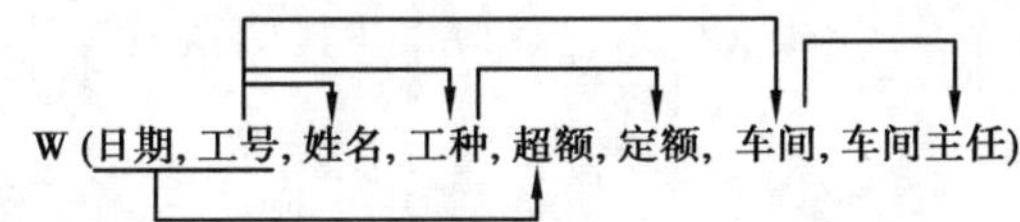

图中表明:主键是(日期+工号),“超额”完全依赖于主键;“姓名”“工种”和“车间”部分依赖于主键中的“工号”;“定额”传递依赖于“工号”;“车间主任”传递依赖于“工号”。

第3章

SQL 语言及 SQL Server 2008

SQL 语言是一种通用的结构化查询语言,各种主流的结构化数据库产品都对其提供支持,但不同的数据库产品在实现时语法上略有不同。本章以 Microsoft SQL Server 2008 数据库为例进行介绍,为了让读者能清晰地理解 SQL 语句及其在 SQL Server 2008 产品中的执行效果,本章先介绍 SQL Server 2008 数据库环境,然后再介绍 SQL 语句及其在 SQL Server 2008 产品中的应用。

3.1 SQL Server 2008

SQL Server 作为一款面向企业级应用的关系数据库产品,在各行业和软件产品中得到了广泛的应用,尤其是 SQL Server 2008 的发布使得 SQL Server 无论在效率上还是功能上较 SQL Server 2000 都得到了很大的改善和提高。

3.1.1 SQL Server 2008 的特点

SQL Server 自从 6.0 版脱离 Sybase 架构后,每一个重大版本的发布都引入了新的特性和功能,其过程大体如下:

①SQL Server 7.0 使用了全新的关系引擎和查询引擎设计,并率先在数据库管理系统中引入 OLAP 和 ETL。这标志着 SQL Server 进入商务智能(BI)领域。

②SQL Server 2000 使得总体性能提高了 47%,同时增加了其扩展性和对 XML 的支持。另外 SQL Server 2000 还率先引入了通知服务、数据挖掘、报表服务等。

③SQL Server 2005 在性能上较 SQL Server 2000 有了更进一步的提高。在企业级数据管理平台方面的高可用性设计和全新的安全设计也特别引人注目。在商务智能数据分析平台上,SQL Server 2005 增强了 OLAP 分析引擎、企业级的 ETL 和数据挖掘能力。同时其还实现了与 Office 集成的报表工具。另外在数据应用开发平台上,SQL Server 2005 实现了与.NET、Web Service 的集成,Native XML 支持以及 Service Broker 等。

④SQL Server 2008 除了在 SQL Server 2005 的基础上优化查询性能外，还提供了新的数据类型、支持地理空间数据库、增加 T-SQL 语法、改进了 ETL 和数据挖掘方面的能力。

当然，作为微软在数据库市场的主打产品 SQL Server 2005 的升级版，SQL Server 2008 的特性不仅仅如此。微软官方网站给出了 SQL Server 2008 的关键功能列表，以供读者参考。

总体来说，SQL Server 正朝着更高的性能，更可靠、安全的方向发展，并提供商务智能的集成，成为了集数据管理和分析于一体的企业级数据平台。

3.1.2 SQL Server 2008 的安装

本节将主要讲解 SQL Server 2008 精简版（SQL Server 2008 Express Edition）的安装，为以后 SQL Server 的使用做环境准备，并正式开始踏上 SQL Server 2008 的学习之旅。

1）精简版（Express）简介

免费的精简版与其前身 MSDE（全称是：MS SQL Server Desktop Engine，俗称 MSSQL 的桌面版，它是一个基于 SQL Server 核心技术构建的数据引擎）相似，使用核心 SQL Server 数据库引擎，但缺少管理工具、高级服务（如 Analysis Services）及可用性功能（如故障转移）。

然而，精简版在一些关键方面对其前身进行了改进，其中最值得一提的是微软消除了 MSDE 的"节流"限制——在数据库同时处理超过 5 个查询时性能下降。

精简版限于不超过 1 GB 的内存，而且只能使用单颗处理器运行（而在 MSDE 可以访问两颗处理器和 2 GB 内存）。

精简版的每个实例可支持高达 4 GB 的数据库，而 MSDE 是 2 GB 的限制。

精简版包含 Reporting Services。此版本仅能使用 SQL Server 关系数据库作为报表数据源并且那些数据库必须位于运行报表服务器的物理机器上。

此外，精简版不包含 Report Builder 功能。

2）SQL Server 2008 的安装环境

SQL Server 2008 各版本除了在 CPU 个数、内存使用量、数据库容量和功能模块等方面的限制外，还对操作系统、CPU 类型、应用软件等有不同的要求。

①精简版 SQL Server 只提供了 32 位的版本，它可以运行在 Windows 2000、Windows XP、Windows Server 2003、Windows Vista 和 Windows Server 2008 操作系统下。

②工作组版也只提供了 32 位的版本，它可以运行在除了 Home 版以外的其他版本的操作系统上。

③标准版同时提供了 32 位和 64 位版。其中，标准版只能运行在 Server 版的操作系统上。

④企业版同标准版相同，提供了 32 位和 64 位版本，而且只能运行在 Server 版的操作系统上。

⑤评估版对操作系统的要求和工作组版相同。

⑥开发版的要求和精简版相同。

另外，Reporting Service 是发布在 IIS 上的，所以需要装 Reporting Service 时必须先在操

作系统中安装 IIS(IIS 是 Internet Information Services 的缩写,意为互联网信息服务,是由微软公司提供的基于运行 Microsoft Windows 的互联网基本服务)。其他一些支持文件如.NET Framework,则会在安装 SQL Server 2008 的同时自动安装到系统中。

3)安装配置 SQL Server 2008

在获得了需要安装的 SQL Server 光盘或安装文件,并确认计算机的操作系统、硬件和相关软件满足该版本的 SQL Server 的需求后,就可以安装配置 SQL Server 2008 了。

SQL Server 2008 的具体安装步骤如下:

①将 SQL Server 的安装光盘放入光驱。若使用镜像文件安装则使用虚拟光驱工具将镜像文件载入虚拟光驱。

②双击光盘驱动器,安装程序将检测当前的系统环境。如果没有安装.Net Framework 3.5 SP1,将先安装该软件。

③安装程序检测当前系统的补丁。如果必需的系统补丁并未安装,则会安装系统补丁。

④安装补丁后重启系统。再次双击光盘驱动器,SQL Server 2008 安装中心将启动。单击"安装"选项,切换到安装界面,如图 3.1 所示。

⑤单击"全新 SQL Server 独立安装或向现有安装添加功能"选项,系统将打开 SQL Server 2008 的安装程序,并检测当前环境是否符合 SQL Server 2008 的安装条件,如图 3.2 所示。

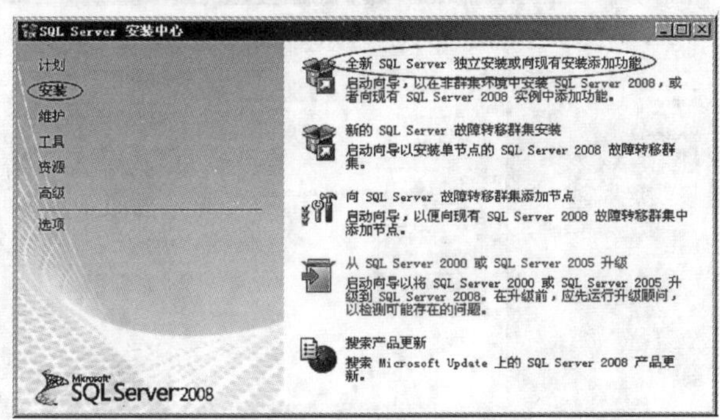

图 3.1　SQL Server 2008 安装中心

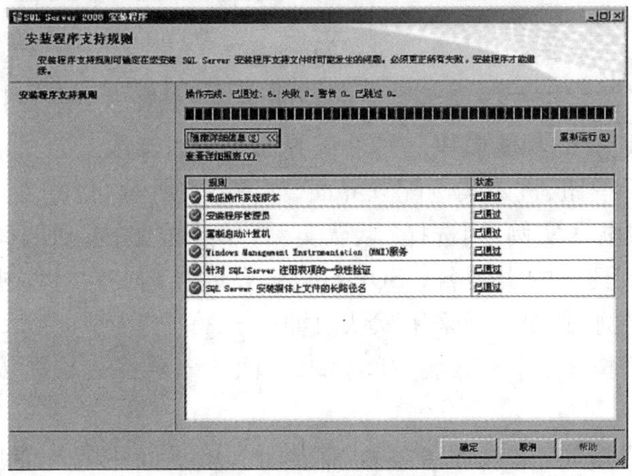

图 3.2　SQL Server 2008 安装程序界面

⑥单击“确定”按钮，进入产品密钥设置界面。输入产品密钥，然后接受许可条款。单击“安装”按钮，系统将安装程序支持文件。安装完支持文件后，系统将再次检测安装程序支持规则，如图 3.3 所示。

⑦单击“下一步”按钮，进入功能选择界面，如图 3.4 所示。

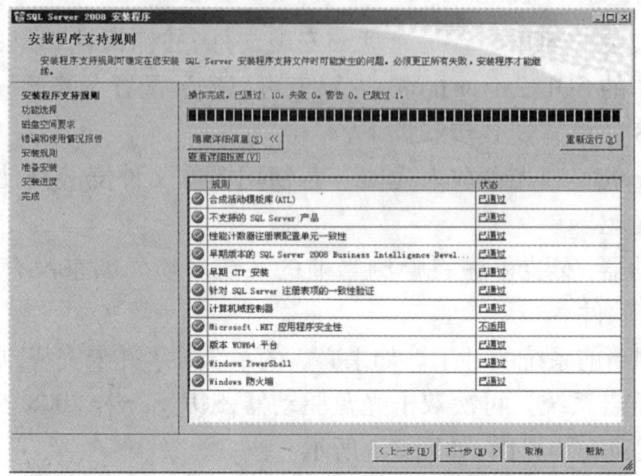

图 3.3　检测安装程序支持规则

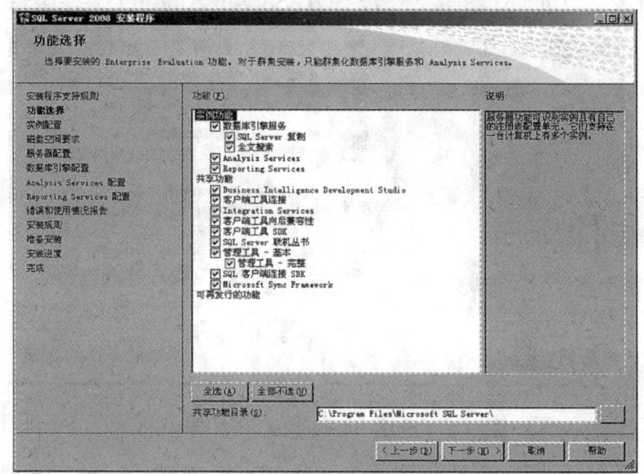

图 3.4　功能选择

这里将根据实际需要来选择安装对应的功能模块，如果出于学习目的而不是安装到正式环境中，则可安装所有的功能模块。另外该界面还可以修改安装目录。

⑧单击“下一步”按钮，进入实例配置界面，如图 3.5 所示。

如果需要安装成默认实例，则选择“默认实例”单选按钮，否则选择“命名实例”单选按钮并在文本框中输入具体的实例名。SQL Server 允许在同一台计算机上同时运行多个实例。这里安装默认实例，其他选项采用默认值即可。

⑨单击“下一步”按钮，进入磁盘空间要求界面。该界面列出了安装 SQL Server 2008 需要的硬盘空间大小。

⑩单击“下一步”按钮，进入服务器配置界面。该界面主要配置服务的账户、启动类型、排序规则等，如图 3.6 所示。

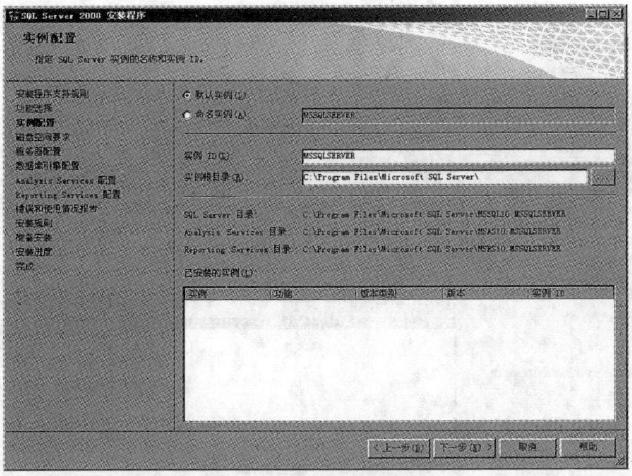

图 3.5　实例配置界面

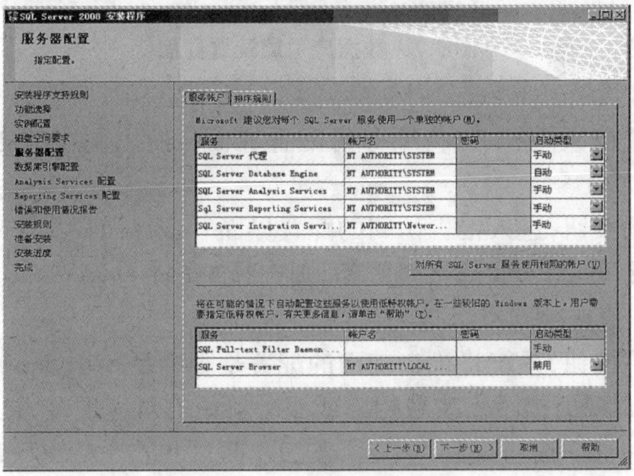

图 3.6　服务器配置界面

这里将账户名设置为 SYSTEM。由于 SQL Server Analysis Services 和另外两个服务是商务智能中使用的,一般情况下不使用,所以将其启动类型设置为手动。SQL Server 代理设置为手动,在需要使用的时候启动。排序规则一般情况下采用默认值即可。

注意: 如果账户名设置错误,系统将会提示,而且也不能执行下一步操作,所以必须确保每个服务的账户名都正确。

⑪单击"下一步"按钮,进入数据库引擎配置界面,用于配置数据库账户、数据目录和 SQL Server 2008 新增的 FILESTREAM,如图 3.7 所示。

在 SQL Server 2008 中有两种身份验证模式:Windows 身份验证模式和混合身份验证模式。Windows 身份验证模式是只允许 Windows 中的账户和域账户访问数据库;而混合身份验证模式除了允许 Windows 账户和域账户访问数据库外,还可以使用在 SQL Server 中配置的用户名和密码来访问数据库。

如果使用混合模式,则可以通过新建 sa 账户登录,并在该界面中设置 sa 的密码。单击"添加当前用户"按钮,可以快速将当前 Windows 用户添加到 SQL Server 的 Windows 身份认证用户中。若要添加其他用户,则使用"添加"按钮。"数据目录"选项卡中可以设置数

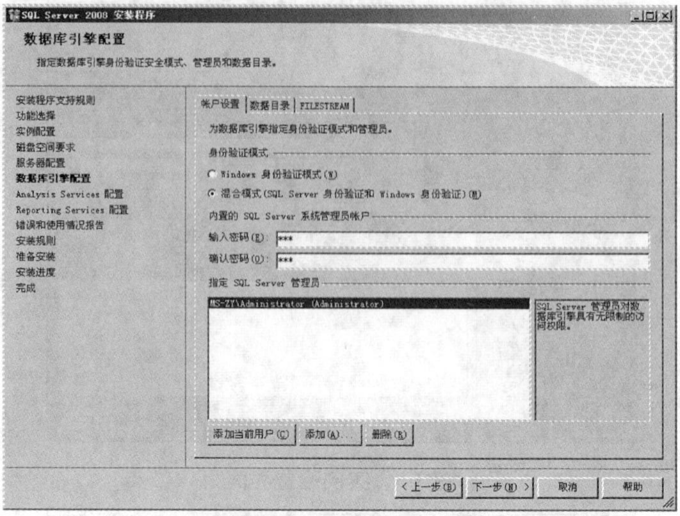

图 3.7　数据库引擎配置界面

据库文件保存的默认目录。

⑫单击“下一步”按钮，进入分析服务的配置界面。使用同样的方法为该服务配置用户和数据目录。

⑬单击“下一步”按钮，进入报告访问的配置界面。该界面提供了 3 个单选框用于用户选择。如果需要集成 SharePoint 的报表服务，则选择“安装 SharePoint 集成模式默认配置”选项。否则使用默认值选项即可。

⑭单击“下一步”按钮，系统将检查前面的配置是否满足 SQL Server 的安装规则。如果规则没有全部通过，则根据提示修改数据库或服务器中的对应配置，直到全部通过。

⑮继续单击“下一步”按钮直到“安装”按钮出现。单击“安装”按钮，SQL Server 2008 将按照向导中的配置将数据库安装到计算机中。在数据库安装完成后向导将显示成功安装的页面，至此 SQL Server 2008 顺利安装完成。

在 SQL Server 2008 安装完成后数据库服务将自动启动。打开 Windows 任务管理器，可以找到一个 sqlserver. exe 的进程。打开 Windows 的服务列表，可以找到服务 SQL Server (MSSQLSERVER)。其状态为已启动，启动类型为自动，如图 3.8 所示。通过这两种方式都可以看到数据库服务已经成功安装运行。

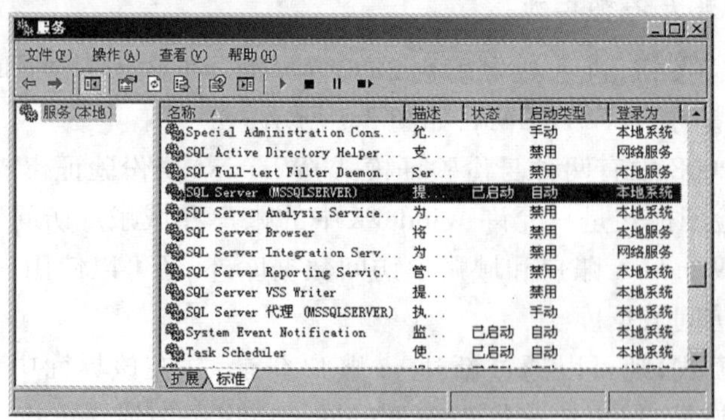

图 3.8　SQL Server 的服务

3.2 创建数据库及数据表

在目前的关系数据库产品中,大量的数据表、视图以及表与表之间的关系等要素被存放在数据库中方便管理,因此我们在建立数据表之前首先要先建数据表的容器——数据库。

3.2.1 创建数据库

打开 Visual Studio 2010(确保已安装 SQL Express),选择视图→服务器资源管理器→数据连接,再单击右键创建新 SQL Server 数据库,建立一个 jxgl 数据库, 如图 3.9 所示。

3.2.2 创建与维护数据表

1) 创建数据表

①打开 Visual Studio 2010(确保安装 SQL Express),选择服务器资源管理器→数据连接,再单击右键添加连接, 进入设置界面,如图 3.10 所示。

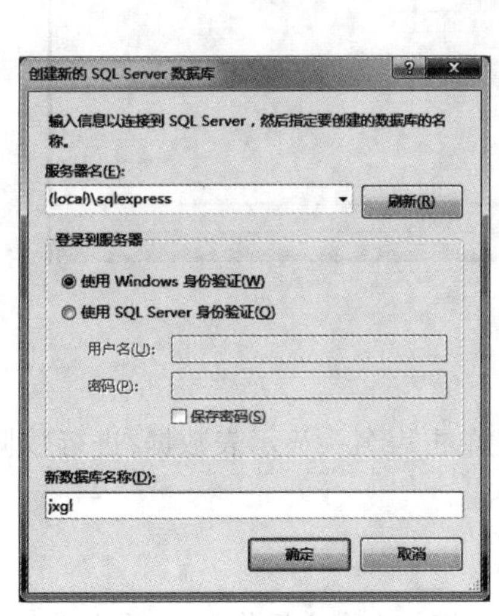

图 3.9　创建 SQL 数据库

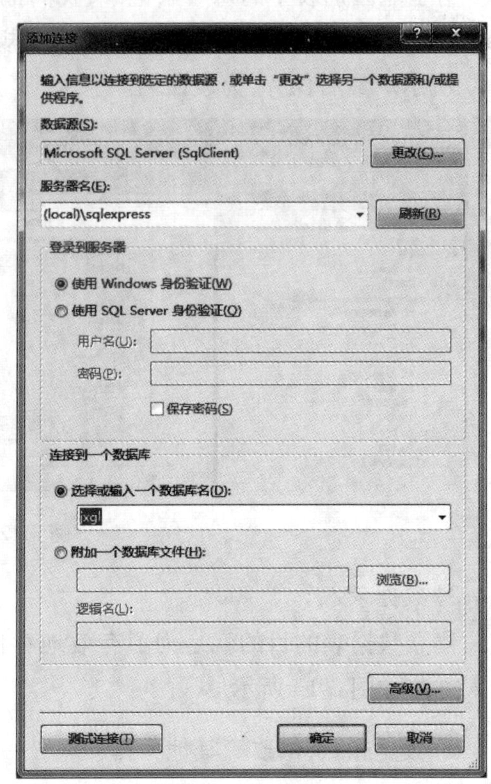

图 3.10　连接已有数据库

②展开当前数据库连接。右键单击“表”项,选择“添加新表”,进入表设计器界面,设置各字段名、类型等,如图 3.11 所示。

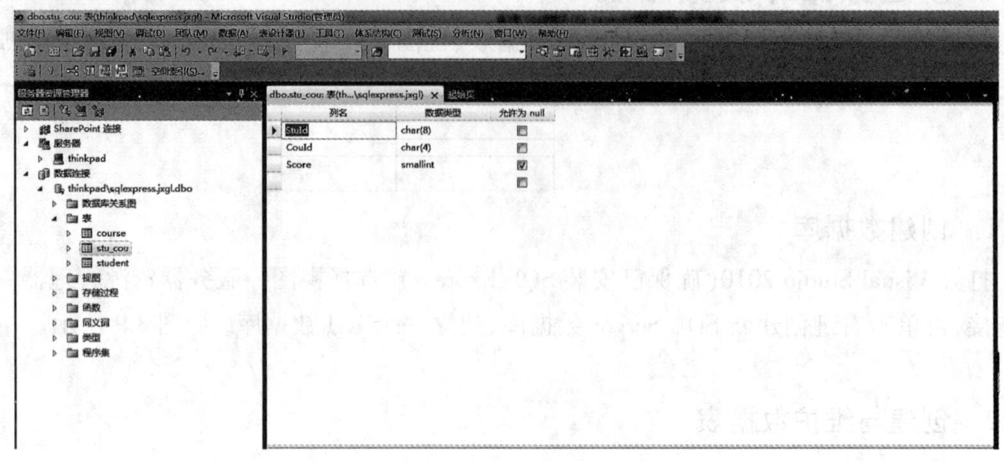

图 3.11　数据表设计器

2)设置主键

为了能区别表中的每一条记录,我们把表中的一个或者多个属性的组合称为主键(Primary Key)。主键规则是一种强制性约束规则,要求其内容不能重复,设置主键方法如图 3. 12 所示。最后保存,为表命名。

图 3.12　设置主键

3)数据录入

建立数据表的目的就是为了有效地存储数据,右键单击表名→显示表数据,进行数据录入方法如图 3.13 所示。

4)数据删除、修改等其他操作

此类操作与数据录入等方式接近,均采用可视化的右键单击命令操作即可,在此略过。

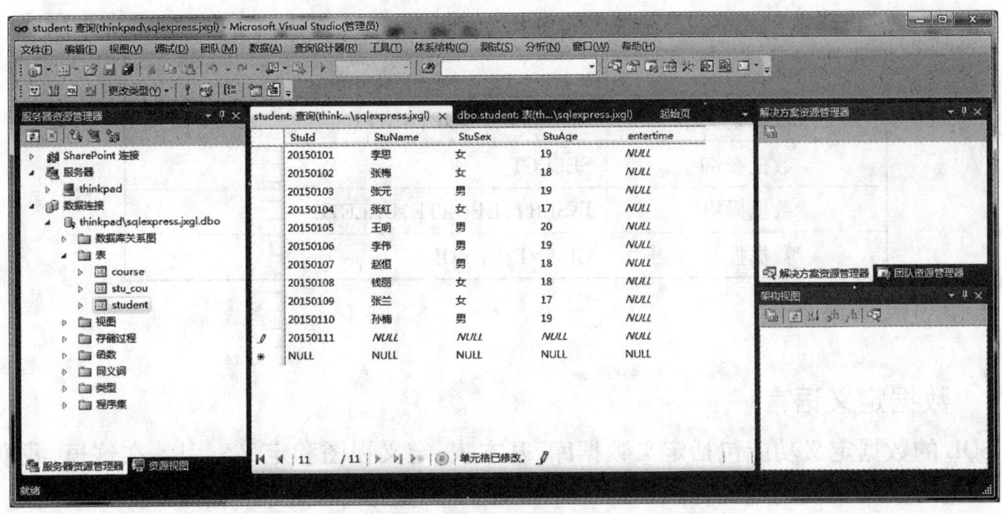

图 3.13　数据录入

3.3　SQL 语言

3.3.1　概述

SQL(Structured Query Language)语言是 1974 年由 Boyce 和 Chamberlin 提出的,名称是结构化查询语言。实际上它的功能包括查询(Query)、操纵(Manipulation)、定义(Definition)和控制(Control)4 个方面,是一个综合的、通用的、功能极强的关系数据库语言。

第一个 SQL 标准是 1986 年 10 月由美国国家标准局(American National Standard Institute,ANSI)公布的,所以也称该标准为 SQL—86。1987 年,国际标准化组织(International Organization for Standardization,ISO)也通过了这一标准。此后 ANSI 不断修改和完善 SQL 标准,并于 1989 年第二次公布 SQL 标准(SQL—89),1992 年又公布了 SQL—92 标准。目前 ANSI 正在酝酿新的 SQL 标准:SQL3。

在 SQL 语言中,只需要用户提出“干什么”,而无需指出“怎么干”。用户不必了解存取路径,存取路径的选择和 SQL 语句操作的过程由系统自动完成。SQL 有两种使用方式:一种是联机交互使用的方式,另一种是嵌入某种高级程序设计语言的程序中,以实现数据库操作。尽管使用方式不同,但 SQL 语言的语法结构是基本一致的,这就大大改善了最终用户和程序设计人员之间的通信。SQL 语言采用集合操作方式,不仅查找结果可以是记录的集合,而且一次插入、删除、更新操作的对象也可以是记录的集合。尽管 SQL 语言功能极强又有两种使用方式,但由于其设计巧妙,语言十分简洁,SQL 完成核心功能一共只用了 9 个动词,见表 3.1。此外,SQL 的语法很简单,接近英语口语,因此容易学习,容易使用。

表 3.1　SQL 功能及命令

SQL 功能	动　词
数据定义	CREATE,DROP,ALTER
数据查询	SELECT
数据操纵	INSERT,UPDATE,DELETE
数据控制	GRANT,REVOKE

3.3.2　数据定义语言

SQL 的数据定义功能包括定义数据库、基本表、定义视图和定义索引。在这里,我们只介绍数据库及基本表的定义,并以 SQL Sever 2008 为操作环境进行介绍。

1) 备份数据库和恢复数据库

在 Visual Studio 2010 中,单击数据菜单栏选择 Transact-SQL 编辑器,再单击新建查询连接,如图 3.14 所示,启动 SQL 编辑器窗口,在光标处输入 T-SQL 语句,单击“执行”按钮。SQL 编辑器就提交用户输入的 T-SQL 语句,然后发送到服务器执行,并返回执行结果,如图 3.15所示,可在相应目录中查到新建立的数据库文件。

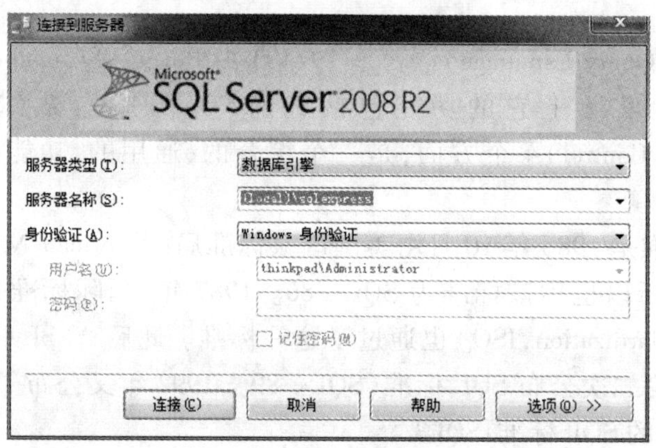

图 3.14　连接数据库

①创建数据库 jxgl 的 T-SQL 语句如下:

```
Create database jxgl
On primary
(
    name=jxgl_data,
    filename='E:\SQL Server2008\jxgl_data.mdf',
    size=3,
    maxsize=unlimited,
    filegrowth=1
)
```

```
Log on
(name=jxgl_log,
    filename='E:\SQL Server2008\jxgl_log.ldf',
    size=1,
    maxsize=20,
    filegrowth=10%
)
```

执行该语句后,可在“E:\SQL Server2008”目录下建立一个名为“jxgl_data.mdf”的数据文件以及一个名为“jxgl_log.ldf”的日志文件,数据文件的初始大小为3MB,可按1%递增启动自动扩展,并且最大存储容量无限制;日志文件的初始大小为1MB,可按10%递增启动自动扩展,最大存储容量不得超过20MB,如图3.15所示。

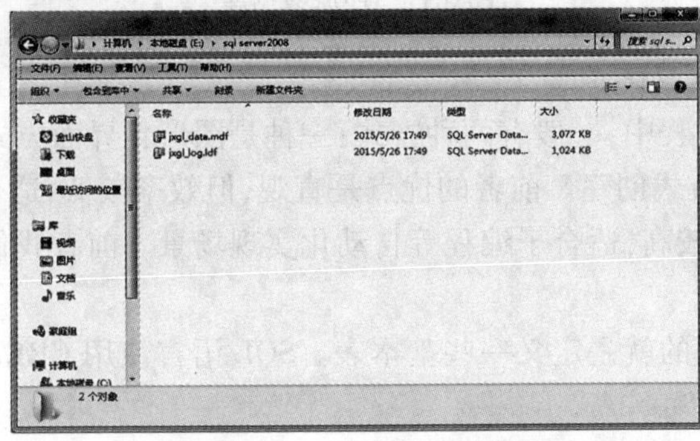

图3.15 创建数据库结果

②备份数据库

在Visual Studio 2010中,数据库的备份命令如下:

```
use master
BACKUP DATABASE jxgl TO DISK='e:\SQLServerBackups\jxgl.bak'
```

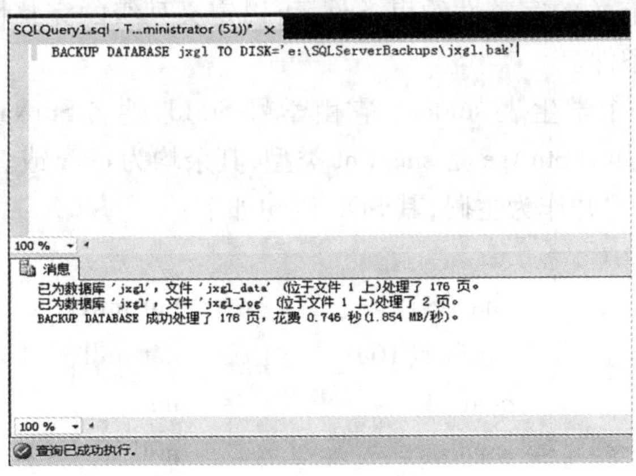

图3.16 备份数据库

③恢复数据库

在Visual Studio 2010中,数据库的备份命令如下:

```
use master
```

restore DATABASE jxgl from DISK='e:\SQLServerBackups\jxgl.bak'

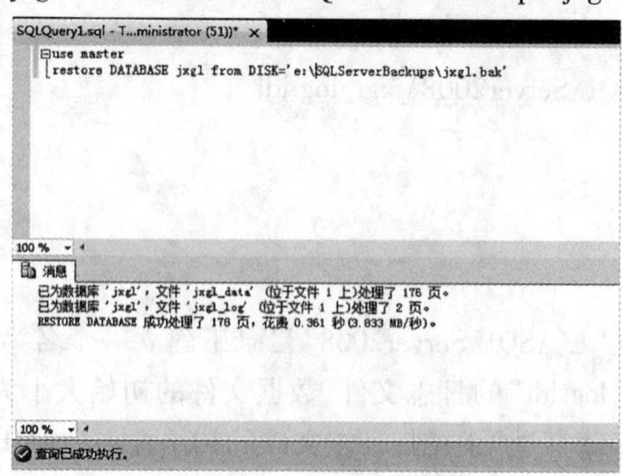

图 3.17　还原数据库

2)SQL 语言定义基本表

在创建数据表的过程中,一般有两种方式:一种是图形化界面方式手动创建,另一种方式是用 SQL 语句命令方式创建。前者的优点是直观,但效率较低,适合于初学者;后者的优点是简洁高效,但要求较高,适合于编程等自动化实现场景。前者我们前面已加以介绍,下面着重介绍后者。

建立数据库最重要的就是定义一些基本表。SQL 语言使用 CREATE TABLE 语句定义基本表,其一般格式如下:

```
CREATE TABLE <表名>(<列名><数据类型><列级完整性约束条件>,
        [,<列名><数据类型><列级完整性约束条件>,……]
        [,<表级完整性约束条件>]
)
```

其中,<表名>是所要定义的基本表的名字,它可以由一个或多个属性(列)组成。建表的同时还可以定义与该表有关的完整性约束条件,可以定义列级的完整性约束条件,也可以定义表级的完整性约束条件。

【例 3.1】　建立一个学生表 student,它由学号 StuId、姓名 StuName、性别 StuSex、年龄 StuAge 4 个属性组成,其中 StuAge 是 smallint 类型,其余均为 char 或者 varchar 类型,并且要求 StuId 的取值不能为空并作为主码,其 SQL 语句如下:

```
create table Student (
   StuId            char(8)          not null      unique,
   StuName          varchar(16)      not null,
   StuSex           char(2)          null,
   StuAge           smallint         null,
   primary key   (StuId)
)
```

系统执行上面的 SQL 语句之后,将会建立一个基本表 student,定义表时需要指明每一列的列名和数据类型及长度,不同的数据库系统支持的数据类型不完全相同。在这里,

"NOT NULL"是属于列级的完整性约束条件;而"PRIMARY KEY"是属于表级的完整性约束,如图3.18所示。

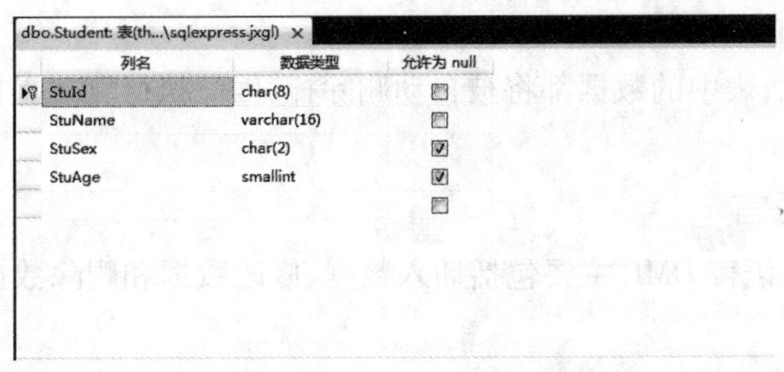

图3.18 student数据表结构

3)修改基本表

修改已建立好的基本表,包括增加新列、增加新的完整性约束条件、修改原有的列定义或删除已有的完整性约束条件等。T-SQL语言用ALTER TABLE语句修改基本表,其一般格式为:

```
ALTER TABLE <表名>
[ADD<新列名><数据类型>[完整性约束]]
[DROP <完整性约束名>]
[ALTER COLUMN<列名><类型>]
```

其中,<表名>指定需要修改的基本表,ADD子句用于增加新列和新的完整性约束条件,DROP子句用于删除指定的完整性约束条件,ALTER COLUMN子句用于修改原来的列定义。

【例3.2】 将student表增加一列入学时间列entertime,其数据类型为日期型。

```
ALTER TABLE student ADD entertime DATE
```

【例3.3】 将年龄的数据类型改为半字长整数。

```
ALTER TABLE student  ALTER COLUMN AGE smallint
```

【例3.4】 删除关于学号必须取唯一值的约束。

```
ALTER TABLE student DROP constraint unique_stuid
```

【例3.5】 添加限制学号必须取唯一值的约束。

```
ALTER TABLE student ADD constraint unique_id unique(stuid)
```

【例3.6】 给学生表student添加选择stuid作为主键的约束。

```
ALTER TABLE student add constraint pk_student primary key(stuid)
```

【例3.7】 给学生表student添加选择stusex作为外键的约束(注:该外键应为被参照表的主键)。

```
ALTER TABLE student add constraint fk_student foreign key(stusex) references stusex(sexid)
```

4)删除基本表

当某个基本表不再需要时,可以使用SQL语句DROP TABLE进行删除。其一般格式为:

DROP TABLE <表名>

【例 3.8】 删除 student 表。

DROP TABLE student

基本表一旦删除,表中的数据都将被自动删除掉,因此执行删除操作一定要格外小心。

3.3.3 数据操纵语言

SQL 中数据操纵语言 DML 主要包括插入数据、修改数据和删除数据 3 种语句。

1)插入数据

(1)插入单个元组

插入单个元组的 INSERT 语句的格式为:

INSERT INTO <表名>[(<属性列 1>[,<属性列 2>…])]

VALUES(<常量 1>[,<常量 2>]…)

功能:是将新元组插入指定表中。其中新记录属性列 1 的值为常量 1,属性列 2 的值为常量 2,……如果某些属性列在 INTO 子句中没有出现,则新记录在这些列上将取空值。

但必须注意的是,在表定义时说明了 NOT NULL 的属性列不能取空值,否则会出错。

如果 INTO 子句中没有指明任何列名,则新插入的记录必须在每个属性列上均有值。

【例 3.9】 插入一条学生记录(学号:20150101,姓名:李思,性别:女,年龄:19)到 STUDENT 表中,如图 3.19 所示。

INSERT INTO STUDENT VALUES ('20150101','李思','女',19)

	StuId	StuName	StuSex	StuAge
▸	20150101	李思	女	19
*	NULL	NULL	NULL	NULL

图 3.19 执行结果

【例 3.10】 插入一条新的学生记录('20150102','张梅'),如图 3.20 所示。

INSERT INTO Student(StuId,Stuname)

VALUES('20150102','张梅')

	StuId	StuName	StuSex	StuAge
▸	20150101	李思	女	19
	20150102	张梅	NULL	NULL
*	NULL	NULL	NULL	NULL

图 3.20 执行结果

新插入的记录在 StuSex 和 StuAge 属性列上取值为空。

(2)插入子查询结果

插入子查询结果的 INSERT 语句的格式为:

INSERT INTO <表名>[(<属性列 1>[,<属性列 2>…])]

子查询;

功能:是进行批量插入,一次将子查询的结果全部插入指定表中。

【例 3.11】 已知数据库中的一个关系 SAVG(SNO,S_AVG),求 stu_cou 每个学生的平均成绩,并把结果存入 SAVG 关系中。其中 S_AVG 属性列表示学生的平均成绩。

```
INSERT INTO SAVG
SELECT SNO,AVG(SCORE)
FROM stu_cou
GROUP BY SNO
```

2)修改数据

修改数据的 SQL 语句的一般格式为:

```
UPDATE <表名>
SET <列名>=<表达式>[,<列名>=<表达式>…]
[WHERE<条件>];
```

功能:就是修改指定表中满足 WHERE 子句条件的元组。其中 SET 子句用来指定用<表达式>的值取代相应的属性列值。如果省略 WHERE 子句,则表示要修改表中所有的元组。

(1)修改某一个元组的值

【例 3.12】 将学号为'20150101'的学生年龄改为 21。

```
UPDATE STUDENT
SET StuAge=21
WHERE SNO='20150101';
```

(2)修改多个元组的值

【例 3.13】 将所有学生的年龄增加 1 岁。

```
UPDATE STUDENT
SET StuAge=StuAge+1
```

(3)带子查询的修改语句

【例 3.14】 在 stu_cou 关系中将男学生的成绩全部置为零。

```
UPDATE stu_cou
SET SCORE=0
WHERE StuId IN(SELECT StuId FROM STUDENT WHERE StuSex='男')
```

3)删除数据

删除语句的一般格式为:

```
DELETE
FROM <表名>
[WHERE <条件表达式>]
```

功能:是从指定表中删除满足 WHERE 条件的所有元组。如果省略 WHERE 子句,表示删除指定表中的全部元组。注意,DELETE 删除的只是表中的数据,而删除数据之后的表仍然是存在的。

(1)删除某一个元组的值

【例 3.15】 删除学号为'20150101'的学生记录。

DELETE FROM STUDENT WHERE StuId='20150101'

(2)删除多个元组的值

【例 3.16】 删除所有学生的选课信息。

DELETE FROM stu_cou

(3)带子查询的删除语句

【例 3.17】 删除男学生的选课信息。

DELETE FROM stu_cou

WHERE StuId IN (SELECT StuId FROM STUDENT WHERE StuSex='男')

3.3.4 数据查询语言

查询数据可以说是数据库的核心操作,SQL 语言提供了 SELECT 语句进行数据库的查询,其一般格式为:

SELECT [ALL|DISTINCT]<目标列表达式>[,<目标列表达式>]…

FROM <表名或视图名>[,<表名或视图名>]…

[WHERE <条件表达式>]

[GROUP BY<列名 1>[HAVING <条件表达式>]]

[ORDER BY<列名 2>[ASC|DESC]]

整个 SELECT 语句的含义是,根据 WHERE 子句的条件表达式,从 FROM 子句指定的基本表找出满足条件的元组,再按 SELECT 子句中的目标列表达式,选出元组中的属性值形成结果表。如果有 GROUPBY 子句,则将结果按<列名 1>的值进行分组,该属性列值相等的元组为一个组,每个组产生结果表中的一条记录。通常会在每组中使用集函数。如果 GROUPBY 子句带 HAVING 短语,则只有满足 HAVING 指定条件的组才输出。如果有 ORDER 子句,则结果表还要按<列名 2>的值的升序或降序排序,在这一系列的子句中,SELECT 子句和 FROM 子句是必需的,其他的子句根据需要都是可选的。

样本数据库 student 表数据见表 3.2,表 3.3,表 3.4。

表 3.2 学生信息表(student)

	StuId	StuName	StuSex	StuAge
▸	20150101	李思	女	19
	20150102	张梅	女	18
	20150103	张元	男	19
	20150104	张红	女	17
	20150105	王明	男	20
	20150106	李伟	男	19
	20150107	赵恒	男	18
	20150108	钱丽	女	18
	20150109	张兰	女	17
	20150110	孙楠	男	19
*	NULL	NULL	NULL	NULL

表 3.3　课程信息表(course)

	couId	couName	couPeriod	couCredit	couType
	101	计算机基础	1	3.0	考试
	102	操作系统	3	3.0	考试
	103	计算机网络	3	3.0	考试
	104	数据库原理	2	3.5	考试
	201	宏观经济学	5	3.0	考查
	202	初级会计	3	3.0	考试
	203	财政学	3	3.0	考查
	204	会计电算化	3	3.0	考查
▸*	NULL	NULL	NULL	NULL	NULL

表 3.4　学生成绩表(stu_cou)

StuId	CouId	Score
20150101	101	80
20150101	102	78
20150102	101	65
20150102	102	57
20150103	101	89
20150103	102	54
20150104	101	53
20150104	102	88
20150105	101	87
20150105	102	67
NULL	NULL	NULL

1)单表查询

单表查询是指仅涉及一个数据库表的查询,单表查询是一种最简单的查询操作。

(1)查询列

• 查询指定列

数据表中有很多列,通常情况下并不需要查看全部的列,因为不同的用户所关注的内容不同。

在指定列的查询中,列的显示顺序由 SELECT 子句指定,与数据在表中的存储顺序无关;同时,在查询多列时,用“,”将各字段隔开。

【例 3.18】　查询所有同学学号、姓名和年龄信息。

```
select Stuid,StuName,StuAge from Student
```

查询结果如图 3.21 所示。

• 查询所有列

使用“ * ”通配符,查询结果将列出表中所有列的值,而不必指明各列的列名,这在用户不清楚表中各列的列名时非常有用。服务器会按用户创建表格时声明列的顺序来显示所有的列。

【例 3.19】　查询所有同学的所有信息。

```
select * from Student
```

查询结果如图 3.22 所示:

结果　消息

	Stuid	StuName	StuAge
1	20150101	李思	19
2	20150102	张梅	18
3	20150103	张元	19
4	20150104	张红	17
5	20150105	王明	20
6	20150106	李伟	19
7	20150107	赵恒	18
8	20150108	钱丽	18
9	20150109	张兰	17
10	20150110	孙楠	19

图 3.21　执行结果

结果　消息

	StuId	StuName	StuSex	StuAge
1	20150101	李思	女	19
2	20150102	张梅	女	18
3	20150103	张元	男	19
4	20150104	张红	女	17
5	20150105	王明	男	20
6	20150106	李伟	男	19
7	20150107	赵恒	男	18
8	20150108	钱丽	女	18
9	20150109	张兰	女	17
10	20150110	孙楠	男	19

图 3.22　执行结果

• 使用运算列

YEAR 为系统函数,获取指定日期的年份;GETDATE( )为系统函数,获取当前日期和时间。

【例 3.20】 查询所有同学的出生年份。

```
Select stuid,stuname,YEAR(getdate())-stuagefrom student
```

查询结果如图 3.23 所示。

• 改变列标题显示

通常在查询结果显示的列标题就是创建表时所使用的列名,但是,这在实际使用中往往会带来一些不便。因此,可以利用'列标题'=列名或 as '列标题'来根据需要修改列标题的显示。

【例 3.21】 查询所有同学的年龄信息。

```
Select stuname as '姓名',YEAR(getdate())-stuage as '出生年份'
from student
```

查询结果如图 3.24 所示。

结果 | 消息

	stuid	sTuname	(无列名)
1	20150101	李思	1996
2	20150102	张梅	1997
3	20150103	张元	1996
4	20150104	张红	1998
5	20150105	王明	1995
6	20150106	李伟	1996
7	20150107	赵恒	1997
8	20150108	钱丽	1997
9	20150109	张兰	1998
10	20150110	孙楠	1996

图 3.23 执行结果

结果 | 消息

	姓名	出生年份
1	李思	1996
2	张梅	1997
3	张元	1996
4	张红	1998
5	王明	1995
6	李伟	1996
7	赵恒	1997
8	钱丽	1997
9	张兰	1998
10	孙楠	1996

图 3.24 执行结果

• 除去结果的重复信息

使用 DISTINCT 关键字能够从返回的结果数据集合中删除重复的行,使返回的结果更简洁。

【例 3.22】 查询所有的出生年份信息。

```
Select distinct YEAR(getdate())-stuage as '出生年份'
from student
```

查询结果如图 3.25 所示。

• 返回查询的部分数据

在 SQL Server 2008 中,提供了 TOP 关键字让用户指定返回一定数量的数据。

Top n 表示返回最前面的 n 行,n 表示返回的行数;top n percent 表示返回前面的 n%行。

结果 | 消息

	出生年份
1	1995
2	1996
3	1997
4	1998

图 3.25 执行结果

【例 3.23】 查询前 5 位同学的学号、姓名和年龄信息。

```
Select top 5 stuid,stuname,stuage
from student
```

查询结果如图 3.26 所示。

【例 3.24】 查询 60%同学的学号、姓名和年龄信息。

```
Select top 60 percent stuid,stuname,stuage
from student
```

查询结果如图 3.27 所示。

结果 | 消息

	stuid	stuname	stuage
1	20150101	李思	19
2	20150102	张梅	18
3	20150103	张元	19
4	20150104	张红	17
5	20150105	王明	20

图 3.26 执行结果

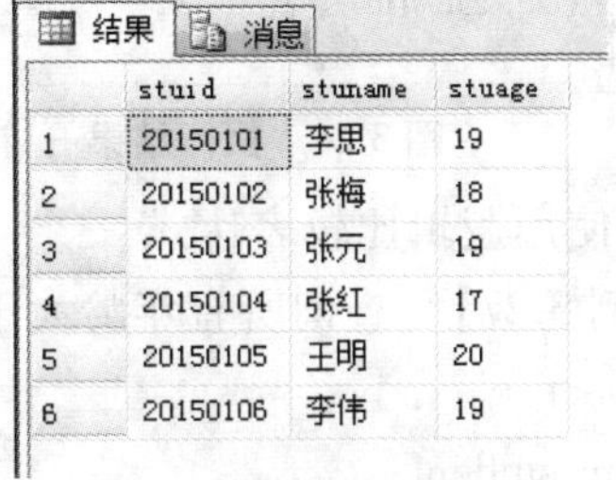

结果 | 消息

	stuid	stuname	stuage
1	20150101	李思	19
2	20150102	张梅	18
3	20150103	张元	19
4	20150104	张红	17
5	20150105	王明	20
6	20150106	李伟	19

图 3.27 执行结果

(2)选择行

WHERE 子句用于指定查询条件,使得 SELECT 语句的结果表中只包含那些满足查询条件的记录。

在使用时,WHERE 子句必须紧跟在 FROM 子句后面。WHERE 子句中的条件表达式包括条件表达式和逻辑表达式两种,SQL Server 对 WHERE 子句中的查询条件的数目没有限制。常用的比较运算符见表 3.5。

表 3.5 常用的比较运算符

运算符	含 义
=,>,<,>=,<=,! =,<>	比较大小
AND,OR,NOT	多重条件
BETWEEN AND	确定范围
IN	确定集合
LIKE	字符匹配
IS NULL	空值

• 使用比较表达式

【例 3.25】 查询所有的男同学学号、姓名、年龄信息。

```
Select stuid,stuname,stusex,stuage
from student
where stusex='男'
```

查询结果如图 3.28 所示。

【例 3.26】 查询所有的年龄小于 18 岁的同学学号、姓名、年龄和性别信息。

```
Select stuid,stuname,stusex,stuage
from student
where stuage<18
```

查询结果如图 3.29 所示。

	stuid	stuname	stusex	stuage
1	20150103	张元	男	19
2	20150105	王明	男	20
3	20150106	李伟	男	19
4	20150107	赵恒	男	18
5	20150110	孙楠	男	19

图 3.28　执行结果

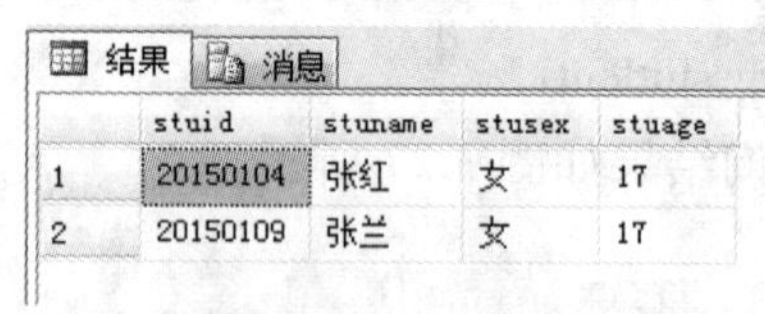

	stuid	stuname	stusex	stuage
1	20150104	张红	女	17
2	20150109	张兰	女	17

图 3.29　执行结果

• 使用逻辑比较表达式

【例 3.27】　查询所有年龄大于 18 岁的男同学信息。

```
Select *
from student
where stuage>18 and stusex='男'
```

查询结果如图 3.30 所示。

【例 3.28】　查询所有年龄大于 18 岁或男同学信息。

```
Select *
From student
Where stuage>18 or stusex='男'
```

查询结果如图 3.31 所示。

	StuId	StuName	StuSex	StuAge
1	20150103	张元	男	19
2	20150105	王明	男	20
3	20150106	李伟	男	19
4	20150110	孙楠	男	19

图 3.30　执行结果

	StuId	StuName	StuSex	StuAge
1	20150101	李思	女	19
2	20150103	张元	男	19
3	20150105	王明	男	20
4	20150106	李伟	男	19
5	20150107	赵恒	男	18
6	20150110	孙楠	男	19

图 3.31　执行结果

为了增强程序可读性，一般采用括号( )来实现需要的执行顺序，而不考虑其默认的优先级顺序。

【例 3.29】　查询所有小于 18 岁或者大于 19 岁的男同学信息。

```
Select *
from student
where (stuage<18 or stuage>19) and stusex='男'
```

查询结果如图 3.32 所示。

• 空值(NULL)的判断

如果在创建数据表时没有指定 NOT NULL 约束，那么数据表中某些列的值就可以为 NULL。所谓 NULL 就是空，在数据库中，其长度为 0。

【例 3.30】　查询所有年龄为空的同学信息。

```
select *
from student
where stuage is null
```

查询结果如图 3.33 所示。

结果 消息

	StuId	StuName	StuSex	StuAge
1	20150105	王明	男	20

图 3.32　执行结果

结果 消息

StuId	StuName	StuSex	StuAge

图 3.33　执行结果

• 限定数据范围

使用 BETWEEN 限制查询数据范围时同时包括了边界值，效果完全可以用含有“>=”和“<=”的逻辑表达式来代替；而使用 NOT BETWEEN 进行查询时没有包括边界值，效果完全可以用含有“>”和“<”的逻辑表达式来代替。

【例 3.31】　查询年龄为 18~21 岁的同学信息。

```
Select *
from student
where stuage between 18 and 21
```

查询结果如图 3.34 所示。

• 限制检索数据的范围

对于列值不在一个连续的取值区间，而是一些离散的值，利用 BETWEEN 关键字就无能为力了，可以利用 SQL Server 提供的另一个关键字 IN。

在大多数情况下，OR 运算符与 IN 运算符可以实现相同的功能。

【例 3.32】　查询所有年龄是 18 或 20 周岁的同学信息。

```
Select *
from student
where stuage in(18,20)
```

查询结果如图 3.35 所示。

结果 消息

	StuId	StuName	StuSex	StuAge
1	20150101	李思	女	19
2	20150102	张梅	女	18
3	20150103	张元	男	19
4	20150105	王明	男	20
5	20150106	李伟	男	19
6	20150107	赵恒	男	18
7	20150108	钱丽	女	18
8	20150110	孙楠	男	19

图 3.34　执行结果

结果 消息

	StuId	StuName	StuSex	StuAge
1	20150102	张梅	女	18
2	20150105	王明	男	20
3	20150107	赵恒	男	18
4	20150108	钱丽	女	18

图 3.35　执行结果

• 模糊查询

在实际的应用中,用户不会总是能够精确地给出查询条件。因此,经常需要根据一些并不确切的线索来搜索信息。SQL Server 提供了 LIKE 子句来进行这类模糊搜索。

LIKE 子句在大多数情况下会与通配符配合使用。

所有通配符只有在 LIKE 子句中才有意义,否则通配符会被当做普遍字符处理。

各通配符也可以组合使用,实现复杂的模糊查询。

注意:通配符"%"表示任意字符的匹配;通配符"_"只能匹配任何单个字符;通配符"[]"用于指定范围(如[a-z])或集合(如[abcdef])中的任何单个字符;通配符"[^]"用于匹配没有在方括号中列出的字符。

在使用 LIKE 进行模糊查询时,当"%""_"和"[]"符号单独出现时,都会被作为通配符进行处理。但是有时可能需要搜索的字符串包含量一个或多个特殊通配符,如数据表中可能存储含百分号(%)的折扣值。若要搜索作为字符而不是通配符的百分号,必须提供 ESCAPE 关键字和转义符,如"like '%B%' escape 'B'"就是使用了 ESCAPE 关键字定义了转义字符 B,将字符串"%B%"中的第二个百分号(%)作为实际值,而不是通配符。

【例 3.33】 查询所有姓"张"的同学信息。

```
Select *
from student
where stuname like '张%'
```

查询结果如图 3.36 所示。

【例 3.34】 查询所有姓"张",而且姓名是两个字的同学信息。

```
Select *
from student
where stuname like '张_'
```

查询结果如图 3.37 所示。

结果 消息

	StuId	StuName	StuSex	StuAge
1	20150102	张梅	女	18
2	20150103	张元	男	19
3	20150104	张红	女	17
4	20150109	张兰	女	17

图 3.36 执行结果

结果 消息

	StuId	StuName	StuSex	StuAge
1	20150102	张梅	女	18
2	20150103	张元	男	19
3	20150104	张红	女	17
4	20150109	张兰	女	17

图 3.37 执行结果

【例 3.35】 查询所有姓"张"或姓"王"的同学信息。

```
Select *
from student
where stuname like '[张王]%'
```

查询结果如图 3.38 所示。

【例 3.36】 查询所有不姓"张"也不姓"王"的同学信息。

```
Select *
from student
where stuname like '[^张王]%'
```

查询结果如图3.39所示。

	StuId	StuName	StuSex	StuAge
1	20150102	张梅	女	18
2	20150103	张元	男	19
3	20150104	张红	女	17
4	20150105	王明	男	20
5	20150109	张兰	女	17

图3.38 执行结果

	StuId	StuName	StuSex	StuAge
1	20150101	李思	女	19
2	20150106	李伟	男	19
3	20150107	赵恒	男	18
4	20150108	钱丽	女	18
5	20150110	孙楠	男	19

图3.39 执行结果

(3)排序查询结果

在SQL语句中,ORDER BY子句用于排序。ORDER BY子句总是在WHERE子句(如果有的话)后面说明的,可以包含一个或多个列,每个列之间以逗号分隔。可以选择使用ASC|DESC关键字指定按照"升序|降序"排序。如果没有特别说明,值是以升序列进行排序的,即默认情况下使用的是ASC关键字。

【例3.37】 查询所有同学课程编号101的课程成绩,并按由大到小的顺序输出。

```
select *
from stu_cou
where couid=' 101 '
order by score desc
```

查询结果如图3.40所示。

使用ORDER BY子句也可以根据两列或多列的结果进行排序,并用逗号分隔开不同的排序关键字。其实际排序结果是根据ORDER BY子句后面列名的顺序确定优先级的。即查询结果首先以第一列的顺序进行排序,而只有当第一列出现相同的信息时,这些相同的信息再按第二列的顺序进行排序,依此类推。

【例3.38】 查询所有同学课程编号101的课程成绩,并按由大到小的顺序输出,如果成绩相同,则按学号由小到大排序。

```
Select *
from stu_cou
where couid=' 101 '
order by score desc,stuid
```

查询结果如图3.41所示。

ORDER BY子句除了可以根据列名进行排序外,还支持根据列的相对位置(即序号)进行排序。

【例3.39】 查询所有同学课程编号101的课程成绩,并按由大到小的顺序输出,如果成绩相同,则按学号由小到大排列。

```
Select *
From stu_cou
Where couid='101'
Order by 3 desc,1
```

查询结果如图 3.42 所示。

	StuId	CouId	Score
1	20150103	101	89
2	20150105	101	87
3	20150101	101	80
4	20150102	101	65
5	20150104	101	53

图 3.40　执行结果

	StuId	CouId	Score
1	20150103	101	89
2	20150105	101	87
3	20150101	101	80
4	20150102	101	65
5	20150104	101	53

图 3.41　执行结果

	StuId	CouId	Score
1	20150103	101	89
2	20150105	101	87
3	20150101	101	80
4	20150102	101	65
5	20150104	101	53

图 3.42　执行结果

(4)分组与汇总

• 聚合函数

聚合函数是 T-SQL 所提供的系统函数,可以返回一列、几列或全部列的汇总数据,用于计数或统计。这类函数(除 COUNT 外)仅用于数值型列,并且在列上使用聚合函数时,不考虑 NULL 值。常用的聚合函数见表 3.6。

表 3.6　常用的聚合函数及其功能

函数名称	功　能
AVG	按列计算平均值
SUM	按列计算值的总合
MAX	求一列中的最大值
MIN	求一列中的最小值
COUNT	按列值计个数

【例 3.40】　统计学生信息表中学生人数。

```
Select COUNT( * ) as '学生人数'
From student
```

查询结果如图 3.43 所示。

【例 3.41】　统计学生成绩表中学号为 20150101 同学的最高分、最低分、平均分和总分。

```
Select MAX(score),MIN(score),AVG(score),SUM(score)
From stu_cou
Where stuid='20150101'
```

查询结果如图 3.44 所示。

	学生人数
1	10

图 3.43　执行结果

	(无列名)	(无列名)	(无列名)	(无列名)
1	80	78	79	158

图 3.44　执行结果

• 分组汇总

使用聚合函数只返回单个汇总,而在实际应用中,更多的是需要进行分组汇总数据。

使用 GROUP BY 子句可以进行分组汇总，为结果集中的每一行产生一个汇总值。GROUP BY 子句与聚合函数有密切关系，在某种意义上说，如果没有聚合函数，GROUP BY 子句也没有多大用处了。

GROUP BY 关键字后面跟着的列名称为分组列，分组列中的每个重复值将被汇总为一行。

如果包含 WHERE 子句，则只对满足 WHERE 条件的行进行分组汇总。

【例 3.42】 统计学生成绩表中每个同学的最高分、最低分、平均分和总分。

```
Select stuid,MAX(score),MIN(score),AVG(score),SUM(score)
From stu_cou
Group by stuid
```

查询结果如图 3.45 所示。

【例 3.43】 统计学生成绩表中每个同学的最高分、最低分、平均分和总分，80 分以下的成绩不参与统计。

```
Select stuid,MAX(score),MIN(score),AVG(score),SUM(score)
From stu_cou
Where score>=80
Group by stuid
```

查询结果如图 3.46 所示。

结果 | 消息

	stuid	(无列名)	(无列名)	(无列名)	(无列名)
1	20150101	80	78	79	158
2	20150102	65	57	61	122
3	20150103	89	54	71	143
4	20150104	88	53	70	141
5	20150105	87	87	87	87

图 3.45 执行结果

结果 | 消息

	stuid	(无列名)	(无列名)	(无列名)	(无列名)
1	20150101	80	80	80	80
2	20150103	89	89	89	89
3	20150104	88	88	88	88
4	20150105	87	87	87	87

图 3.46 执行结果

- 分组筛选

如果使用 GROUP BY 子句分组，则还可用 HAVING 子句对分组后的结果进行过滤筛选。HAVING 子句通常与 GROUP BY 子句一起使用，用于指定组或合计的搜索条件，其作用与 WHERE 子句相似，二者的区别如下：

①作用对象不同。WHERE 子句作用于表和视图中的行，而 HAVING 子句作用于形成的组。WHERE 子句限制查找的行，HAVING 子句限制查找的组。

②执行顺序不同。若查询句中同时有 WHERE 子句和 HAVING 子句，执行时，先去掉不满足 WHERE 条件的行，然后分组，分组后再去掉不满足 HAVING 条件的组。

③WHERE 子句中不能直接使用聚合函数，但 HAVING 子句的条件中可以包含聚合函数。

【例 3.44】 统计学生成绩表中每个同学的最高分、最低分、平均分和总分，并输出平均分大于 75 分的信息。

```
Select stuid,MAX(score),MIN(score),AVG(score),SUM(score)
From stu_cou
Group by stuid
Having AVG(score)>75
```

查询结果如图 3.47 所示。

结果 | 消息

	stuid	(无列名)	(无列名)	(无列名)	(无列名)
1	20150101	80	78	79	158
2	20150105	87	87	87	87

图 3.47 执行结果

• 明细汇总

使用 GROUP BY 子句对查询数据进行分组汇总,为每一组产生一个汇总结果,每个组只返回一行,无法看到详细信息。使用 COMPUTE 和 COMPUTE BY 子句既能够看到统计经营部的结果又能够浏览详细数据。

【例 3.45】 使用 COMPUTE 子句对所有学生的人数进行明细汇总。

```
Select *
from student
compute count(stuid)
```

查询结果如图 3.48 所示。

在使用 COMPUTE 和 COMPUTE BY 时,需要注意以下几点:

①COMPUTE[BY]子句不能与 SELECT INTO 子句一起使用。

②COMPUTE 子句中的列必须在 SELECT 子句的字段列表中出现。

③COMPUTE BY 表示按指定的列进行明细汇总,使用 BY 关键字时必须同时使用 ORDER BY 子句,并且 COMPUTE BY 中出现的列必须具有与 ORDER BY 后出现的列相同的顺序,且不能跳过其中的列。

【例 3.46】 使用 COMPUTE BY 子句按照年龄对所有学生的人数进行明细汇总。

```
Select *
from student
order by stuage
compute count(stu_id)
by stuage
```

查询结果如图 3.49 所示。

2)连接查询

一个数据库中的多个表之间一般都存在某种内在联系,它们共同提供有用的信息。前面介绍的查询只涉及一张表,故称为单表查询;若一个查询同时涉及两个以上的表,则称为连接查询,连接查询实际上是关系数据库中最主要的查询。通过连接操作,可以查询出存放在多个表中同一实体的不同信息,给用户带来很大的灵活性。

多表连接实际上就是使用一个表中的数据来查询另一个或多个表中的信息。指定每个表中要用于连接的列。典型的连接条件在一个表中的指定外键,在另一个表中指定与其关联的键。指定比较各列的值时要使用比较运算符(=、<>等)。

	StuId	StuName	StuSex	StuAge
1	20150101	李思	女	19
2	20150102	张梅	女	18
3	20150103	张元	男	19
4	20150104	张红	女	17
5	20150105	王明	男	20
6	20150106	李伟	男	19
7	20150107	赵恒	男	18
8	20150108	钱丽	女	18
9	20150109	张兰	女	17
10	20150110	孙楠	男	19

	cnt
1	10

图 3.48　执行结果

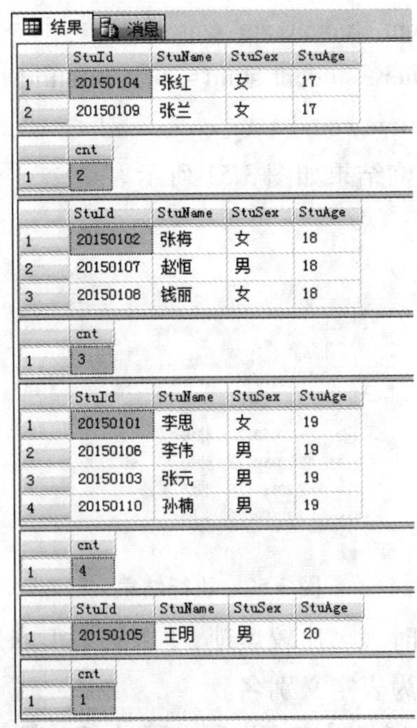

	StuId	StuName	StuSex	StuAge
1	20150104	张红	女	17
2	20150109	张兰	女	17

	cnt
1	2

	StuId	StuName	StuSex	StuAge
1	20150102	张梅	女	18
2	20150107	赵恒	男	18
3	20150108	钱丽	女	18

	cnt
1	3

	StuId	StuName	StuSex	StuAge
1	20150101	李思	女	19
2	20150106	李伟	男	19
3	20150103	张元	男	19
4	20150110	孙楠	男	19

	cnt
1	4

	StuId	StuName	StuSex	StuAge
1	20150105	王明	男	20

	cnt
1	1

图 3.49　执行结果

表的连接的实现可以通过两种方法:①利用 SELECT 语句的 WHERE 子句;②在 FROM 子句中使用 JOIN(INNER JOIN,CROSS JOIN ,OUTER JOIN,LEFT OUTER JOIN,FULL OUTER JOIN 等)关键字,其含义如下:

inner join(内连接):只连接匹配的行;

outer join(外连接):使用等值以外的条件来匹配左、右两个表中的行;

left outer join(左外连接):包含左边表的全部行(不管右边的表中是否存在与它们匹配的行),以及右边表中全部匹配的行;

right outer join(右外连接):包含右边表的全部行(不管左边的表中是否存在与它们匹配的行),以及左边表中全部匹配的行;

full outer join(全外连接):包含左、右两个表的全部行,不管另外一边的表中是否存在与它们匹配的行。

cross join(交叉连接):生成笛卡尔积。它不使用任何匹配或者选取条件,而是直接将一个数据源中的每个行与另一个数据源的每个行都一一匹配。

【例 3.47】　查询所有选修课程编号 101 的同学学号、姓名和成绩。

```
Select student.stuid,stuname,score
From student,stu_cou
Where student.stuid=stu_cou.stuid and couid=' 101 '
```

查询结果如图 3.50 所示。

【例 3.48】　查询所有选修课程的同学选修课程的成绩。

```
Select student.stuid,stuname,couname,score
```

```
From student,stu_cou,course
Where student.stuid=stu_cou.stuid and
Course.couid=stu_cou.couid
```

查询结果如图 3.51 所示。

	stuid	stuname	score
1	20150101	李思	80
2	20150102	张梅	65
3	20150103	张元	89
4	20150104	张红	53
5	20150105	王明	87

图 3.50　执行结果

	stuid	stuname	couname	score
1	20150101	李思	计算机基础	80
2	20150101	李思	操作系统	78
3	20150102	张梅	计算机基础	65
4	20150102	张梅	操作系统	57
5	20150103	张元	计算机基础	89
6	20150103	张元	操作系统	54
7	20150104	张红	计算机基础	53
8	20150104	张红	操作系统	88
9	20150105	王明	计算机基础	87
10	20150105	王明	操作系统	NULL

图 3.51　执行结果

有时表名比较烦琐,使用起来很麻烦,为了程序的简洁明了,在 SQL 中,也可以通过 AS 关键字为表定义别名。

【例 3.49】　查询所有同学所有课程的成绩。

```
Select A.stuid,stuname,couname,score
From student as A,stu_cou as B,course as C
Where A.stuid=B.stuid and B.couid=C.couid
```

查询结果如图 3.52 所示。

在 SELECT 语句的 FROM 子句中,通过指定不同类型的 JOIN 关键字可以实现不同的表的连接方式,而在 ON 关键字后指定连接条件。

【例 3.50】　查询所有选修课程的同学学号、姓名和成绩。

```
Select student.stuid,stuname,score
From student inner join stu_cou
On student.stuid=stu_cou.stuid
```

查询结果如图 3.53 所示。

	stuid	stuname	couname	score
1	20150101	李思	计算机基础	80
2	20150101	李思	操作系统	78
3	20150102	张梅	计算机基础	65
4	20150102	张梅	操作系统	57
5	20150103	张元	计算机基础	89
6	20150103	张元	操作系统	54
7	20150104	张红	计算机基础	53
8	20150104	张红	操作系统	88
9	20150105	王明	计算机基础	87
10	20150105	王明	操作系统	NULL

图 3.52　执行结果

	stuid	stuname	score
1	20150101	李思	80
2	20150101	李思	78
3	20150102	张梅	65
4	20150102	张梅	57
5	20150103	张元	89
6	20150103	张元	54
7	20150104	张红	53
8	20150104	张红	88
9	20150105	王明	87
10	20150105	王明	NULL

图 3.53　执行结果

【例 3.51】 从 student 表中查询年龄比学号为 20150101 的同学大的所有同学信息。

```
Select R1.stuid,R1.stuname,R1.stuage
From student as R1 inner join student as R2
On R2.stuid=' 20150101 ' and R1.stuage>R2.stuage
```

查询结果如图 3.54 所示。

	stuid	stuname	stuage
1	20150105	王明	20

图 3.54　执行结果

【例 3.52】 查询所有同学的选修课程信息。

```
Select student.stuid,stuname,score
From student left outer join stu_cou
On student.stuid=stu_cou.stuid
```

查询结果如图 3.55 所示。

【例 3.53】 查询所有同学的选修课程信息。

```
Select student.stuid,stuname,score
From stu_cou right outer join student
On student.stuid=stu_cou.stuid
```

查询结果如图 3.56 所示。

	stuid	stuname	score
1	20150101	李思	80
2	20150101	李思	78
3	20150102	张梅	65
4	20150102	张梅	57
5	20150103	张元	89
6	20150103	张元	54
7	20150104	张红	53
8	20150104	张红	88
9	20150105	王明	87
10	20150105	王明	NULL
11	20150106	李伟	NULL
12	20150107	赵恒	NULL
13	20150108	钱丽	NULL
14	20150109	张兰	NULL
15	20150110	孙楠	NULL

图 3.55　执行结果

	stuid	stuname	score
1	20150101	李思	80
2	20150101	李思	78
3	20150102	张梅	65
4	20150102	张梅	57
5	20150103	张元	89
6	20150103	张元	54
7	20150104.	张红	53
8	20150104	张红	88
9	20150105	王明	87
10	20150105	王明	NULL
11	20150106	李伟	NULL
12	20150107	赵恒	NULL
13	20150108	钱丽	NULL
14	20150109	张兰	NULL
15	20150110	孙楠	NULL

图 3.56　执行结果

3)嵌套查询

所谓嵌套查询指的是在一个 SELECT 查询语句中包含另一个(或多个)SELECT 查询语句。其中,外层的 SELECT 查询语句称为外部查询,内层的 SELECT 查询语句称为子查询。

嵌套查询的执行过程为:首先执行子查询语句,再将得到的子查询结果集传递给外层主查询语句,作为外层主查询的查询项或查询条件使用。其中,每个子查询也可以再嵌套子查询。

(1)单列单值嵌套查询

【例 3.54】 查询选修“计算机基础”的学生成绩信息。

```
Select *
from stu_cou
```

```
where couid=
(select couid
From course
Where couname='计算机基础')
```

查询结果如图 3.57 所示。

【例 3.55】 查询比“20150101”同学年龄小的同学信息。

```
Select *
from student
where stuage<
(  select stuage
   From student
   Where stuid=' 20150101 ')
```

查询结果如图 3.58 所示。

结果 消息

	StuId	CouId	Score
1	20150101	101	80
2	20150102	101	65
3	20150103	101	89
4	20150104	101	53
5	20150105	101	87

图 3.57 执行结果

结果 消息

	StuId	StuName	StuSex	StuAge
1	20150102	张梅	女	18
2	20150104	张红	女	17
3	20150107	赵恒	男	18
4	20150108	钱丽	女	18
5	20150109	张兰	女	17

图 3.58 执行结果

(2)单列多值嵌套查询

【例 3.56】 查询所有年龄 18 岁的同学成绩信息。

```
Select *
from stu_cou
where stuid in
(  select stuid
   From student
   Where stuage=18)
```

查询结果如图 3.59 所示。

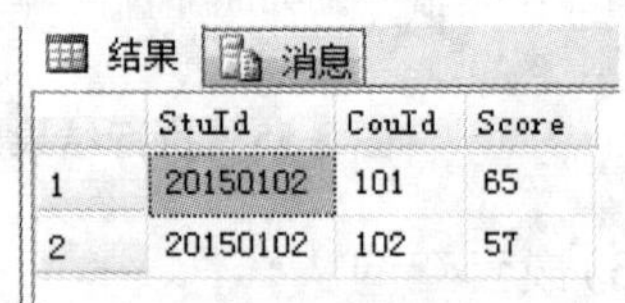

结果 消息

	StuId	CouId	Score
1	20150102	101	65
2	20150102	102	57

图 3.59 执行结果

【例 3.57】 查询年龄不是 19 岁的同学中比年龄 19 岁的同学中某一学生学号小的学生学号和姓名。

```
Select stuid,stuname
From student
Where stuid<any
(       select stuid
        From student
        Where stuage=19)
            And stuage<>19
```

查询结果如图 3.60 所示。

【例 3.58】 查询选修"计算机基础"的学生成绩信息。

```
Select *
from stu_cou
where exists
(       select *
        From course
        Where stu_cou.couid = couid and couname = '计算机基础')
```

查询结果如图 3.61 所示。

	stuid	stuname
1	20150102	张梅
2	20150104	张红
3	20150105	王明
4	20150107	赵恒
5	20150108	钱丽
6	20150109	张兰

图 3.60 执行结果

	StuId	CouId	Score
1	20150101	101	80
2	20150102	101	65
3	20150103	101	89
4	20150104	101	53
5	20150105	101	87

图 3.61 执行结果

【例 3.59】 查询没有选修"计算机基础"的学生成绩信息。

```
Select *
from stu_cou
where not exists
(       select *
        From course
        Where stu_cou.couid = couid and couname = '计算机基础')
```

查询结果如图 3.62 所示。

	StuId	CouId	Score
1	20150101	102	78
2	20150102	102	57
3	20150103	102	54
4	20150104	102	88
5	20150105	102	NULL

图 3.62 执行结果

4)集合查询

如果有多个不同的查询结果数据集,但又希望将它们按照一定的关系连接在一起,组成一组数据,这就可以使用集合运算来实现。在 SQL Server 2008 中,T-SQL 提供的集合运算符有UNION,EXCEPT 和 INTERSECT,其用法说明如下:

UNION:合并两个或多个 SELECT 语句的结果集,并把重复结果去除;

EXCEPT:查询包含在 A 语句的结果集中但不包含在 B 语句的结果集中的结果;

INTERSECT:查询既包含在 A 语句结果集中又包含在 B 语句结果集中的结果。

【例 3.60】 查询 student 表中男学生或年龄大于 18 岁的学生信息。

```
Select  *
```

```
From student
Where stusex='男'
union
select *
from student
where stuage>18
```

查询结果如图 3.63 所示。

【例 3.61】 查询 student 表中男同学而且年龄大于 19 岁的学生信息。

```
Select *
From student
Where stusex='男'
except
select *
from student
where stuage<=19
```

查询结果如图 3.64 所示。

结果 | 消息

	StuId	StuName	StuSex	StuAge
1	20150101	李思	女	19
2	20150103	张元	男	19
3	20150105	王明	男	20
4	20150106	李伟	男	19
5	20150107	赵恒	男	18
6	20150110	孙楠	男	19

图 3.63　执行结果

结果 | 消息

	StuId	StuName	StuSex	StuAge
1	20150105	王明	男	20

图 3.64　执行结果

【例 3.62】 查询 student 表中男同学而且年龄大于 19 岁的学生信息。

```
Select *
From student
Where stusex='男'
intersect
select *
from student
where stuage>19
```

查询结果如图 3.65 所示。

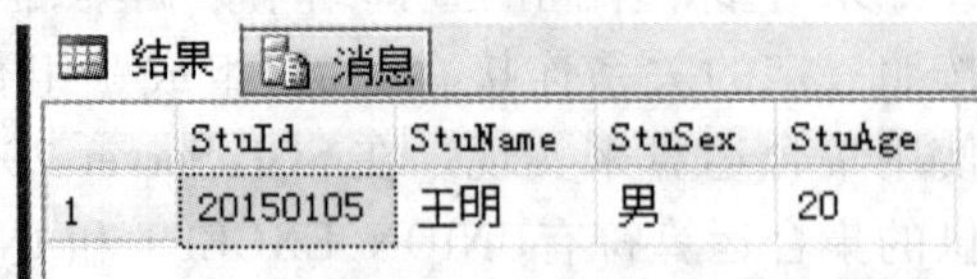

结果 | 消息

	StuId	StuName	StuSex	StuAge
1	20150105	王明	男	20

图 3.65　执行结果

3.3.5 数据控制语言

1)授予权限操作

SQL 语言用 GRANT 语句向用户授予操作权限,GRANT 语句的一般格式为:

GRANT<权限>[,<权限>…]

[ON <对象类型><对象名>]

TO <用户>[,<用户>…]

[WITH GRANT OPTION];

功能:对指定操作对象的指定操作权限授予指定的用户。如果指定了 WITH GRANT OPTION 子句,则获得某种权限的用户还可以把这种权限再授予其他用户。

为了方便权限管理,SQL Server 2008 采用逐级向下的权限管理方式,即:登录数据库服务器权限→访问数据库权限→访问数据表权限等。

【例 3.63】 建立登录数据库服务器账户,如图 3.66 所示。

图 3.66 执行结果

【例 3.64】 建立访问数据库用户,如图 3.67 所示。

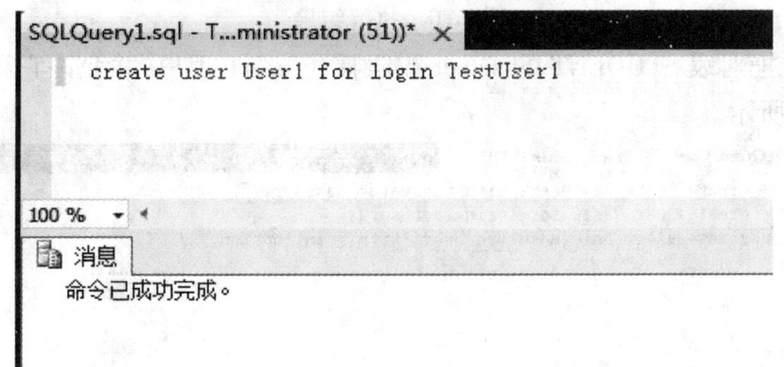

图 3.67 执行结果

【例 3.65】 把查询 STUDENT 表的权限授给用户 user1,如图 3.68 所示。

【例 3.66】 测试 user1 的 select 权限,如图 3.69 所示。

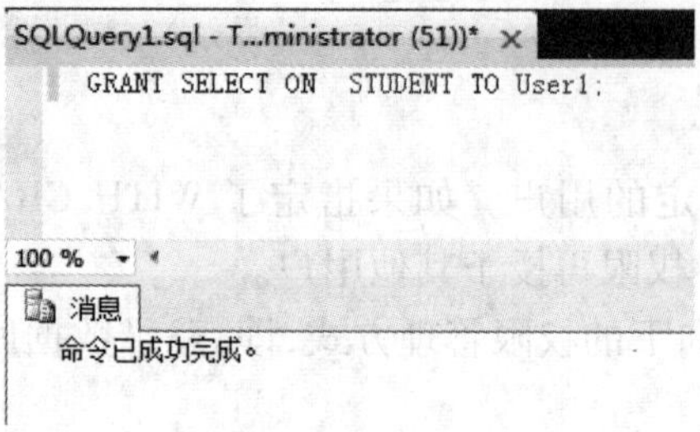

SQLQuery1.sql - T...ministrator (51))*

```
GRANT SELECT ON  STUDENT TO User1;
```

100 %

消息

命令已成功完成。

图 3.68　执行结果

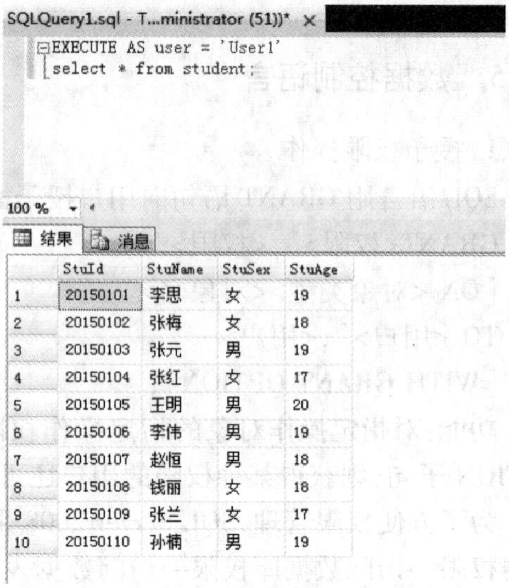

SQLQuery1.sql - T...ministrator (51))*

```
EXECUTE AS user = 'User1'
select * from student;
```

100 %

结果　消息

	StuId	StuName	StuSex	StuAge
1	20150101	李思	女	19
2	20150102	张梅	女	18
3	20150103	张元	男	19
4	20150104	张红	女	17
5	20150105	王明	男	20
6	20150106	李伟	男	19
7	20150107	赵恒	男	18
8	20150108	钱丽	女	18
9	20150109	张兰	女	17
10	20150110	孙楠	男	19

图 3.69　执行结果

【例 3.67】　测试 user1 的其他未授予权限,如图 3.70 所示。

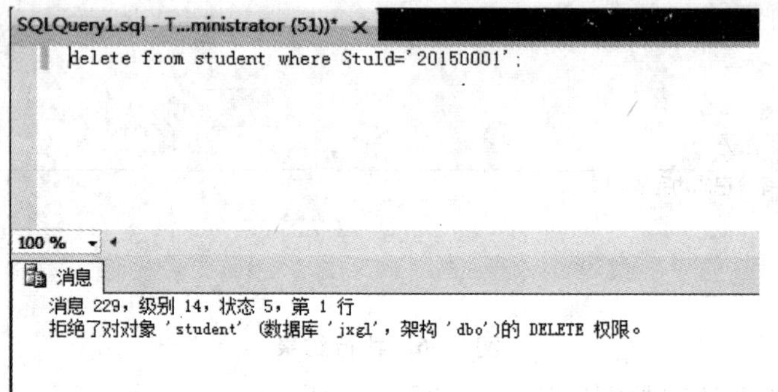

图 3.70　执行结果

【例 3.68】　把对表 STUDENT 的 select 权限授予 user1 用户,并允许它再将此权限授予 user2,如图 3.71 所示。

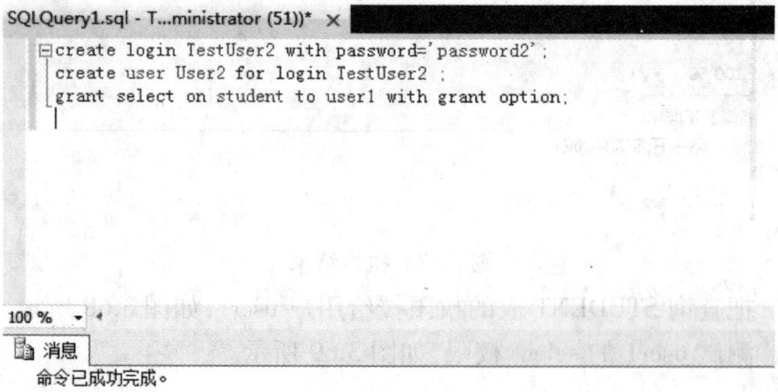

SQLQuery1.sql - T...ministrator (51))*

```
create login TestUser2 with password='password2';
create user User2 for login TestUser2 ;
grant select on student to user1 with grant option;
```

100 %

消息

命令已成功完成。

(a)结果 1

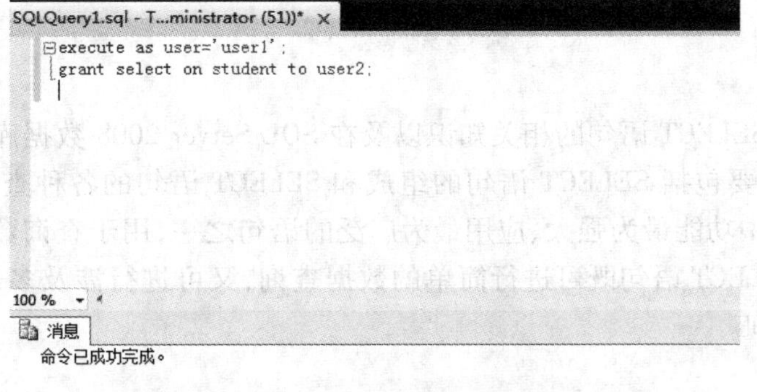

(b)结果 2

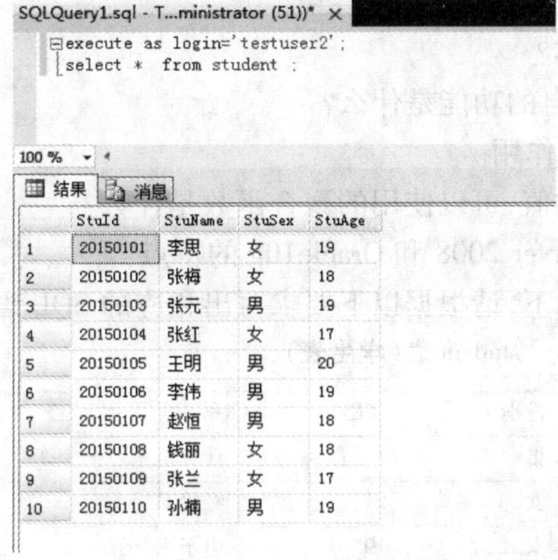

	StuId	StuName	StuSex	StuAge
1	20150101	李思	女	19
2	20150102	张梅	女	18
3	20150103	张元	男	19
4	20150104	张红	女	17
5	20150105	王明	男	20
6	20150106	李伟	男	19
7	20150107	赵恒	男	18
8	20150108	钱丽	女	18
9	20150109	张兰	女	17
10	20150110	孙楠	男	19

(c)结果 3

图 3.71　执行结果

2)回收权限操作

授予的权限可以由 DBA 或者其他授权者使用 REVOKE 语句收回,REVOKE 语句的一般格式为:

REVOKE <权限>[,<权限>…]
　[ON <对象类型><对象名>]
　FROM <用户>[,<用户>…]

【例 3.69】　回收 User2 的查看权限,如图 3.72 所示。

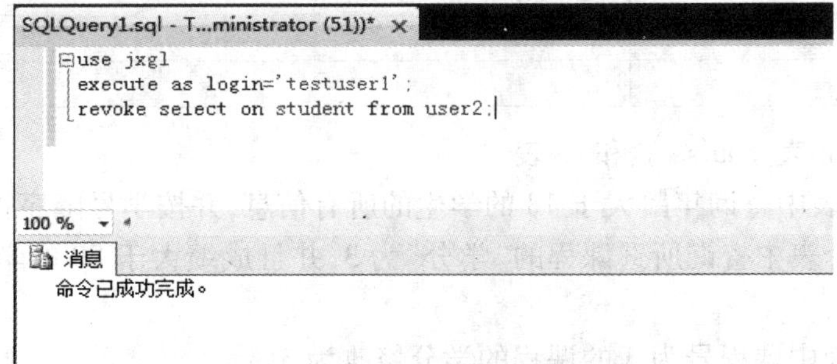

图 3.72　回收查询权限

本章小结

本章介绍了 SELECT 语句的相关知识以及在 SQL Server 2008 数据库环境中的具体使用方法，其内容主要包括 SELECT 语句的组成和 SELECT 语句的各种查询方法。SELECT 语句是 SQL 语言中功能最为强大、应用最为广泛的语句之一，用于查询数据库中符合条件的记录。利用 SELECT 语句既可进行简单的数据查询，又可进行涉及多表的连接查询、嵌套查询和集合查询。

习题与思考题

1.SQL Server 2008 有哪些版本？

2.SQL 有哪些常用的语句，各自的功能是什么？

3.简述 SELECT 语句各子句的作用。

4.如果要计算表中数据的平均值，可以使用的聚合函数是什么？

5.收集资料，比较分析 SQL Server 2008 和 Oracle10g 的特点？

6.已知 3 个数据表的表结构如下，请根据以下要求写出相应的 SQL 语句。

student 表（学生表）

学号	姓名	性别	年龄	系　别
1	吴好	男	18	计算机系
2	崔平	女	21	经管系
3	钱筱	女	19	电子系

course 表（课程表）

课程号	课程名	学分
1	SQL Server	4
2	数据结构	3
3	专业英语	2

sc 表（选课表）

学号	课程号	成绩
1	1	88
2	1	90
2	2	70
3	3	79

①建立 student 表、course 表和 sc 表。

②在 student 表中查询年龄大于 18 的学生的所有信息，并按学号降序排列。

③在以上 3 个表中查询所选课程的“学分”为 3，并且成绩大于 80 的学生的学号、姓名和性别。

④把 course 表中课程号为 3 的课程的学分修改为 3。

第4章

需求分析与软件设计

要实现对数据的有效管理,就必须建立一个符合业务要求和管理要求的管理信息系统。由于管理信息系统的各子系统的功能主要是由相应的应用软件来完成的,并且应用软件是构成系统功能的主体,因此在管理信息系统的建设过程中应用软件的开发就显得非常重要。

软件开发主要包括需求分析、软件设计和软件实现。为了加强对软件开发过程中软件需求分析与设计的了解和掌握,本章将从软件开发的角度,结合数据库技术,重点介绍软件的结构化分析与设计方法及其基本过程,并通过案例简要介绍如何借助辅助工具来有效地开展应用软件的需求分析和设计工作,为软件的实现建立必要的基础,同时也为整个系统的建设建立必要的基础。实践表明,软件的需求分析与设计对于整个管理信息系统的建设至关重要。

4.1 应用软件与系统之间的关系

4.1.1 信息系统的两个部分

由第 1 章的基本内容可以知道,管理信息系统是一个由人、计算机组成的能进行信息管理、收集、传递、存储、加工、维护和使用的系统,它使用计算机技术、网络通信技术、数据库技术以及管理科学、统计学、运筹学和最优化技术等,为经营管理和决策服务。事实上,管理信息系统的开发是一个相当复杂的过程。

为了进一步突出应用软件的地位和作用,按照信息系统的物理结构,把信息系统分为两个部分:系统的基础部分和功能部分,如图 4.1 所示。

系统的基础部分由组织制度、硬件系统、软件系统、数据存储组成。因为信息系统是人机系统,因此必须具有合理的组织机构、人员分工、管理方法、规章制度等管理机制。硬件系统、软件系统、数据存储则构成了系统的支撑环境。

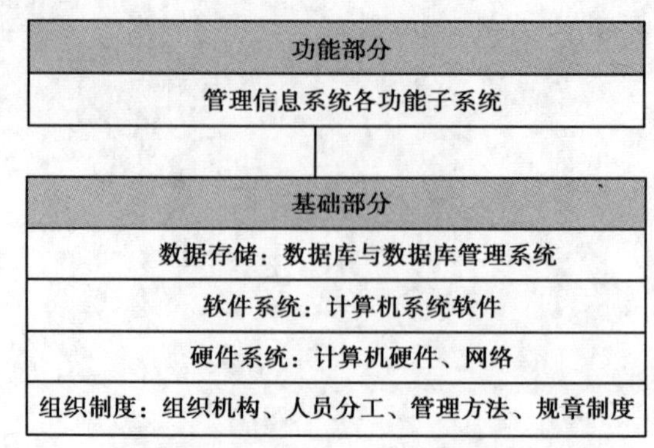

图 4.1 信息系统的物理结构

系统的功能部分是针对各项业务进行计算机处理的业务信息系统，必须建立在系统基础部分之上，它的功能主要由应用软件来实现。因此，应用软件是系统功能部分的主体，是系统的核心。

通常，系统的基础部分和功能部分会随着用户的需求不同和业务不同而有所不同，其复杂程度也不一样。因此，在开发过程中有必要对应用软件进行详细的需求分析和软件设计，以便为软件的实现建立良好的基础。

4.1.2 应用软件目标和系统目标之间的关系

应用软件目标必须与整个管理信息系统的目标保持一致，它是系统目标的主要组成部分。因此应用软件的需求分析与设计不能孤立地进行，需要充分考虑系统提出的目标和系统要解决的问题。如图 4.2 所示给出了计算机系统的一般开发流程，从中也可以进一步认识和理解应用软件和整个系统之间的关系。

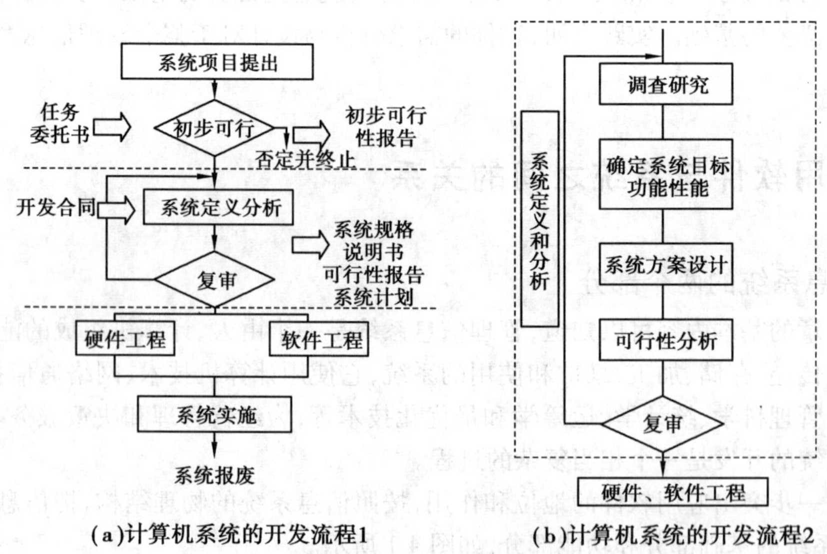

图 4.2 计算机系统的开发流程

从图 4.2 中可以看出，一个计算机系统的开发在应用软件开发之前，需要开展以下 3 个方面的工作。

(1)系统项目提出,即问题的提出及目标的制定,主要依据下面几个因素:

①基于生产和市场需要;

②基于改善劳动条件、提高产品质量、提高经济效益等方面;

③适应技术进步、提高社会效益等方面。

总之,系统目标的制定要考虑到社会、经济、政治和技术等方面的因素,以及资源和时间上的限制,经过优化手段和方法,求得一个在技术上先进、经济上合理、时间上最省、运行上可靠方便的计算机系统。

(2)初步可行性论证是一种粗略的论证,不必进行详细的分析与研究,主要考查如下几个因素:

①系统建设条件是否具备;

②成功的可能性有多大;

③从技术进步、社会效益、经济效益看是否值得。

(3)系统定义和分析的主要任务有:

①依据系统总目标,定义系统的详细目标、模型、功能、性能和界面;

②确定系统与环境的界面;

③确定硬件、软件功能的合理分担;

④进行多种方案设计,提出建议方案;

⑤对方案进行可行性论证;

⑥制定开发进度计划和投资计划。

在以上3个方面的工作结束之后,应该产生一个《系统规格说明书》(格式与内容参见附录1)。软件的开发工作即指如图4.2(a)所示的软件工程,必须依据这个文档展开,以保持其目标的一致性。必须指出,本教材不打算深入讨论软件工程的各个方面,但是软件的需求分析与软件设计是讨论的重点。

4.1.3 可行性研究

对于上节系统定义和分析中提出的方案,一般需要进行可行性论证或研究,其目的是用最小的代价,在尽可能短的时间内,确定该系统或软件项目是否能够开发,是否值得开发。可行性论证不是开发一个系统或软件,而是研究这个系统或软件项目是否值得去开发,是否有能力解决它。可行性研究实质上是一次大大简化了的系统分析和设计的过程。其主要内容包括4个方面。

1)经济可行性

进行开发成本的估算和可能取得效益的评估,确定待开发的项目是否值得投资开发。

2)技术可行性

技术可行性的基本任务是进行技术风险评价。从开发者的技术实力、以往工作基础、问题的复杂性等出发,判断系统开发在时间、费用等限制条件下成功的可能性。技术可行性研究包括开发的风险、资源的有效和技术发展的支持性。

3)运行可行性

运行可行性是考虑待开发软件的运行方式在用户组织内是否行得通;现有管理制度、人员素质、操作方式是否可行;与原有的系统是否有冲突等。

4)法律可行性

法律可行性是考虑开发合同中规定的责任,探讨系统开发可能导致的任何侵权、破坏和其他责任等。

4.2 软件需求分析

事实上,管理信息系统的开发是一个相当复杂的过程。应用软件的需求分析是系统开发中重要的组成部分,如果不进行软件的需求分析和设计,系统的功能部分(如图 4.1 所示)就不可能很好地划分和确定。这里之所以要突出软件的需求分析,是因为软件是实现系统功能的主体。实践表明,软件需求分析工作的好坏,在很大程度上决定了系统的成败。

4.2.1 软件需求分析的目的与主要任务

软件需求是指用户对目标软件系统在功能、行为、性能、设计约束等方面的期望。那么,软件需求分析具体需要完成什么任务呢?

软件需求分析的主要任务就是让用户和开发者共同明确将要开发的是一个什么样的系统,准确地回答系统必须“做什么”,是使用已证实有效的原理、方法,通过合适的工具和记号,系统地描述出待开发系统及其行为特征和相关约束。具体而言,需求分析主要有两个任务:一是通过对问题及其环境的理解、分析和综合,建立分析模型;二是在完全弄清用户对软件系统的确切要求的基础上,把用户的需求通过一定的方式完整、准确、清晰、一致地表达出来,形成软件需求规格说明书即需求分析报告。需求分析工作是一个不断认识和逐步细化的过程。

需求分析报告经过评审之后,就可作为软件设计的基础。

软件需求分析主要解决的是目标系统必须“做什么”的问题,分析系统必须具备哪些功能。因此,软件需求分析的目的就是为系统建设提供明确的目标,为系统设计提供足够的设计依据。

4.2.2 软件需求分析所关心的问题

从系统的观点来看,需求分析不仅仅只关心系统的软件部分,实际上还要关心整个目标系统所涉及的问题。需要弄清楚系统要解决的问题及其目标是什么,问题的规模有多大,系统是否有解决方案,方案是否可行,如果方案可行,那么应该如何组织、计划和实施该系统。

具体地讲,软件需求分析所关心的问题包括如下几个方面:

(1)系统服务于什么样的行业?需要解决的问题是什么?系统需要处理哪些信息?

不同的行业有不同的特点。即使是相同的行业,其应用需求也不尽相同。因此系统开发之前，首先要弄清楚系统面向的行业是什么，该行业有何特点，用户需要解决什么问题、涉及的主要业务有哪些、范围有多大，最终的目标是什么等。围绕系统要解决的问题，进一步分析系统要处理的数据或信息的种类、范围及其规模。

(2)系统需要具备哪些功能？

一个系统所具备的功能反映了系统能做什么；功能的多少和复杂程度说明了系统处理业务的基本能力，是最主要的需求。

(3)系统需要什么样的运行环境？

系统的运行环境是对系统功能的基本支持。系统运行环境的优良与否决定了系统性能的好坏。计算机是信息系统中不可缺少的基础设施，其基本配置在一定程度上决定了系统的性能指标。目前，随着计算机科学技术的发展，信息系统已不再是一个单机系统了，而是一个计算机网络系统。因此，系统环境的建设还必须考虑计算机网络结构、计算机网络设备、通信设备以及相关技术的选择，使得系统中的数据能够被协调地、高效地收集、处理和传递。

一个信息系统除了具备必要的计算机硬件、网络等设备外，还必须有运行在这些设备上的系统软件，如操作系统、数据库管理系统以及必要的其他软件系统等；还必须确定计算机网络的通信协议，以及安全策略和防护与措施。

计算机、计算机网络、计算机系统软件、数据库管理系统等构成了系统的运行环境。

(4)如何组织系统的开发？

一般情况，开发和建设一个信息系统，需要组织成立开发机构。该机构按照用户对所建系统的需求，负责搭建开发环境，选择合适的开发方法，进行系统的分析与设计，利用开发工具，完成应用软件的开发和最终系统的集成。由于系统的应用软件(即系统的功能部分)是信息系统的核心，是解决问题的关键所在，因此，在开发机构中还应该设立专门的开发组，负责应用软件的开发。

在开发过程中，需要考虑时间、成本、资源的三重约束，做好项目的计划与管理工作，制定必要的规章制度和开发规范，保证在给定的时间内，合理地分配和利用资源，用最少的成本，完成开发任务。当系统开发完成后就移交给用户，由用户负责系统的日常运行和基本维护工作；当系统出现重大问题或需要做出重大变更时，可以交给开发机构来完成系统的修正和完善工作。在实际情况中，机构的成立及其职责的分配可以灵活决定。

(5)系统投资多少？是否值得开发？

对于一个信息系统建设项目来说，投资的多少是至关重要的。如果投资不够而又强行启动一个项目的建设是极其危险的。即使有足够的投资，但缺乏投资效益的分析和论证、经分析和论证说明投资效益低或没有投资效益，这样的信息系统是不值得开发的。但是，如果建设项目的复杂程度高，技术难度大，即使有高的投资效益，项目也不一定就值得开发。

4.2.3 软件需求分析的基本步骤

软件需求分析以《系统规格说明》为依据，通过对应用问题及其环境的理解与分析，为要解决的问题所涉及的信息、功能及系统行为建立模型，将用户需求精确化、完全化，最终形成需求规格说明，这一系列的活动即构成软件开发中需求分析阶段的主要内容。

需求分析的活动可以划分为以下 4 个相对独立的阶段：调查研究、分析建模、需求描述和需求验证。

1）调查研究

一般来说，系统需求通常包括功能需求、性能需求、运行需求、数据要求、安全保密要求、用户界面要求、可靠性要求、成本消耗与开发进度要求、其他预期要求。

➢ 功能需求：是指软件在职能上能做什么，是系统最重要的需求。

➢ 性能需求：是指软件运行的响应时间、存储容量等。

➢ 运行需求：是指软件所处环境的要求，如在硬件方面采用何种计算机机型、外部设备、网络与通信设备等；在系统软件方面采用何种操作系统、网络软件、数据库管理系统等；在使用方面，需要使用部门和人员具备何种技术和条件等。

➢ 数据要求：是指系统要采集、处理、存储、输出的数据，包括数据的名称、类型、数据的结构与组成、数据的联系、使用频度、是否存储、输入与输出格式、产生与使用的部门等。

➢ 安全保密要求：是指数据的保密要求、系统的安全防护要求等。

➢ 用户界面要求：是指用户对软件的用户界面的友好性、可操作性、方便性提出要求。

➢ 可靠性要求：是指用户要给出系统的可靠性指标，如可靠性>0.97 或平均无故障时间>720 小时等。

➢ 成本消耗与开发进度要求：是指对软件开发的进度和各步骤费用的使用提出要求。

➢ 其他预期要求：是指将来系统可能的需求，即系统要有一定的需求柔性。

例如，对于一个生产企业，所做的调查包括组织机构、物质流、信息流、经营方针、产品构成、设备能力、库存物资、计划类型、财务成本以及存在的问题等。

在调查研究、获取需求的过程中，常常会遇到交流障碍、用户意见不统一、错误的要求、提供的信息不完整或不一致、缺乏共同语言、需求易变等问题。需求的获取通常采用如下方法：

①建立由用户、分析员、领域专家组成的联合分析小组，由分析员承担主要的分析任务。

②调查研究。这是获取需求的最主要的方法。

③分析问题和确认需求。

调查研究的主要方式有：

➢ 市场调查　了解市场上对待开发系统的需求形势，有无类似的系统。

➢ 访问用户和用户领域专家　对用户方的领导层、业务层人员进行访谈，建立起良好的沟通渠道和方式。主要目的是把握用户的具体需求方向和趋势，了解现有的组织架构、业务流程、硬件环境、软件环境、运行系统等具体、客观的信息，可以获得重要的原始资料，如账册、卡片、表单、统计报表、图片、图像等资料。还可以对不同层次的用户进行问卷调查、对于关键岗位人员和用户领域专家个别咨询来获得有用的信息，结合以往的项目经验对用户采用诱导式、启发式的调研方法和手段，和用户一起探讨业务流程设计的合理性、准确性、便易性、习惯性，及时地提出改进意见和方法。访问用户的过程也是用户对需求确认的过程。

➢ 考察现场　了解用户实际的操作环境、操作过程和操作要求，跟踪现场业务流程。对照用户提交的问题陈述，对用户需求可以有更全面、更细致的认识。

在调查过程中，可以使用一些图形工具来辅助调查工作，如组织机构图、业务流程图等。

采用图形工具进行调查研究，有利于弄清用户对系统提出的需求。组织机构图可以清晰地表达一个组织（部门、企业、车间、科室）的组成及其组成部分之间的隶属关系或管理与被管理的关系。通过对组织机构的调查还可以详细了解各组织的职能和有关人员的工作职责、决策内容、存在的问题、对系统的要求等。如图4.3所示是一个组织机构的示例图。

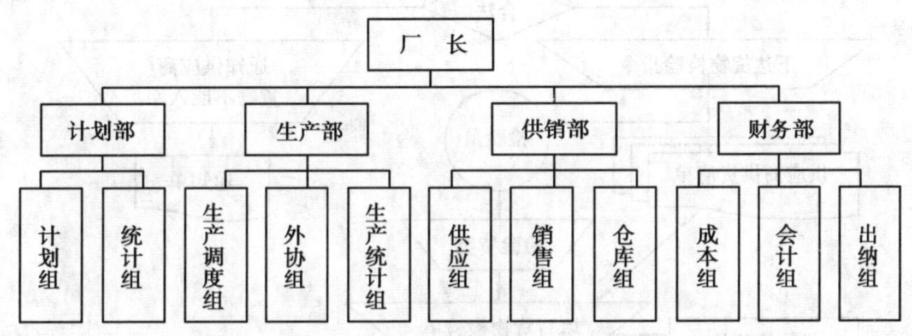

图4.3　一个组织机构的示例图

业务流程图是一种描述系统内各组织、人员之间的业务关系、作业顺序、信息联系的图表，利用它可以从企业业务的总体上或单项业务方面给出其业务的具体工作过程。如图4.4所示是一个企业的材料入库业务流程图示例图。

在图4.4中使用的图形符号的基本含义见表4.1。

表4.1　部分图形符号及其说明

符　号	说　明
	表示人员、岗位
	表示文档，如单据、凭证、报表、计划等。通常表示打印输出文档，或输入数据
	表示多文档，如一式几联的入库单、出库单、合同、发票等
	表示账册资料，或计算机输入、输出文件，或磁盘文件、数据库等
	表示人工完成的处理
	表示作业处理的内容，或表示能改变数据值或数据位置的处理功能。例如，一个作业过程、一个计算机程序等
	表示判断，即在几个可供选择的路径中选择哪条路径
	表示业务工作或处理流向线，用以连接图形符号

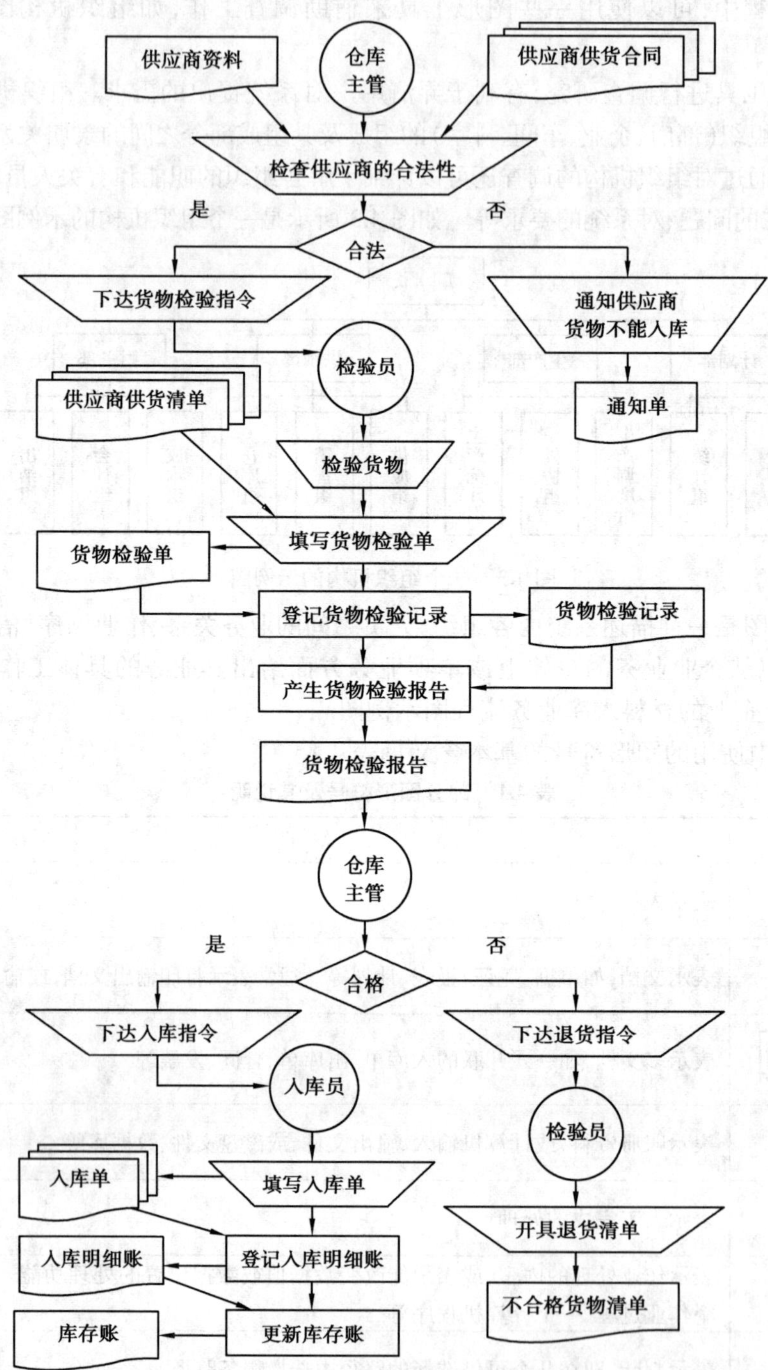

图 4.4　一个企业的材料检验入库业务流程图示例

2）分析建模

通过调查研究，对系统的需求有了全面了解之后，就可以利用需求分析方法对系统进行详细的分析并建立分析模型。这个模型通常称为系统的逻辑模型。分析建模必须达到的主要目标是描述用户的需求、建立软件设计的基础、定义可用于软件确认的依据。

模型的建立是对现实世界中存在的有关实体和活动的抽象和精化。模型建立的过程就是对系统功能逐步细化、逐步明确的过程，是对其他系统需求分析其是否合理、逐步剔除和增加的过程。

除建立系统模型外，有些软件还需要绘制系统关联图、创建用户接口原型、确定需求优先级别等。系统关联图用于定义系统与系统外部实体之间的界限和接口的简单模型，同时也明确了通过接口的信息流和物质流。当开发人员或用户一时难于确定需求时，也可以开发一个用户接口原型，通过评价原型使用户和其他参与者能更好地理解所要解决的问题。对一个系统而言，如果各项需求、软件特性的优先级别不同，还必须确定本版本产品将包括哪些特性或哪类需求。

值得指出的是，系统的功能需求是人们普遍关注的主要需求，而常常忽视非功能性需求，其主要原因是因为它们的主要特点涉及系统的许多方面。由于篇幅有限，本章对于系统的非功能性需求也不做过多的分析和说明。

常用的分析方法主要有面向数据流的结构化分析方法（SA）、面向数据结构的 Jackson 方法、逻辑构造法（LCP）和面向对象的方法（OOA）。本章主要介绍 SA 方法，并结合其他图形化工具和软件工具建立系统的逻辑模型。

3）需求描述

当分析建模工作结束、系统的逻辑模型建立之后，就需要对系统的需求进行规格说明，也就是编写软件需求规格说明书。

软件需求规格说明书必须是清晰的、一致的、完整的，必须用规范化的形式进行描述，必须采用统一的文档格式。为了使需求描述具有统一的风格，可以采用已有的且可满足项目需要的模板，这些模板可以是国际标准、IEEE 标准或中国国家标准，也可以根据项目特点和软件开发小组的特点对这些标准进行适当裁减或改动，形成自己的模板。附录 1 提供了根据 GB 9385 给出的软件需求规格说明书模板，以便参考。

为了让所有项目相关人员明白软件需求规格说明中为何提出这些功能需求，还应该指明需求的来源，例如来自客户要求，或是某项高层系统需求，或业务规范、政府法规、标准，或别的外部来源等。

如果为每项需求注上标号，还可以对需求进行跟踪，记录需求的变更，并为需求状态和变更活动建立度量。

4）需求验证

需求分析之所以重要的原因之一是因为需求的易变性，也正是这个原因使得需求分析变得很困难。变更前和变更后的需求有时差异很大，而这些差异不能得到及时的反映。由分析员提供的软件需求规格说明初稿往往看起来觉得是正确的，但在用户或设计人员看来却发现需求存在许多不清楚、不一致等问题，有些说明甚至难以理解。有时以需求说明为依据编写测试计划，也可能发现说明中存在二义性。因此，要解决这些问题，就必须通过需求验证来改善需求分析的质量，确保需求说明可以作为软件设计和最终系统验收的依据。

需求验证一般可以从以下 4 个方面进行：

➢ 验证需求的一致性：所有需求必须是一致的，任何一条需求都不能和其他需求相混淆、相矛盾。

➢ 验证需求的完整性：需求必须是完整的，规格说明书必须包括用户需要的每一个功能或性能。

➢ 验证需求的现实性：指定的需求应该是用现有的技术和方法可以实现的。

➢ 验证需求的有效性：验证需求确实能解决用户面对的实际问题。

为了使需求验证工作富有成效，可以邀请领域专家、用户、软件设计人员参与该项工作，有时还可以通过模拟、仿真、计算机辅助工具等技术来辅助需求的验证，必要时还可以建立原型系统，很好地与用户交流，取得用户对需求的确认。

总之，在需求分析过程中，不论使用什么方法，都必须弄清楚 4 个方面：

➢ 谁给系统提供数据，即数据提供者，也是系统的参与者之一。系统的参与者可能是使用系统的人员，也可能是其他系统。需要弄清楚是谁与系统打交道，谁使用系统，由谁提供什么原始数据集合给系统的哪些加工或处理操作，这些数据集合可能是原始数据表单、单证、数据表格、数据报表等。

➢ 加工或处理，即系统在接收到提供的数据集合后所做的具体处理。主要包括：在什么条件下从哪里接受什么数据集合，进行何种加工或处理（比如读取、计算、存储、检索、排序、合并、分发、打印等），由此产生什么数据集合，产生的数据集合是否需要保存或进一步需要其他的加工或处理。

➢ 数据存储，即系统在加工或处理过程中，哪些数据需要存储起来以便于其他加工或处理使用，这些存储起来的数据可能是临时的，也可能是长期的或永久的。

➢ 谁从系统获得数据，即数据获得者，也是系统的参与者之一。系统的参与者可能是使用系统的人员，也可能是其他系统。需要弄清楚是谁从系统哪些加工或处理操作中获取什么数据集合。这些数据集合可能是数据表格、报表、图表等结果等。

下面结合软件需求分析的方法，主要介绍需求分析建模技术和需求描述技术。

4.2.4 软件需求分析的方法与软件辅助工具

1）结构化分析方法

结构化分析方法（Structured Analysis）是在 20 世纪 70 年代中期由 E.Yourdon 等人倡导的一种面向数据流的分析方法。该方法的主要思想是：用抽象模型的概念，按照软件内部数据传递、变换的关系，运用“抽象—分解”的基本手段，自顶向下（TOP-DOWN），逐层分解，直到找到满足功能需要的所有细节为止。

按照 T.DeMarco 的定义，“结构化分析就是使用数据流图、数据字典、结构化语言、判定表或判定树等工具，来建立一种新的、称为结构化说明书的目标文档”。

前面指出，结构化分析方法是一种分析建模的方法。经过长期的实践，结构化分析方法得到了完善和扩充，用这种方法建立的模型称为结构化分析模型，它由一组模型构成，其中包括信息（或数据）模型、功能模型和行为模型。Pressman 用简明的图形对这种方法进行了总结，如图 4.5 所示。

结构化分析模型的核心是 DD（Data Dictionary，数据词典），它是系统所涉及的各种数

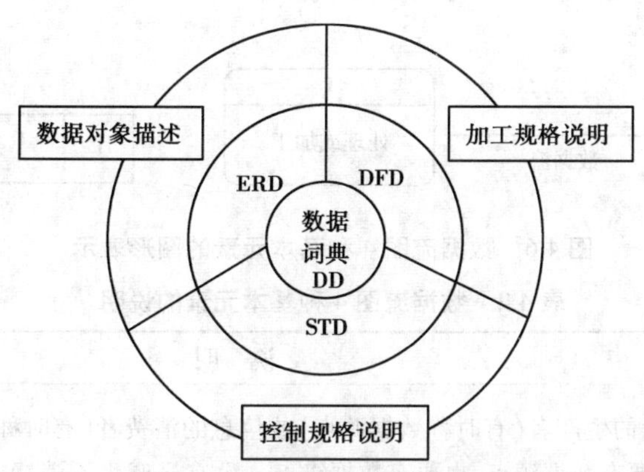

图 4.5　结构化分析模型

据对象的总和。从 DD 出发可构建 3 种图：E-R 图（Entity Relation Diagram，实体—关系图）用于描述数据对象间的关系，它代表软件的数据模型，在实体—关系图中出现的每个数据对象的属性均可用数据对象说明来描述；DFD（Data Flow Diagram，数据流图），其主要作用是指明系统中数据是如何流动和变换的，以及描述使数据流进行变换的功能，在 DFD 图中出现的每个功能的描述则写在加工规格说明中，它们一起构成软件的功能模型；STD（Status Transfer Diagram，状态—变迁图），用于指明系统在外部事件的作用下将会如何动作，表明了系统的各种状态以及各种状态间的变迁，从而构成行为模型的基础，关于软件控制方面的附加信息则包含在控制规格说明中。

随着计算机实时系统（Real Time System）应用的不断扩大，人们在分析建模中发现，有些数据加工（Data Processing）并非是由数据来触发，而是由实时发生的事件来触发或控制的，从而无法用传统的 DFD 图来表示。因此，模型中使用了 STD 以及相应的控制规格说明来表达这种情形。尽管如此，本教材考虑到管理信息系统的一般需求，只对结构化分析模型中信息模型和功能模型的建立进行介绍和讨论。

结构化分析方法的基本步骤是：从问题出发，自顶向下对系统进行抽象和功能分解，画出分层 DFD 图；由后向前定义系统的数据加工，编制 DD 和处理规格说明；最终写出需求分析报告。其具体步骤如下：

①画出顶层 DFD，确定系统边界。

②自顶向下按功能逐层分解，根据分析需要画出各层 DFD。

③当不再分解时，建立 DD 并对处理进行描述。

④建立 E-R 图、控制流图 CFD、控制说明 CSPEC 和状态迁移图 STD 等为分析作补充。

⑤沿 DFD 回溯：从最终的输出数据流出发，审查输入/输出的合理性、一致性、完整性。

⑥修改完善需求规格说明书。

由此可以看出，结构化分析方法与结构化分析模型是一致的。

2）数据流图

数据流图（DFD）有 4 种基本元素：外部实体、数据流、处理或加工、数据存储，其表示方式如图 4.6 所示，其各元素的说明见表 4.2。

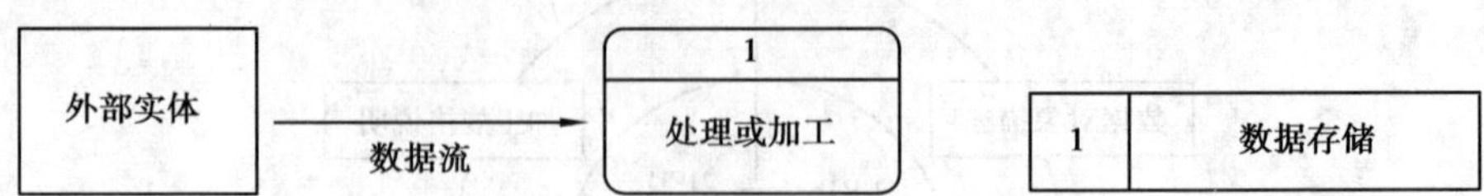

图 4.6　数据流图 4 种基本元素的图形表示

表 4.2　数据流图 4 种基本元素的说明

名　称	说　明
外部实体	表示信息的生产者(有时称数据源点)或信息的消费者(有时称数据终点)。在数据流图中,既要有数据源点,也要有数据终点。没有只产生不消费或只消费不产生数据流的 DFD。外部实体可以是人员、岗位或部门,其名称通常用名词命名
数据流	表示被加工数据及其流向。数据流实际上是一个具有某种实际意义的数据集合,可以由一个或几个数据项组成,可能是一个单据、一个报表、一个计算结果,也可能是一条消息等。数据流通常用名词命名。数据流需要在 DD 中定义和说明
处理/加工	表示对数据流的一种变换。它接受输入数据流并把输入数据流变换成输出数据流。处理通常对应一个过程或一个功能,处理过程的描述通常用结构化语言、判定树或判定表等工具。处理所接受的数据流或经变换后所产生的数据流有时只有一条,有时有多条。当有多条时,可能存在并发、选择、互斥的可能,对于这种情形需要加以标注。处理需要名称和编号,名称用“动词+名词”的方式命名,编号通常用数字符号编写。当一个处理比较复杂时,就需要对它进行分解。分解前的 DFD 称为父图,分解后的 DFD 称为子图,如有必要还可以进一步分解,这就是 DFD 的分层表示。为了在分层的 DFD 中既能区分又能使其保持父子联系,分解后的子图中的处理编号的前面需要加上父图中被分解的处理的编号且中间用“.”隔开。例如,父图中某处理的编号为 2,那么当其被分解为 4 个子处理时,这 4 个子处理的编号可以分别为:2.1、2.2、2.3 和 2.4,依次类推。分解的层次越多,表明系统越复杂
数据存储	表示某处理在对数据流加工过程中需要访问(读或写)的数据集合,相对于数据流而言是处于静态的。它有时是几个处理的联系桥梁。数据存储需要在 DD 中定义和说明。数据存储通常用名词命名和数字编号。在 DFD 中,不应该有只读不写或只写不读的数据存储　、

建立数据流图可以使用软件工具来辅助完成。Sybase 公司的 PowerDesigner 就可以用来完成数据流图的绘制工作。如图 4.7 所示就是在图 4.4 所示的业务流程的基础上,去掉将来系统不必要的人工处理的部分,使用 PowerDesigner 绘制的一个数据流图。

建立系统的数据流图的过程就是建立系统逻辑模型的过程。下面通过一个例子进一步说明如何使用 PowerDesigner 绘制数据流图。

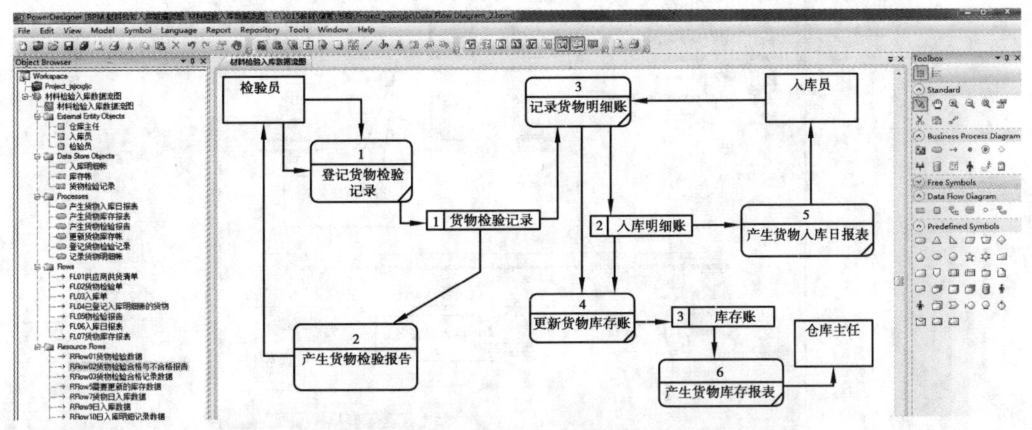

图 4.7　与图 4.4 材料检验入库业务流程图对应的数据流图

【例 4.1】　在一个学校的教学管理系统中，学校学籍管理人员负责对学生基本信息的建立、修改、删除和查询等工作，负责对课程基本信息的建立、修改、删除和查询等工作；学生根据学校设立的课程并结合自己的情况，完成课程的选择，当选择完成后就把选择的课程进行登记，以备学籍管理人员和学生查询使用。

【解】　根据该问题描述，可以借助于 PowerDesigner 来建立系统的数据流图。

①启动 PowerDesigner，选择“File”→“New Model…”命令，如图 4.8 所示。

PowerDesigner [BPM DFD_student_select_course_1, Busi
File Edit View Model Symbol Language Report
New Model... Ctrl+N
New Project... Ctrl+Alt+J
Open... Ctrl+O
Save Ctrl+S
Save As...
Save As New Model...
Close Ctrl+Alt+F4
Open Workspace... Shift+F2
Save Workspace Shift+F3
Save Workspace As...
Close Workspace Shift+F4
Save All Ctrl+F3

图 4.8　PowerDesigner 菜单的建立新模型的选项

②在弹出的对话框中选择模型类型“Data Flow Diagram”并输入新建模型的名称，如图 4.9 所示。

③进入数据流图的建立过程，此时就可利用工具箱“Toolbox”中的 Data Flow Diagram 区域内的工具绘制数据流图。工具箱“Toolbox”中各种图形的含义如图 4.10 所示。根据问题绘制的数据流图如图 4.11 所示。

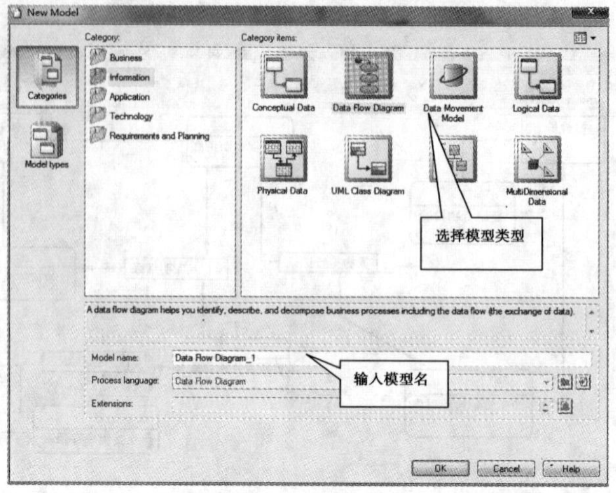

图 4.9　新建模型类型和输入模型名称

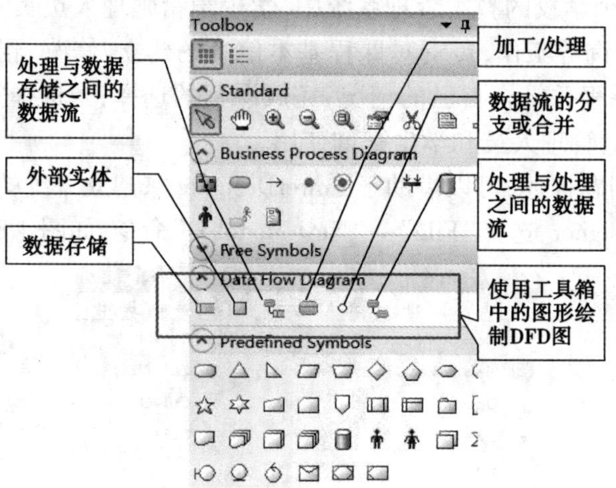

图 4.10　PowerDesigner 中数据流图工具箱的含义

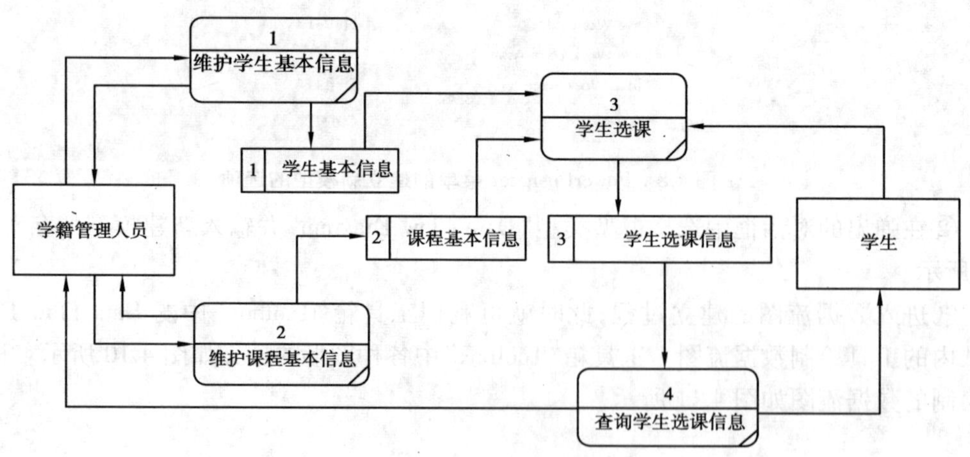

图 4.11　例 4.1 中问题对应的数据流图

当一个处理比较复杂时,还可以进一步细化,这可以通过对该处理进一步分层的方式表达处理的细节。例如,处理2还可以进一步分解为功能更小的处理。

④选择要进一步分解或细化的处理,如处理2,单击鼠标右键,选择"Decompose Process"菜单项,如图4.12所示。然后选择有"+"号的处理并单击右键,选择"Open Diagram"菜单,如图4.13所示,即可完成处理的进一步分层的数据流图的绘制,如图4.14所示。对于处理1"维护学生基本信息"的进一步分解,读者自己完成。

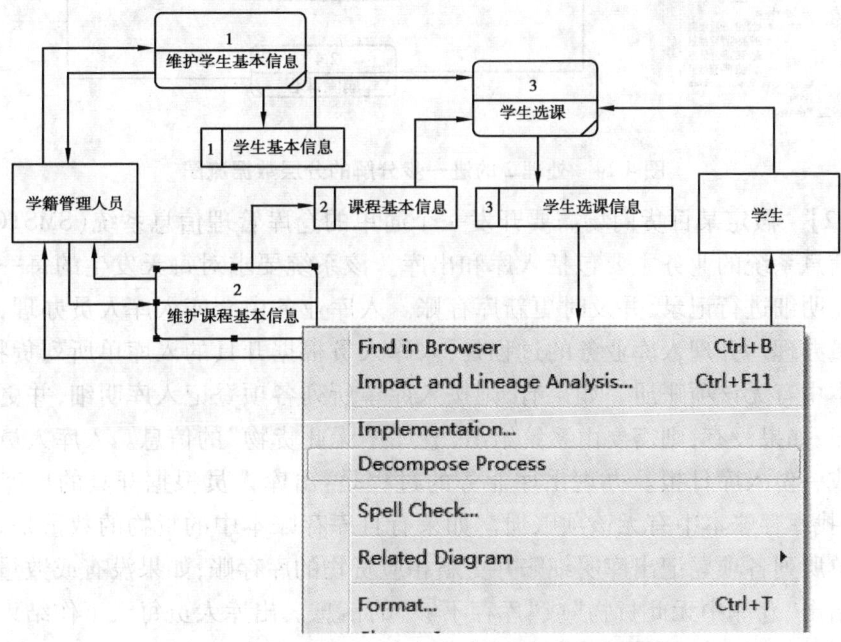

图4.12 对于图4.11中处理2的进一步分解的设置

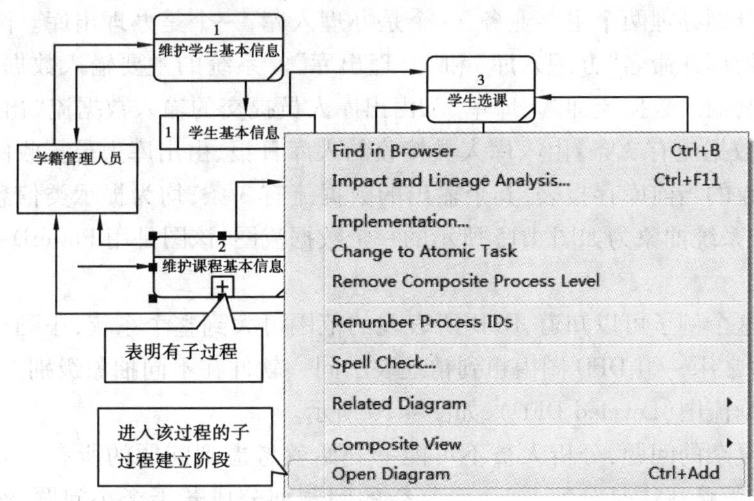

图4.13 选择被设置成进一步分解的处理并进入下一级分层数据流图绘制区域

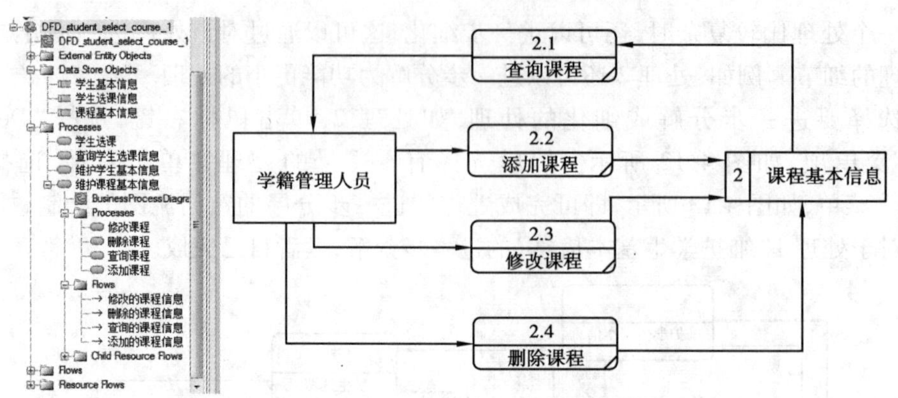

图 4.14　处理 2 的进一步分解的分层数据流图

【例 4.2】　假定某百货商场需要开发一个简单的仓库管理信息系统(SMSTORE)。该仓库管理信息系统的业务主要包括入库和出库。该系统要求对每天发生的每一笔入库或出库的货物明细进行记录,并及时更新库存账。入库业务由仓库入库人员办理,出库业务由出库人员办理。办理入库业务的过程是:入库人员根据开具的入库单所列货物,逐一查找库存账本中有无该项账册。如果有,则按入库单所列各项登记入库明细,并更新相应货物的库存账;如果没有,则需要由系统给出“仓库中无此货物”的信息。入库人员每天工作结束时完成一份入库日报。办理出库业务的过程是:出库人员根据开具的出库单所列货物,逐一查找库存账本中有无该项账册。如果有且库存账本中的货物的数量是足够的,那么按出库单所列各项登记出库明细账并更新相应货物的库存账;如果没有或数量不够则需要由系统给出“仓库中无此货物”或“库存不够”的信息。出库人员每天工作结束时完成一份出库日报。仓库主任随时查看库存并完成当前的库存报表。

【解】　根据问题描述,分析可知:系统中有两个外部实体,一个是入库人员;一个是出库人员。他们分别办理两个主要业务,一个是办理入库,一个是办理出库。因此可以设定该系统有两个处理并命名“办理入库”和“办理出库”。系统的主要输入数据流有两条:由入库人员提交的输入数据流即“入库单”和由出库人员提交的输入数据流“出库单”。而系统的主要输出数据流有 3 条:由入库人员接收的入库日报、由出库人员接收的出库日报和由仓库主任接收的当前库存报表,其余输出的数据流有 3 条,均为提示类信息。综合以上分析,可以把该系统抽象为如图 4.15 所示的一个数据流图,该图是用 PowerDesigner 的早期版本绘制的。

通过上面这个例子可以知道,DFD 所表现的范围可大到整个系统,小到一个模块。在需求分析中,常常用一组 DFD 图由粗到精地表示同一软件在不同抽象级别上的功能模型,并称为分层数据流图(Leveled DFD),如图 4.16 所示。

面对一个复杂的问题,分析人员不可能一开始就考虑到问题的所有方面以及全部细节,所以采取的策略往往是分解,把一个复杂的问题划分成若干个小问题,然后再分别解决,将问题的复杂度降低到可以掌握的程度。分解可分层进行,先考虑问题最本质的方面,忽略细节,形成问题的高层概念,然后再逐层添加细节,即在分层过程中采用不同程度的“抽象”级别,最高层的问题最抽象,而低层的较为具体。依照这个策略,对于任何复杂的系统，分析工作都可以有计划、有步骤、有条不紊地进行。

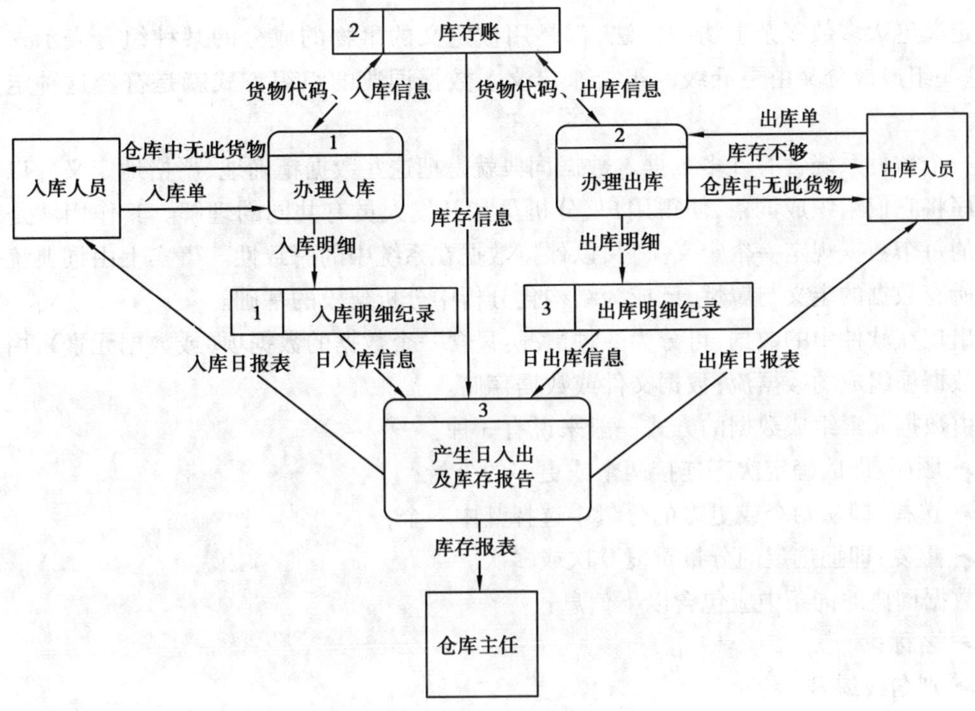

图 4.15　简单库存管理信息系统的 DFD

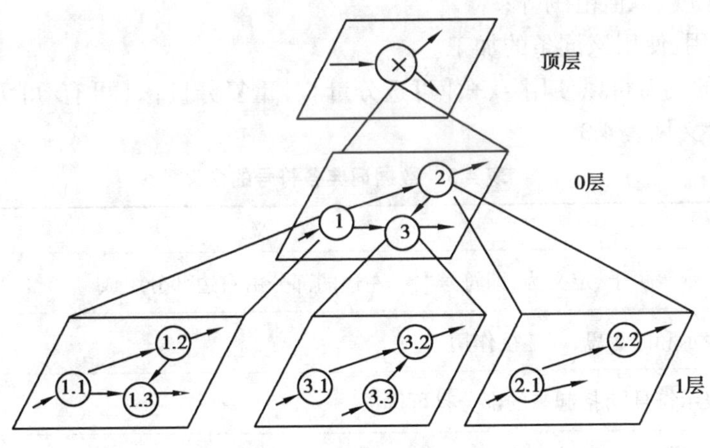

图 4.16　一个分层数据流图示例

顶层的系统很复杂，可以把它分解为 0 层的 1，2，3 三个子系统，若 0 层的子系统仍很复杂，再分解为下一层的子系统 1.1，1.2，1.3，2.1，2.2，2.3，…，直到子系统都能被清楚地理解为止。

图 4.16 的顶层抽象地描述了整个系统，底层具体地画出了系统的每一个细节，而中间层是从抽象到具体的逐步过渡，这种层次分解使分析人员分解问题时不至于一下子陷入细节，而是逐步地去了解更多的细节。在顶层，只考虑系统外部的输入和输出，其他各层反映系统内部情况。

3)数据词典

定义绝大多数复杂事物的方法,都是用被定义的事物的成分的某种组合表示这个事物,这些组成成分又由更低级的组合来定义。数据词典的组织方式就是符合这种定义方式的。

一个软件系统含有许多数据。数据词典就是把这些数据精确地、严格地定义并以字典式顺序将它们组织成词条,使得用户、分析员和开发人员有共同的理解。其作用就是对软件中的每个数据规定一个定义条目,以保持数据在系统中的一致性。事实上由词典统一给出的所有数据的定义与属性,已成为结构化分析中分析建模的基础。

出现在软件中的数据,可分为 3 种情况:只含一个数据的数据项(或数据元素);由多个相关数据项组成的数据流;数据文件或数据存储。

由数据元素组成数据的方式一般来说有 3 种:

- 顺序:即以确定次序连接两个或更多的分量;
- 选择:即从两个或更多的分量中选择其中一个;
- 重复:即把选定的分量重复 0 次或多次。

数据词典的词条中应包含以下信息:

- 名称;
- 别名或编号;
- 组成或组织结构的描述;
- 类型、长度、取值范围等;
- 何处使用:使用该词条的加工。

数据词典的词条可以使用=、+、[可选分量]、{重复分量}、(可有/可无分量)等符号描述,各符号的含义见表 4.3。

表 4.3 数据词典各符号的含义

符 号	含 义
=	表示等价于、定义为,即符号"="左边的部分由右边部分组成
+	表示和的意思,起连接作用
[ ]	表示符号[ ]括起来的部分是可选项
{ }	表示符号{ }括起来的部分是可重复项。例如,1{…}5 表示花括号内的分量可重复最少 1 次、最多 5 次
( )	表示符号( )括起来的部分可有/可无

【例 4.3】 假定讨论的对象是例 4.2 中描述的待开发的 SMSTORE 系统。该系统的入库单格式见表 4.4。库存账包括货物代号、货物名称、类型、规格、款式、数量、单价、单位、供应商名称等基本信息,每个货物一页账。每发生一笔入出库业务都需要对库存账更新。请用数据词典的组织和说明方法给出例 4.2 中入库单和库存账的词条。

表 4.4　某商场入库单格式

××商场入库单								
入库单号:						入库日期:　　年　　月　　日		
货物代号	货物名称	类型	款式	规格	数量	单位	单价	供应商名称
入库人员:						仓库主任:		

【解】　根据问题描述并结合表 4.4 所给出的入库单格式,进一步分析可知,商场所用入库单的货物代号、货物名称、类型、款式、规格、数量、单位、单价、供应商名称等基本信息是可重复的,也就是说一份入库单至少可以填写一笔入库信息(但最多只能填 3 笔),而入库单的其余信息是必须填写的但不能重复。结合例 4.2 及图 4.15,给出该系统的入库单数据流和库存账数据存储的词条见表 4.5 和表 4.6。

表 4.5　数据流"入库单"词条

数据流名:入库单
别名:无
组织结构的描述:入库单=入库单号+入库日期+1{货物代号+货物名称+类型+款式+规格+数量+单位+单价+供应商名称}3+入库人员+仓库主任
组成:按入库单号从小到大排列
何处使用:由入库人员产生,由处理 1"办理入库"接受
备注:组织结构的描述中的 1 和 3 代表花括号内的部分重复的下界和上界

表 4.6　数据存储"库存账"词条

数据存储名:库存账
别名:当前库存账
组织结构的描述:库存账=货物代号+货物名称+类型+款式+规格+数量+单位+单价+供应商名称
组成:按入库单号从小到大排列
何处使用:处理 1"办理入库"和处理 2"办理出库"进行读或写

一般地,数据流或数据存储是由数据项以某种方式组成的。无论是独立的或者包含在数据流或文件中的数据项,一般都应在字典中设置相应的条目。下例包括 SMSTORE 系统中的入库单中的 2 个数据项条目。

【例 4.4】 假定所管理的仓库中存放的全部是服装,并且进一步作如下限定:这些服装按照式样可分为男装、女装、老年、儿童 4 大类,每种式样可用不同面料做成西装、中山装、休闲装、裙装等不同款式的服装。服装规格一般分为 XXL、XL、L、M、S 5 种。那么,请给出入库单中关于类型、规格、款式等数据项在数据词典中的词条。

【解】 根据问题描述,经分析可给出 SMSTORE 系统中入库单的“类型”“规格”数据项的词条见表 4.7 和表 4.8 所示。请读者给出“款式”数据项的词条。

表 4.7 数据项“类型”词条

数据项名:类型
定义:指服装的式样类型
类型:字符类型
长度:4
取值范围:男装、女装、老年、儿童

表 4.8 数据项“规格”词条

数据项名:规格
定义:指服装的尺寸大小
类型:字符类型
长度:3
取值范围:XXL、XL、L、M、S

4)处理或加工逻辑描述

处理描述或加工说明用来说明 DFD 中的数据加工的加工细节。加工说明描述了数据加工的输入、加工逻辑以及产生的输出。加工说明指明了加工(功能)的约束和限制,与加工相关的性能要求以及影响加工的实现方式的设计约束。必须注意,写加工规格说明的主要目的是要表达“做什么”,而不是“怎样做”。因此它应描述数据加工的策略而不是实现加工的细节。处理描述为以后软件的功能设计和程序设计建立基础。如图 4.17 所示给出了一个用于加工说明或处理描述的模板。

处理名称:	×××
处理编号:	×.×.×
接收的输入:	数据流名或编号、数据存储名或编号
产生的输出:	数据流名或编号、数据存储名或编号
处理描述:	处理策略/加工逻辑 (结构化语言、判定树/表)
激发条件:	什么条件下执行该处理
发生的频度:	次/小时、次/天、次/周、次/月

图 4.17 一个用于加工说明或处理描述的模板

对于某个系统而言,当把对应于 DFD 中的所有处理都描述完毕的时候,该系统的结构化分析模型(如图 4.6 所示)中的加工规格说明也就完成了。在结构化分析方法中,通常用结构化语言、判定表或判定树等工具来描述处理或加工。

• 结构化语言

自然语言加上结构化的形式,就成了结构化语言。它是一种介于自然语言与程序设计语言之间的语言,既具有结构化程序的清晰易读的优点,又具有自然语言的灵活性,不受程序设计语言那种严格的语法约束。

结构化程序可使用顺序、选择、循环等控制结构。结构化语言借用这些结构来描述加工,形式简洁,一般人(包括不熟悉计算机的用户)都能理解。

【例 4.5】 请分析例 4.2 描述的问题并利用结构化语言描述图 4.15 中处理编号为"1"、处理名称为"办理入库"的处理。

【解】 分析例 4.2 描述的问题,处理"办理入库"加工描述可以用图 4.17 所示模板给出,如图 4.18 所示。其中处理描述采用结构化语言描述。

```
处理名称:        办理入库
处理编号:        1
接收的输入:      入库单
产生的输出:      "仓库中无此货物"的提示信息
访问的数据存储:  库存账
处理描述:
      (1)  接受入库单;
      (2)  对于入库单上所列每一项货物,做
                按货物查找库存账;
                如果库存账中有此货物,
                  则
                      按入库单所列各项登记入库明细;
                      更新相应货物的库存账;
                  否则
                      给出"仓库中无此货物"的信息。
激发条件:      当接受到入库单时就执行该处理
发生的频度:    15次/天
```

图 4.18 处理"办理入库"的结构化语言描述

- 判定表或判断树

判定表采用表格化的形式,适用于表达含有复杂判断的处理逻辑。条件越复杂,规则越多,越适宜用这种表格化的方式来描述。如果需要,还可在判定表中加上结构化语言,或者在结构化语言写的说明中插进判定表,以充分发挥它们各自的表现特长。

如果在处理逻辑中同时存在顺序、选择和循环 3 种结构,应采用结构化语言或结构化语言结合判定表来描述,不宜单独使用判定表。

另一种处理逻辑描述工具称为判定树,它是判定表的图形表示,其适用场合与判定表相同,但判定树更为直观。

【例 4.6】 某公司为推销人员制订了奖励办法,把奖金与推销金额及预收货款的数额挂钩。凡每周推销金额不超过 10 000 元,按预收货款是否超过 50%,分别奖励推销额的 6%或 4%。反之若推销金额超过 10 000 元,则按预收货款是否超过 50%,分别奖励推销额的 8%或 5%。对于月薪低于 1 000 元的推销员,分别另发鼓励奖 300、200 和 500、300 元。试分别采用判定表和判定树为"计算奖金"加工写出加工说明。

【解】 图 4.19 与图 4.20 分别显示了用判定表和判定树描述的加工说明。

需要指出的是,在数据字典中数据项的类型、长度、取值范围以及处理描述中发生频度的确定,对于数据库的设计有重要影响。

	推销奖金策略			
	规则			
条件	1	2	3	4
推销金额	>10 000	≤10 000	>10 000	≤10 000
预收货款	>50%	>50%	≤50%	≤50%
动作				
置奖金率为	8%	6%	5%	4%
置奖金额为	奖金率×推销金额	奖金率×推销金额	奖金率×推销金额	奖金率×推销金额
如果推销员月薪低于1 000元另加奖金额	500	300	300	200

图 4.19　兼有结构化语言的判定表

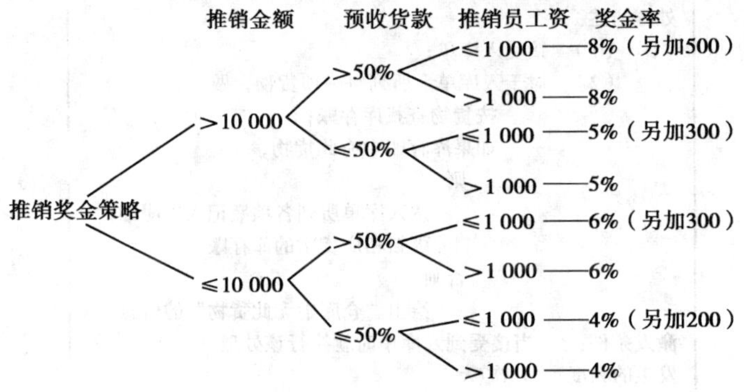

图 4.20　用判定树表示的推销奖金策略

5）数据建模

在需求分析过程中，常常需要根据问题定义、规模、范围、性质、业务流程和数据处理要求等识别出实体，这些实体在数据流图 DFD 中实际上就是数据存储。在一个信息系统中，这些数据存储也就是实体（Entity），它们之间是有一定关系（Relationship）的。这种实体与实体之间的联系通常称为实体—关系图，简称 E-R 图，有时也称信息模型或概念数据模型。建立 E-R 图的过程就是数据建模的过程。从第 2 章可以知道，E-R 图对于信息系统中数据库的设计、建立与使用具有非常重要的作用。E-R 图的建立可以借助于软件工具来实现，例如 Sybase 公司的 PowerDesigner。

下面，首先通过举例并结合 PowerDesigner 工具进一步说明如何根据问题描述来建立 E-R 图。

【例 4.7】　在学生选课系统中有两个实体：学生和课程。学生有学号、姓名、性别、年龄等属性，课程有课程号、课程名称等属性。请根据下列描述分别给出 E-R 图。

①一个学生只能选一门课程。

②一个学生可以选多门课程。

③一个学生可以选多门课程，一门课程也可以由多个学生选，每个学生所选的课程有一个成绩。

【解】　用 PowerDesigner 完成如上任务需要 5 个步骤。

①启动 PowerDesigner，选择“File”→“New Model”命令，并在弹出的对话框中选择模型类型“Model Types”，如图 4.21 所示。

②在列表中选择“Conceptual Data Model”→“Conceptual Diagram”图标，并在下面的栏目“Model Name”中输入模型名 ConceptualDataModel_stu_course，如图 4.21 所示。

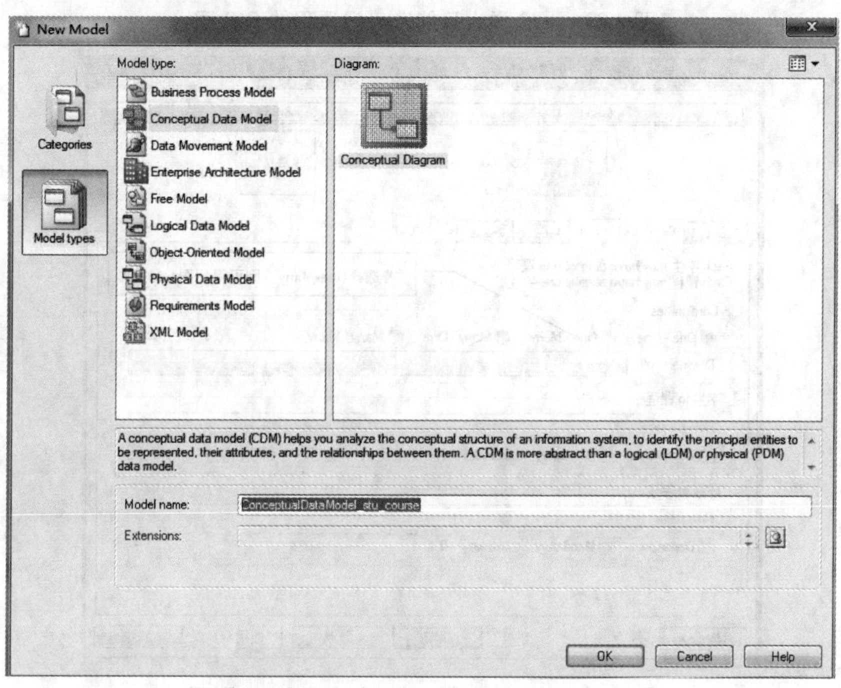

图 4.21 选择 Conceptual Data Model

③单击“OK”按钮进入绘制 ERD 的区域，在 PowerDesigner 中称为 CDM（Conceptual Data Model，概念数据模型）。在绘制 CDM 的时候，使用右边的工具箱 Toolbox 中的图形即可。各图形的含义如图 4.22 所示。

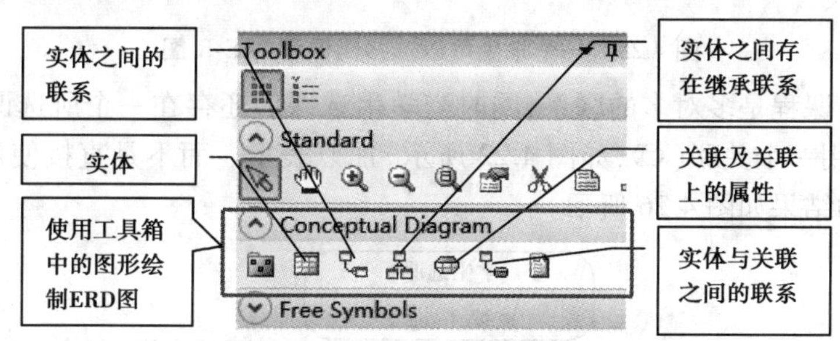

图 4.22 CDM 右边工具箱 Toolbox 中的各图形的含义

④使用工具箱 Toolbox 中的图形即可绘制 CDM。一个学生只能选一门课程的 CDM 如图 4.23 所示；一个学生可以选多门课程的 CDM 则可以将图 4.23 之间的 One-One 联系改变为 One-Many 得到，改变的方法如图 4.24 所示，得到的结果如图 4.25。其中加下横线的属性为实体的关键字。

⑤继续使用工具箱 Toolbox 中的图形绘制 CDM 中多对多的情形。

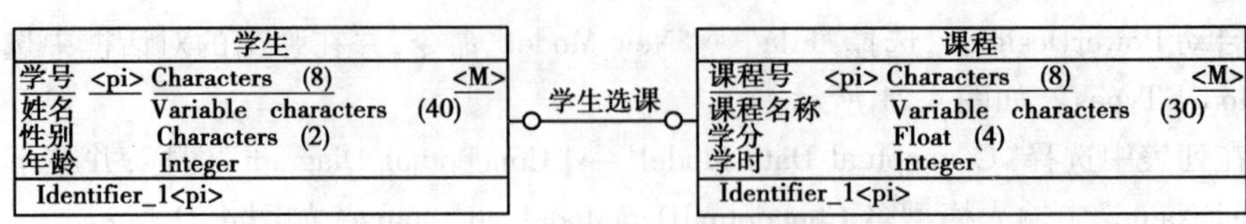

图 4.23　一个学生只能选一门课程的 E-R 图

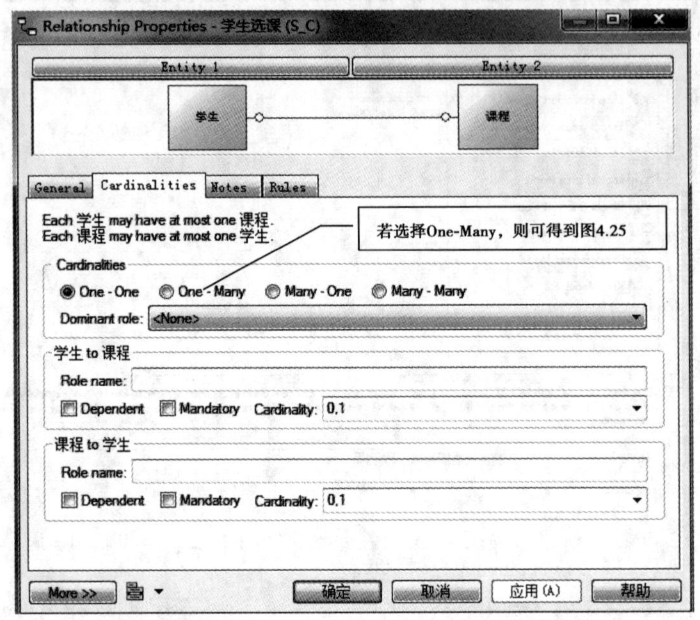

图 4.24　One-One 联系改变为 One-Many 联系

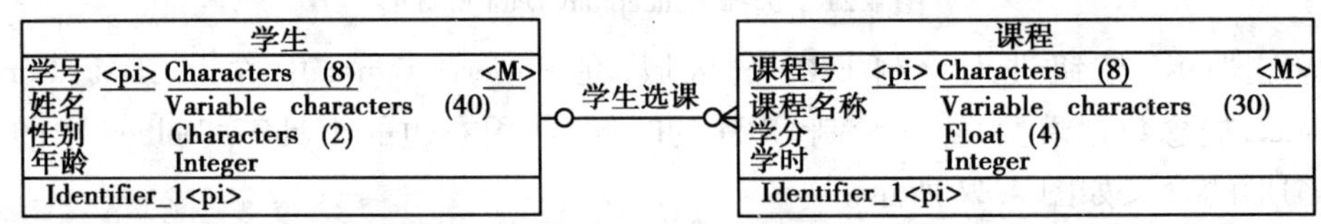

图 4.25　一个学生可以选多门课程的 E-R 图

如果学生与课程是多对多的联系，同时当学生选课后还存在一个所选课程的成绩时，此时，就可以使用一个关联（ ，如图 4.22 所示）加以表示。而不是直接使用图 4.24 所示的方法。得到的结果如图 4.26 所示。

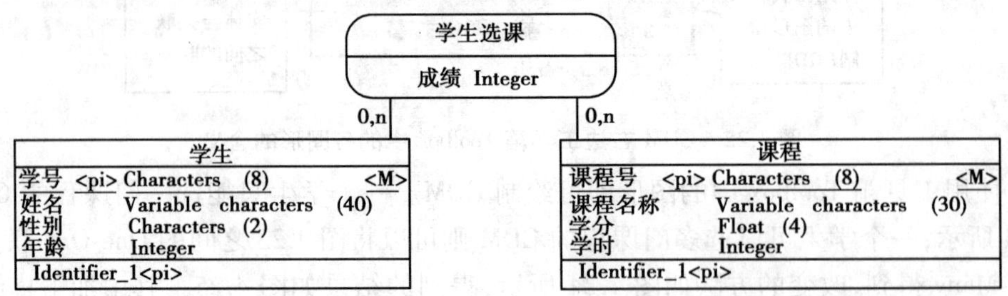

图 4.26　学生与课程是多对多联系的 E-R 图

作为对 E-R 模型的扩充，PowerDesigner 的 Conceptual Data Model 为实体之间的联系增

加了两种联系:依赖(dependent)和继承(inherint)。其含义如下:

➢ 依赖　假设实体A依赖于实体B。如果B不存在,则A将也不存在。而A是否存在则不影响B的存在。这种情形A可以有自己的关键字,也可以没有。当其自己没有的时候,隐含着B的关键字就是A的关键字。这种依赖联系将使得从CDM到PDM(Physical Data Model,物理数据模型)的转换之后,把A映射为关系时所拥有的关键字是由原实体A的关键字+原实体B的关键字构成,而B映射为关系时所拥有的关键字即为原实体B的关键字本身。

➢ 继承　假设实体A继承实体B,这时称实体B为父实体,而A实体为子实体。这时继承有两种模式:一种是A只继承B的关键字,这种情形实质上与依赖相同。另一种是A继承B的全部属性,这种情形使得从CDM到PDM的转换之后,把A映射为关系时所拥有的关键字是由原实体A的关键字+原实体B的关键字构成,A的其他属性是A、B两者属性之和,而B映射为关系时所拥有的关键字和其他属性保持不变。

【例4.8】　在图4.26的基础上增加一种情形,即学生是属于某个系的。系所具有的属性包括系的编号、系名称等。给出对应的CDM。

【解】　分析这种情形,可以认为学生是子实体,而系为父实体,其间可以使用继承的联系方式建立联系。

①在图4.26所示的CDM的基础上,首先增加一个实体即系,然后在系实体内,添加相关的属性。

②使用图4.22中的实体之间继承的联系图形将学生实体和系实体联系起来。

③选中继承联系的图标并双击,如图4.27所示,选择父实体(Parent Entity)是系而不是子实体(Child Entity),确定后即可得到图4.28所示的CDM模型。

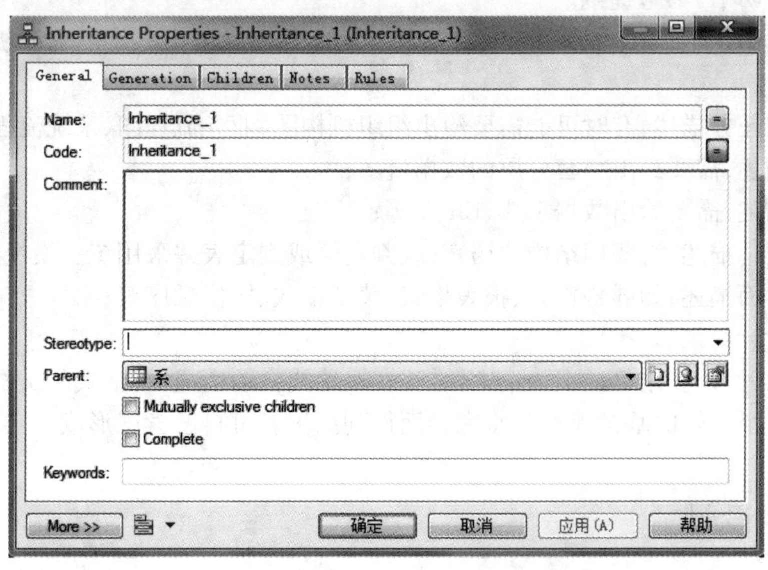

图4.27　选择父实体(Parent Entity)是系

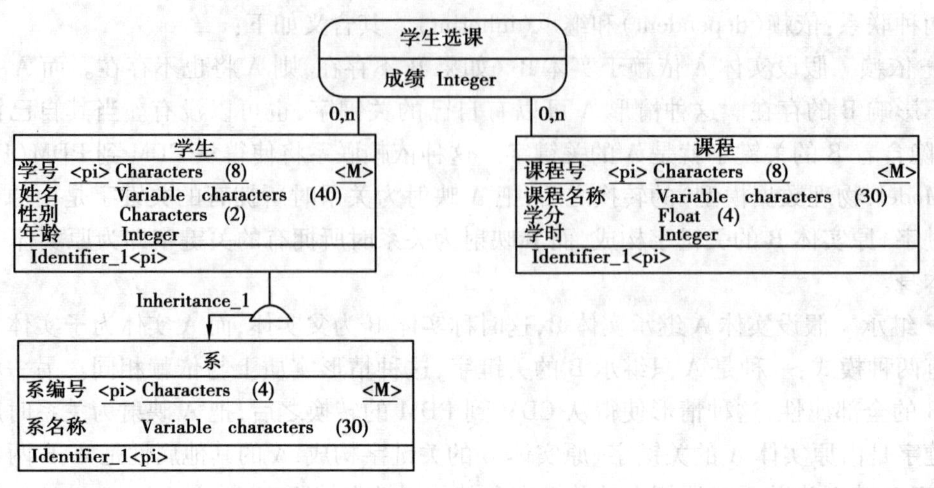

图 4.28 带有继承联系(Inheritance)的 CDM 图

从上面的例子可知,在利用 PowerDesigner 建立 CDM(ER 图)的过程中,与实体相关的属性的名称、类型、长度等也就确定了,它们可以作为数据字典中的数据项,是数据字典的一部分,数据字典的文档也可以通过该工具自动生成。

6)形成需求分析报告

系统的分析模型一旦建立,就需要对其进行完整的描述。这种描述的结果实际上就是产生一份需求分析报告,即编写需求规格说明书。在美国 IEEE 830—1998 号标准和我国国家标准《计算机软件产品开发文件编制指南》(GB 8567—88)以及《计算机软件需求说明编制指南》(GB 9385—88)中,都提出了关于软件需求规格说明的建议内容,参见附录 3《需求分析规格说明书》参考提纲。

这里根据图 4.6 结构化分析模型,并从软件功能的角度给出一个需求分析报告的简化的框架:

①问题和任务描述,有时可能需要给出组织机构图、业务流程图、系统流程图等;
②功能描述,需要给出一套分层的数据流图;
③数据描述,需要给出数据字典、ER 图等;
④处理逻辑描述,需要用结构化语言、或判定树或判定表并采用统一模板的方式描述;
⑤用户界面描述,如屏幕格式、报表格式、菜单格式、操作顺序等;
⑥其他设计约束。

值得指出,可以利用 PowerDesigner 的 Report 功能自动生成 rtf 格式的文档。需求分析报告可以在这个文档的基础上进一步完善而得到。读者可自己尝试形成。

4.3 软件设计

4.3.1 软件设计的目的和任务

软件需求分析主要确定系统"做什么",而软件设计则是主要确定"怎样做"。需求分析为软件的设计奠定了基础,从需求分析的结果逐步形成软件设计的结果。软件设计的主要任务是:在需求分析的基础上,分析、理解软件需求规格说明书,据此形成一个具体的软件设计方案,并转换为软件设计文档。这些文档可能包括:软件概要设计说明书、软件详细设计说明书、数据库设计说明书。

软件设计的工作包括总体设计和详细设计,主要工作有:功能结构设计、功能模块设计、接口设计、数据存储设计(如数据库设计、数据结构设计等)、计算机处理过程设计(如输入、处理流程、输出设计等)、代码设计和设计规范的制定、形成软件设计规格说明书。

软件设计的主要目的是建立系统的物理模型,为系统的功能实现和具体实施提供足够的依据。

4.3.2 软件设计过程

软件设计的依据是需求分析规格说明,软件设计就是把需求转化为软件的表示。显然,软件设计与需求分析模型有对应的关系,如图4.29所示。软件设计主要包括:数据设计、体系结构设计、接口设计、过程设计4个部分。

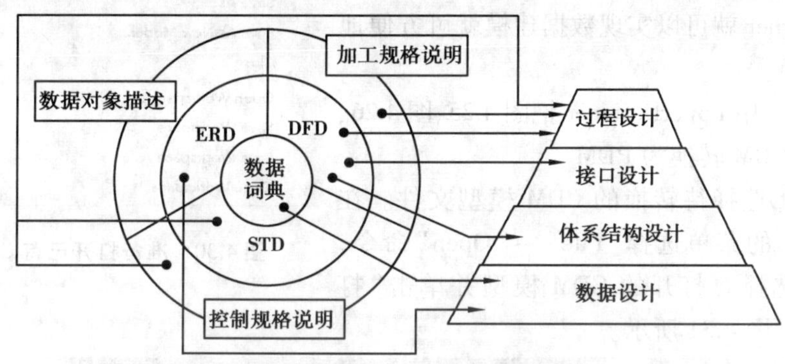

图4.29 分析模型与设计模型的对应关系

1)数据设计

数据设计的主要任务是将实体—关系图(ERD)中描述的对象和关系以及数据词典中描述的详细数据内容转化为数据结构的定义。本节重点讨论ERD到数据库关系模型的转化及数据库结构的SQL表示。

2)体系结构设计

体系结构设计的主要任务是定义软件系统各主要成分的功能及其之间的关系。本节重点讨论软件功能及其与DFD之间的关系,以及功能结构设计。

3)接口设计

接口设计的主要任务是根据数据流图定义软件内部各成分之间、软件与其他协同系统之间及软件与用户之间的交互机制。本节重点讨论功能模块的数据关系以及用户界面设计。

4)过程设计

过程设计的主要任务是把结构成分转换成软件的过程性描述,也称详细设计。在程序编码时,根据这种过程性描述,生成源程序代码,然后通过测试最终得到完整有效的软件。本节重点讨论功能模块的数据处理流程和处理过程细节。

4.3.3 数据设计

需求分析模型的建立以及规格说明为数据设计提供了良好的基础。当前,大多数信息系统的都是以关系数据库为基础来实现对数据的管理。从第 2 章可以知道,在数据库的设计过程中,可以从 ER 图(即概念数据模型 CDM)映射到关系数据模型(即物理数据模型 PDM),从而可以完成关系数据库的逻辑设计。

很显然,需求分析模型中的 ERD 以及数据字典的建立,为关系数据库的设计提供了必要的依据。这种从 ERD 到关系模型的映射或转换,可以借助软件工具来方便地实现。例如,Sybase 公司的 PowerDesigner 就可以实现数据建模就可方便地实现这种转换。

【例 4.9】 用 PowerDesigner 把图 4.25、图 4.26、图 4.28 中的 CDM 转换为 PDM。

【解】 ①选择待转换的 CDM 模型文件。在 PowerDesigner 的菜单选择“File”→“Open”命令,在弹出窗口选择要打开的 CDM 模型并单击“打开”如图 4.30、图 4.31 所示。

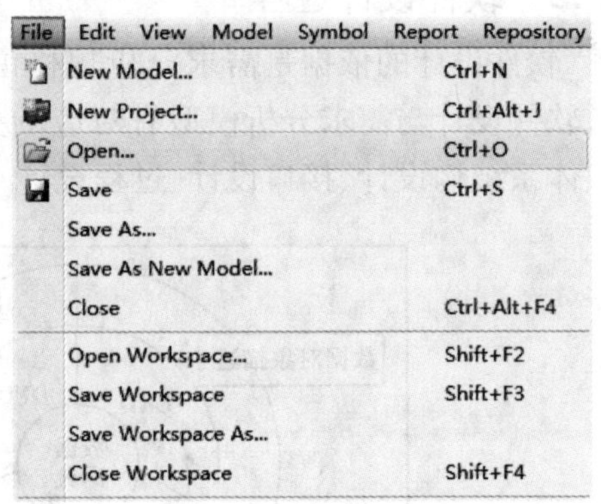

图 4.30 准备打开已有 CDM 模型

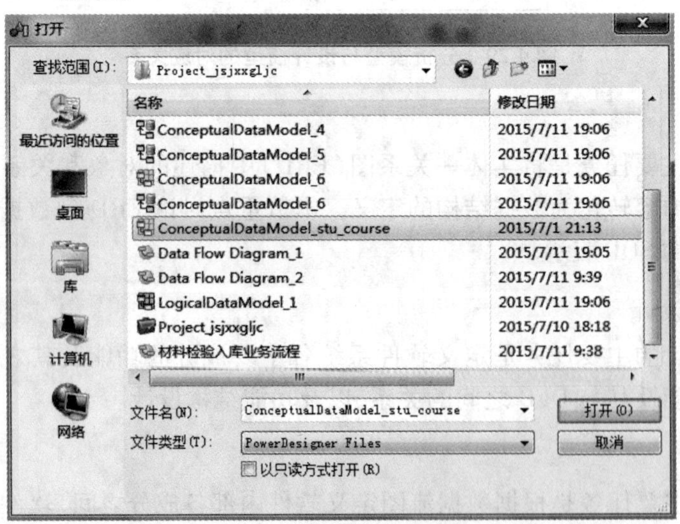

图 4.31 在工作文件夹中选择已有 CDM 模型

②执行 CDM 到 PDM 的转换。分别对已打开的 CDM 模型如图 4.25、图 4.26、图 4.28所示。选择“Tools”→“Generate Physical Data Model”命令,可以分别生成如图 4.32、图 4.33 和图 4.34 所示的 PDM 模型。注意处于 CDM 状态下的菜单选项不同于处于 PDM 状态下的菜单选项。

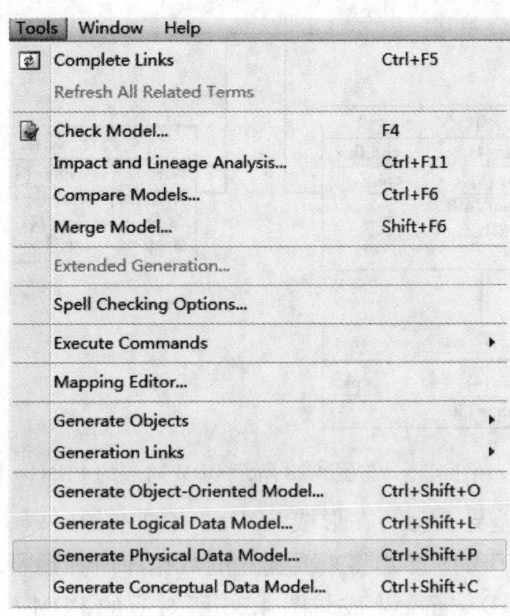

图 4.32　对已选定的 CDM 选择生成对应的 PDM

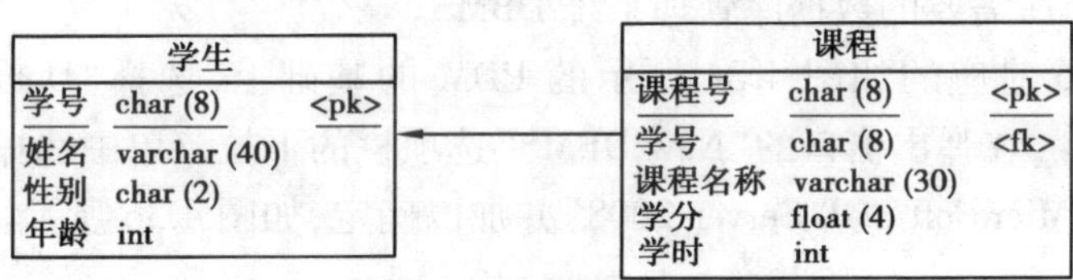

图 4.33　与图 4.25 所示 CDM 对应的 PDM

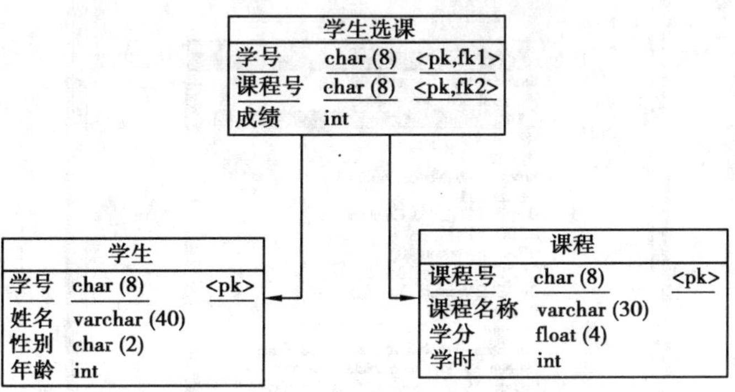

图 4.34　与图 4.26 所示 CDM 对应的 PDM

用 PowerDesigner 生成的 PDM 是关系数据库的逻辑结构的一种表示形式,更为实用的是用 SQL 语言表达的逻辑结构。由于每一种数据库管理系统 DBMS 都有其自身的特点,其

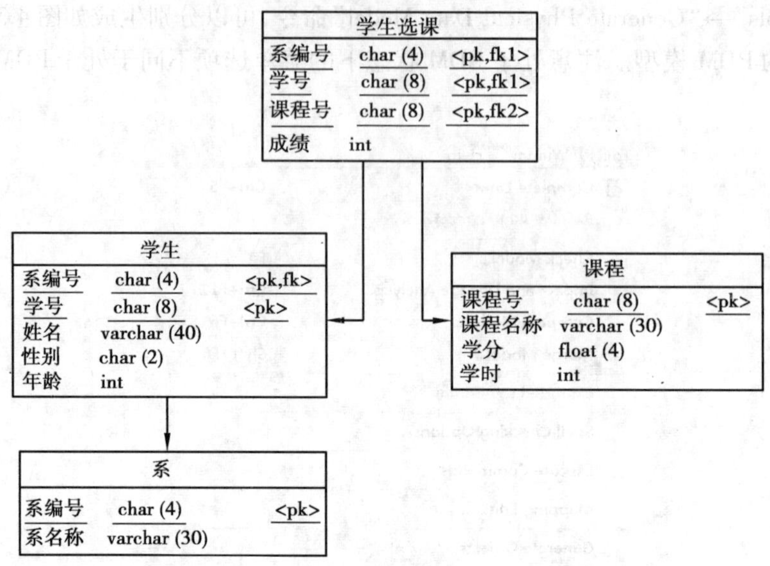

图 4.35　与图 4.28 所示 CDM 对应的 PDM

支持的 SQL 语言也略有差异，因此，在形成 SQL 语言脚本的时候，可以根据需要改变所选择的 DBMS，选择确定的 DBMS 即是将来要建立的数据库所在运行环境。

【例 4.10】 用 PowerDesigner 生成与图 4.26 所对应的 PDM 的 SQL 语言脚本，该脚本语言要求能在 Microsoft SQL Server 2008 下执行。

【解】 ①选择所需要的数据库管理系统 DBMS。

在选中图 4.26 对应的如图 4.34 所示的 PDM 的基础上，选择“Database”→“Change Current DBMS”命令，在弹出窗口的“New DBMS”选项栏的下拉菜单中选择需要的数据库管理系统 DBMS，如“Microsoft SQL Server 2008”并加以确定，如图 4.36 所示。

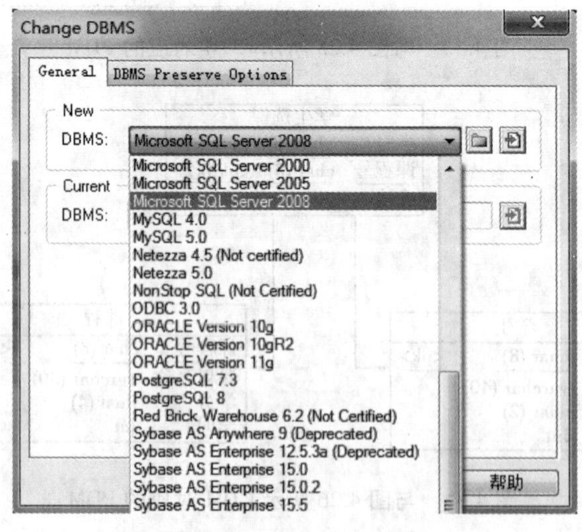

图 4.36　选择要生成的 DBMS 类型

②由 PDM 产生 SQL 语言脚本。

选择"Database"→"Generate Database"命令,如图 4.37 所示。在弹出如图 4.38 所示的窗口中,选择要生成 SQL 语言脚本文件的目录,填写 SQL 语言脚本要保存的文件名,选择生成类型"Script generation",然后单击"确定"按钮,如图 4.38 所示,即可由PowerDesigner生成 SQL 语言脚本文件。

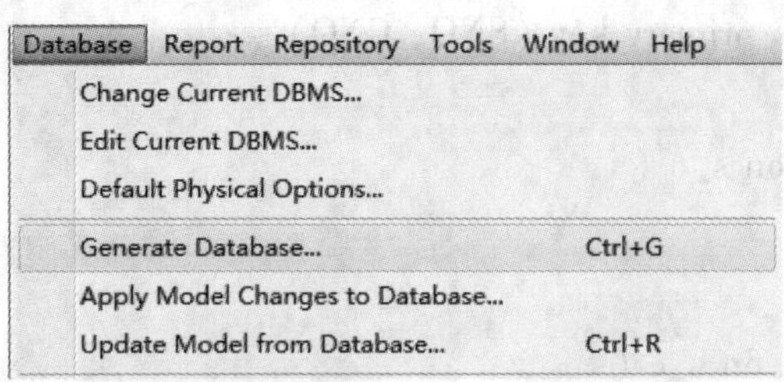

图 4.37 在菜单 Database 选项中选择生成数据库 Generate Database

Database Generation - ConceptualDataModel_stu_course (ConceptualDataMode...
General Options Format Selection Summary Preview
DBMS: Microsoft SQL Server 2008
Directory: E:\2015教材\信管\书稿\Project_ispoqlc\
File name: crebasS_C_1_3.sql
Generation type: Script generation One file only Edit generation script
Direct generation
Check model Automatic archive
Quick launch
Selection: <Default>
Settings set: <Default>
确定 取消 应用(A) 帮助

图 4.38 菜单选择生成数据库选项 Generate Database

至此,从 CDM 到 PDM,再由 PDM 到 SQL 语言脚本的生成过程已经完成。

下面给出与图 4.34 所示的 PDM 所对应的 SQL 语言脚本,该 SQL 语言脚本是经删减编辑后形成的。

```
/*==============================================================*/
/* DBMS name:      Microsoft SQL Server 2008                    */
/* Created on:     2015/7/2  0:50:16                            */
/*==============================================================*/
create table course (
   CNO                  char(8)              not null,
   CNAME                varchar(30)          null,
   CREDIT               float(4)             null,
   PERIOD               int                  null,
   constraint PK_COURSE primary key nonclustered (CNO)
```

```
)
create table s_c (
   SNO                  char(8)              not null,
   CNO                  char(8)              not null,
   SCORE                int                  null,
   constraint PK_S_C primary key (SNO, CNO)
)
create index s_c_FK on s_c (
   SNO ASC
)
create index s_c2_FK on s_c (
CNO ASC
)
create table student (
   SNO                  char(8)              not null,
   SNAME                varchar(40)          null,
   SSEX                 char(2)              null,
   SAGE                 int                  null,
   constraint PK_STUDENT primary key nonclustered (SNO)
)
alter table s_c
   add constraint FK_S_C_S_C_STUDENT foreign key (SNO)
      references student (SNO)
alter table s_c
   add constraint FK_S_C_S_C2_COURSE foreign key (CNO)
      references course (CNO)
```

如果需要,还可以在如图 4.38 所示的选项卡如"Options"中选择必要的生成选项,如表、主码、外码、索引等,生成的 SQL 语言脚本将会不同。

值得指出的是,PowerDesigner 还具有反向工程(Reverse Engineering)的功能,特别是从已有 SQL 语言脚本或已存在运行的数据库系统,可以反向生成 PDM,再从 PDM 反向生成 CDM。这就为我们对现有数据库的结构进行分析、修改或重新设计提供了一个有效的途径。

4.3.4 体系结构设计

软件所具有的功能是用户主要关心的问题,因此,确定软件的体系结构具有重要的意义。所谓的软件体系结构可以简单地认为就是软件的功能结构,这种结构可以用图进行描述。

需求分析所建立的 DFD 是系统的功能模型,从这个功能模型可以获得软件的功能结构图。图 4.39 所示就是从图 4.16 获得的一个示意性的软件功能结构图。

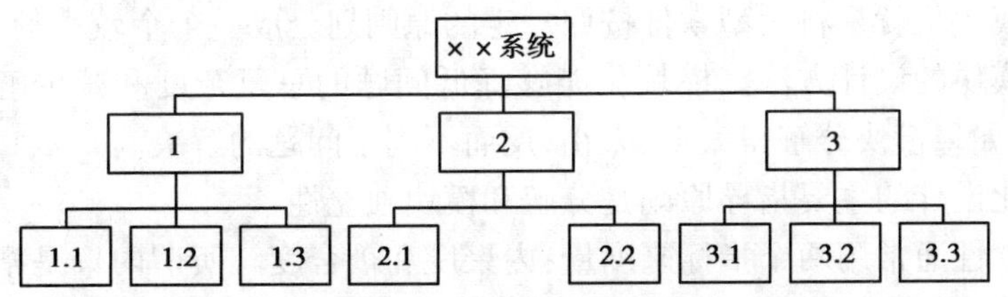

图 4.39　与图 4.16 对应的功能结构示意图

从图 4.39 中可以看出,所谓功能结构图就是按功能从属关系画成的图表。功能结构图中各层功能都与 DFD 中的处理有对应关系。功能结构图就是利用这种对应关系而获得的。这种获取过程就是功能结构的设计过程。一般来说,每一个 DFD 中的处理或加工,都对应一个软件功能模块。由于 DFD 是可以分层的,因此功能结构也是层次化的。DFD 的层次与软件功能结构的层次也有对应关系。在功能结构图中,上层功能包括下层功能,越上层的功能越笼统,越下层的模块越具体。通常较高层次的模块具有控制下层模块的功能,而较低层次的模块则是完成具体业务功能的。有时,为了减少模块之间过多的数据交互、降低模块对下层模块控制的复杂程度、提高模块的功能独立性、增加模块的共享程度或复用程度,或者从软件实现的角度考虑,当软件功能结构初步完成后,可能会对某些模块进行必要的调整,或分解或合并。

软件设计就是在不同抽象层次考虑和处理问题的过程。功能结构的设计过程实际上既是功能抽象的过程,也是功能分解的过程,是一个由抽象到具体、由复杂到简单的过程。这也体现了结构化设计、逐步求精的思想。图 4.40 是一个企业的销售管理系统的功能结构图。方框代表功能模块。在该图中,处于最高层次的销售系统管理是整个系统的总控模块;它分为销售计划管理、销售合同管理、销售核算与统计、成品库管理、市场预测等 5 个子系统,这 5 个子系统都具有一定的控制和调用下属模块的功能;每个子系统下面又分为不同的具体完成业务功能的功能模块,这些功能模块处于被控制和被调用的地位。

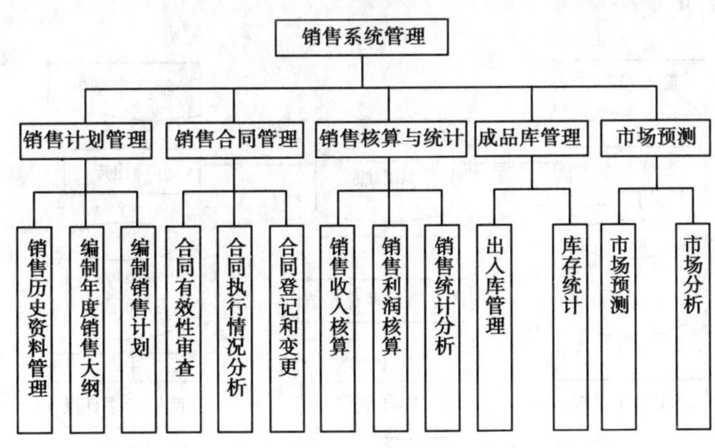

图 4.40　一个企业的销售管理系统功能结构示例图

通过逐层分解,可以把一个复杂的系统分解为多个功能简单的单一功能模块。这种把一个信息系统设计成若干模块的方法称为模块化。

所谓模块就是指有明确定义的输入、输出和特性的程序实体。所谓模块化实际上是一种设计思想。模块化就是将大型软件按照规定的原则划分成一个个较小的、相对独立的但又相互关联的模块的设计方法。模块化能够降低问题的总复杂度和减少解决问题所需要的总工作量,但如果模块分解得太多、太小,反而不利于问题的解决。

实现模块化设计的主要指导原则是分解和模块独立性。

模块的独立性通常用两个指标来度量:内聚度和耦合度。所谓内聚是指模块内部各个成分之间的联系,也称块内联系或模块强度。所谓耦合是指一个模块与其他模块之间的联系,也称块间联系。模块独立性的度量准则是块内联系程度越强,块间联系程度越弱,则模块的独立性越高。模块独立性强的模块具有可降低复杂性、便于并行开发和实现、容易测试和维护等优点。

4.3.5 接口设计

功能结构图主要从功能的角度描述了系统的结构,但并未表达各功能之间的数据关系、交互关系。事实上,在信息系统中许多业务或功能都是通过数据文件联系起来的。用户与系统之间的交互也主要表现在功能模块与用户交互的输入与输出界面方面。

前面讲到,可以由数据流图 DFD 获取软件功能结构图。同样,通过数据流图 DFD 也可以获取软件模块本身涉及的输入和输出数据关系,以及软件模块之间的数据传递关系。

在 DFD 中,一个处理接受输入(数据流或读取数据存储文件),经过处理后产生输出数据流,并将输出数据流传递给其他处理。如果处理不产生输出数据流,那么必然会对数据存储即数据文件进行必要的操作。当数据存储作为几个处理共同操作(包括读取或写入)的对象时,数据存储就成为连接与这些处理有对应关系的模块的桥梁了。这时,模块与模块的数据关系、交互关系也就确定了。对于这种情形还可以采用数据关系图来表示模块之间的接口。图 4.41 是根据图 4.15 获取的“办理入库”“办理出库”“产生入库日报”“产生当前库存报”“产生出库日报”5 个功能模块的数据关系,其中后 3 个功能模块是由“产生日入出库报告”分解出来的。

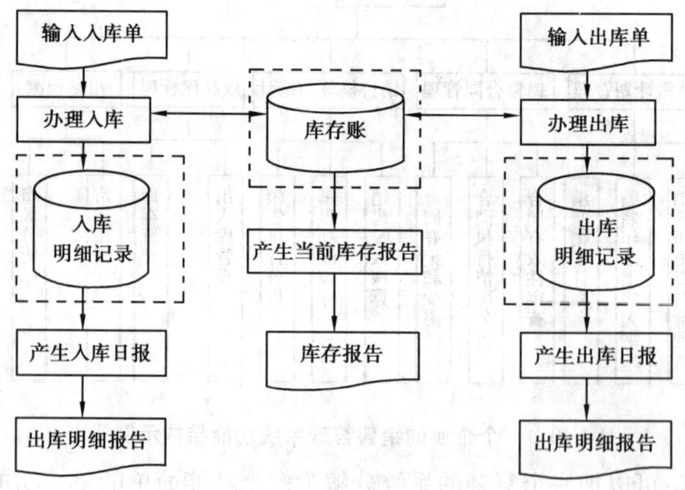

图 4.41 与图 4.15 数据流图对应的数据关系图

当一个处理产生的输出数据流传递给另外一个处理的时候，与处理对应的模块之间必然产生数据交换。这种数据交换可以通过模块的参数（包括传入参数和传出参数）进行交换，有时也可以通过设置公共数据文件的方式来完成。

模块之间的交互机制可以通过软件结构图进行描述。在这种图中需要标示出模块之间的调用关系、数据传递方向、传递数据的名称和方向等，如图4.42—图4.45所示。

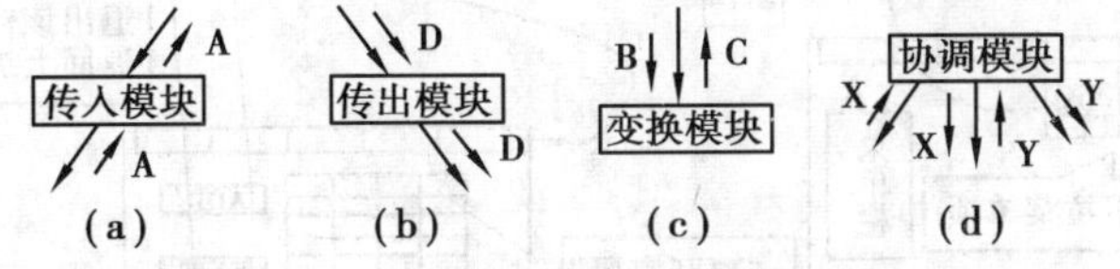

图4.42 软件结构图中模块类型

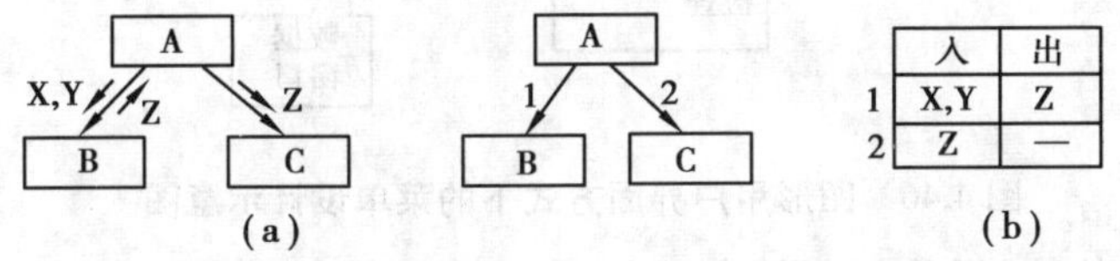

	入	出
1	X,Y	Z
2	Z	—

图4.43 软件结构图中模块之间的数据传递及说明方式

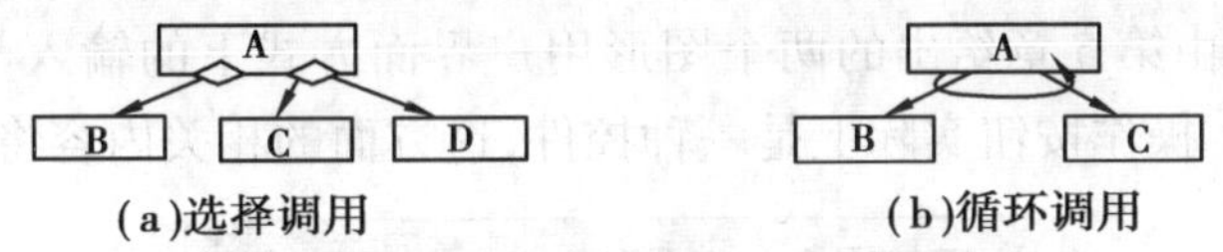

图4.44 软件结构图中模块之间的调用方式

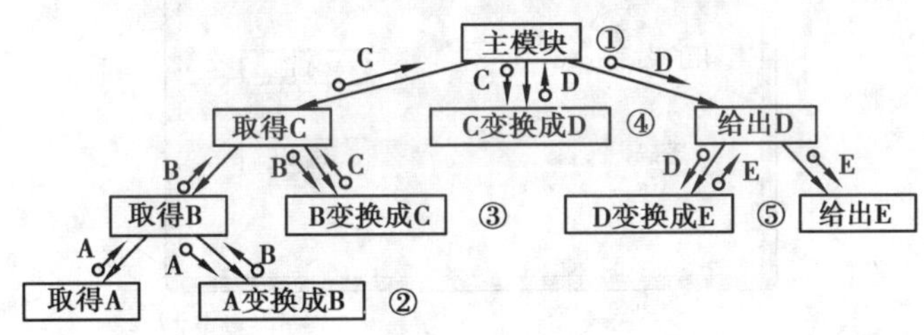

图4.45 软件结构图中模块调用及执行顺序示例图

接口设计的另一个方面是用户与系统之间的交互设计，主要表现在功能模块与用户交互的输入与输出界面方面。输入输出界面设计的依据仍然是用户需求，而且在设计过程中需要与用户共同协商，征求用户的意见，取得用户的同意。设计还必须考虑开发工具是否有足够的支持。模块的输入与输出界面设计主要包括菜单、输入格式、输出格式、操作界面等方面的设计。

一般来说，菜单可以设计成多级方式。比如第一级的菜单栏，菜单栏中的每一项可以设计成下拉方式即为第二级，在下拉的菜单中还可以设计成弹出式即为第三级等。菜单的最后一级为执行模块。菜单的组织方式可以按功能层次图的方式，也可以根据业务部门的职能需要进行设置。菜单可以是图形用户界面，也可以是字符用户界面。目前，许多开发工具都支持图形用户界面。图4.46是一个图形用户界面方式下的菜单设计示例。

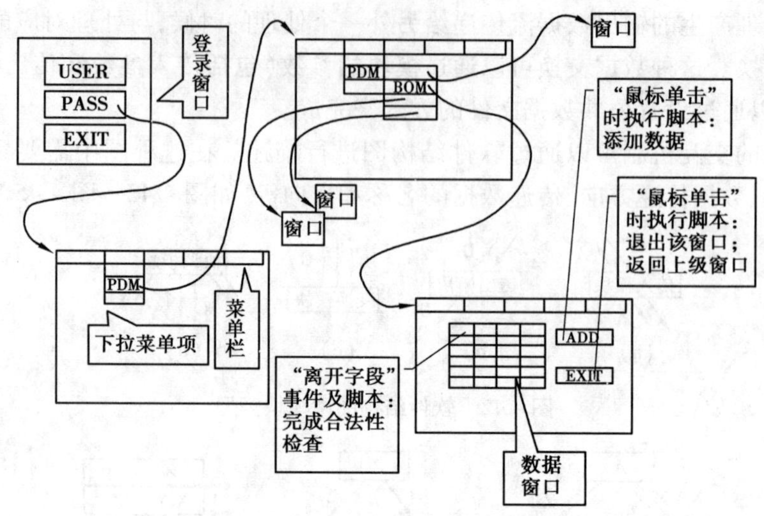

图 4.46　图形用户界面方式下的菜单设计示意图

输入格式、输出格式、操作界面等方面的设计需要考虑用户通常在业务过程中使用的单据格式、格式在界面中的位置、录入的习惯、操作的方便性、字体大小、美观程度等。下面图 4.47 和图 4.48 是由第 5 章给出的两个图形用户界面方式下的输入与输出界面,界面中还包含了操作按钮。操作按钮实际上是一种控件,这方面的相关内容将在下一章介绍。

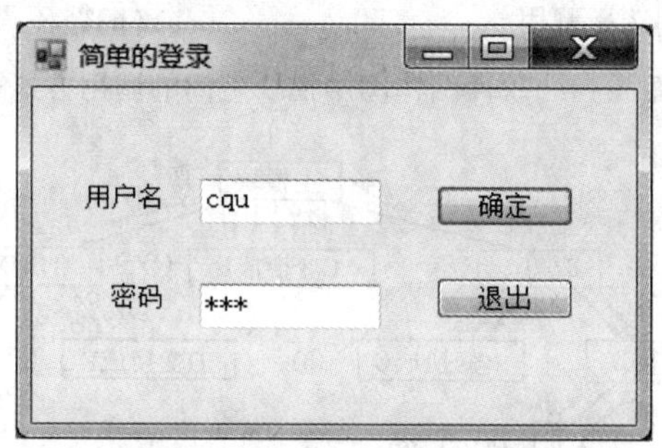

图 4.47　图形用户界面方式示例 1

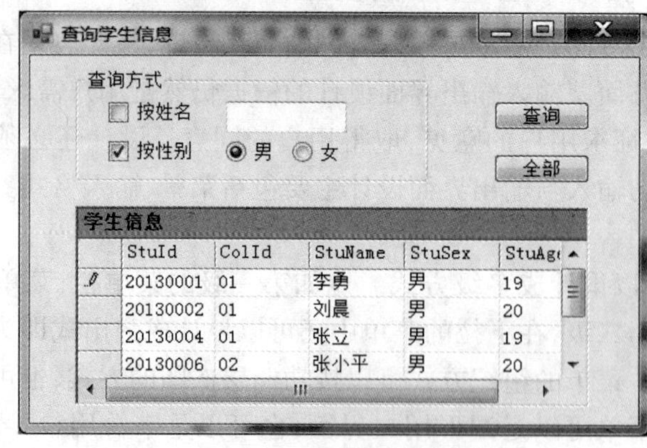

图 4.48　图形用户界面方式示例 2

特别指出，作为输入设计的一个重要方面，在用户与系统交互的过程中，还应该考虑输入数据的合法性检查。有兴趣的读者可参考其他有关方面的资料。

4.3.6 过程设计

软件的过程性设计有时也称为详细设计，它为软件的最后实现提供了可能。这种设计主要是针对软件功能结构中的功能模块而进行的。设计任务是把功能模块如何完成其规定任务的过程，采用确定的算法和模块内的数据结构，并用设计描述工具表示出来。

在面向对象的程序设计中，过程设计实际上可对应于对象设计中要完成的任务设计，可以用来描述其在一个事件发生时对应的行为，具体表现为对方法或操作的描述。目前，许多开发工具提供了大量的函数，这些函数可以完成指定的功能。因此，在对具体任务的设计过程中，可以简化设计描述。

过程设计具体的任务有：

①确定各个模块的算法；确定各个模块内部使用的数据结构；确定各个模块接口的细节。

②编写详细设计说明书。

③过程设计结束时，需要对过程设计说明书进行复审，形成正式文档，作为下一阶段（实现阶段）的依据。

过程设计的目的为编码阶段的工作提供足够的依据，使其能够根据过程描述，快速地完成程序的编码任务，同时也为测试工作打下基础。

所谓算法（Algorithms）是用计算机解一个问题的精确而有效的方法。实际上，算法是能被机械地执行的动作或指令的有穷集合。能够用算法来解的问题称为可计算问题。

➢ 输入：一个算法有零个或多个输入量。

➢ 确定性：算法的每一步骤都必须有确定的意义，动作不能有二义性。

➢ 有穷性：一个算法对任一合法输入必须在执行有穷步后终止。

➢ 输出：一个算法有一个或多个输出量。这些输出量通常是同输入量有特定联系的量。

➢ 可行性：这里指算法中所有动作必须是相当基本的，也就是说，每一步至少在原理上能由人在有限的时间内用笔和纸来完成。

算法的描述需要在整个系统的过程设计中使用统一的描述工具。描述工具有程序流程图、NS 盒图（由 Nassi 和 Shneiderman 提出，因此而得名）、PAD 问题分析图（Problem Analysis Diagram）、PDL 程序设计语言（Program Design Language）等。由于任何一种算法都可以用顺序、分支、循环 3 种基本结构来描述，而程序流程图、NS 盒图、PAD 问题分析图、PDL 程序设计语言等也提供了这 3 种基本结构，因此其中任何一种描述工具都可以用来描述软件的过程设计。图 4.49～图 4.51 所示分别是程序流程图、NS 盒图、PAD 问题分析图、提供的基本成分。设计人员可以利用某种描述工具的基本成分并按照功能模块的要求，通过合理组合就可以描述功能模块的处理过程了。

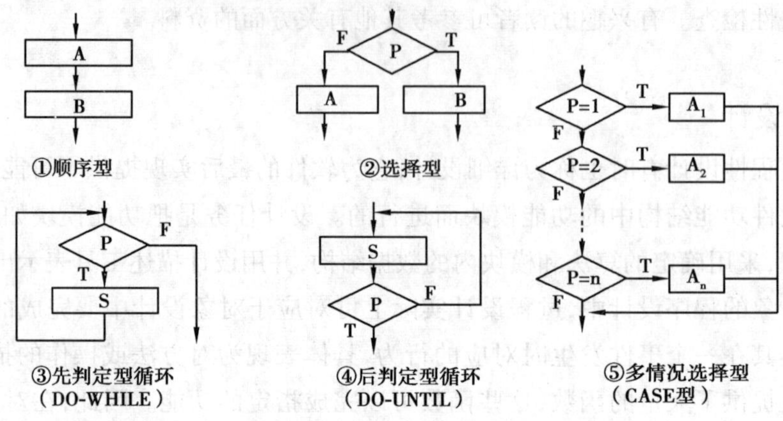

图 4.49　程序流程图基本结构

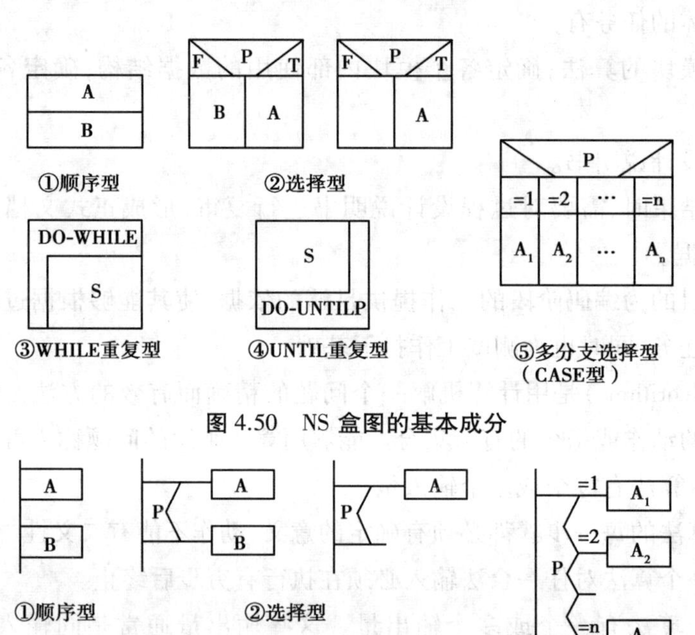

图 4.50　NS 盒图的基本成分

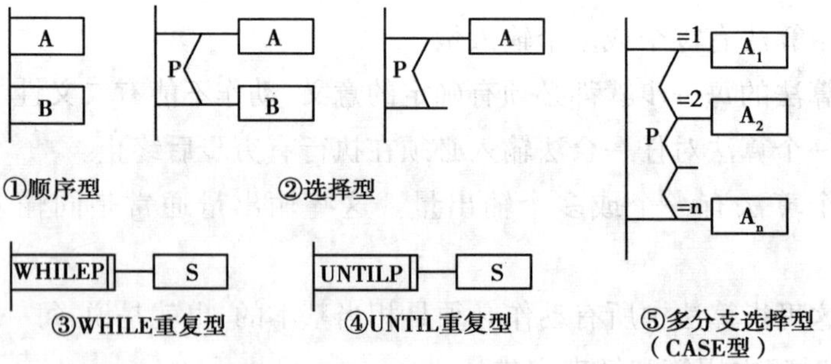

图 4.51　PAD 问题分析图的基本成分

PDL 是一种伪码(Pseudo Code)，不是真正意义上的程序设计语言，与通常意义上的程序设计语言有很大区别。它是一种用于描述功能模块的算法设计和加工细节的语言。

PDL 有外层语法和内层语法。外层语法符合一般程序设计语言常用语句的较严格的关键字语法规则，用于定义控制结构和数据结构。内层语法允许用英语中一些简单的句子、短语和通用的数学符号来描述程序应执行的功能，如图 4.52 所示。

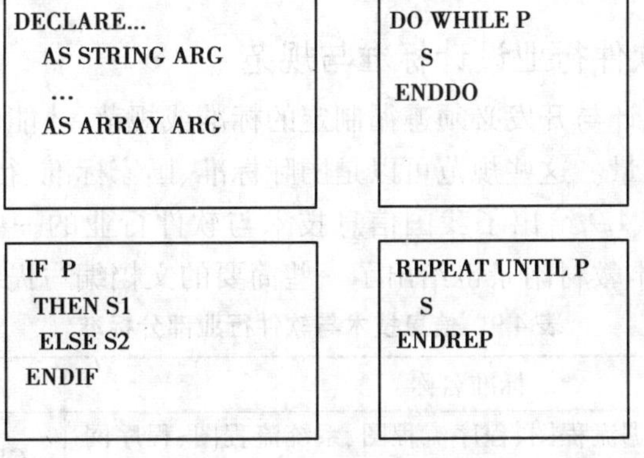

图 4.52　PDL 的基本成分

【例 4.11】　在一个窗口中有两个单行编辑框和一个计算按钮,其中一个单行编辑框作为输入框,用于输入数据;一个单行编辑框作为输出框,用于输出数据;计算按钮的作用是当用鼠标单击它时,它就开始执行一个计算过程。该计算过程要完成的任务是:当在输入框输入一个具体的数据 n 之后,要求计算从 1 到 n 的阶乘之和,并将结果输出到输出框。要求设计算法完成窗口中按钮的计算过程。

【解】　设计一个窗口,再设计两个单行编辑框,一个输入框为 R,一个输出框为 S。因此,输入框输入的内容可以用 R.text 表示,输出到输出框的结果可以用 S.text 表示。

一般情况,从键盘输入的数据实际上是字符串,比如输入 12,它实际上是一个由数字字符组成的一个字符串“12”。如果要计算 12!,那么首先需要把字符串“12”转换为非字符串的数值 12,然后再计算 12!。同理,具体的一个数值结果,在输出的时候需要先将它转换为字符串,然后再输出。这样,可以分别定义两个函数,stringtointeger(A)用于字符串到数值的转换,A 为一个数字字符串;integertostring (B) 用于数值到字符串的转换,B 为一个整型数值。

具体算法用程序流程图表示如图 4.53 所示。

读者可以尝试将该算法用其他几种算法描述工具进行描述。

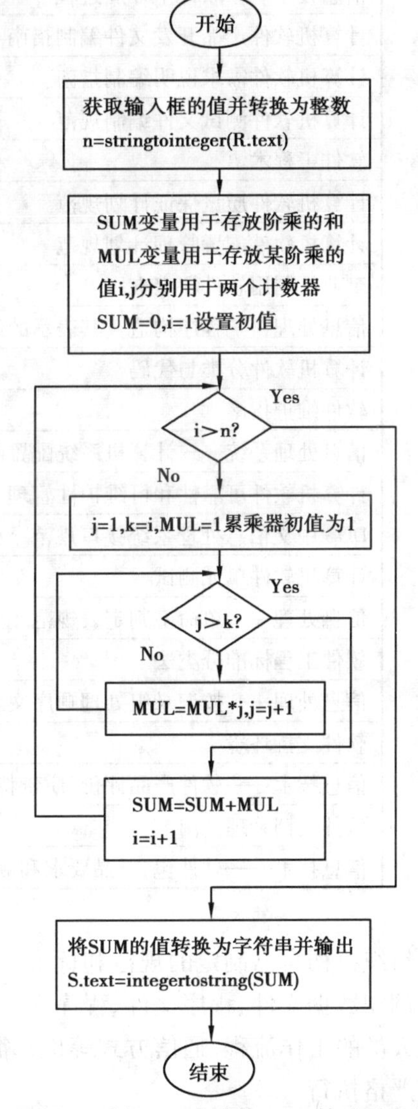

图 4.53　例 4.11 中计算 1~n 的阶乘之和的程序流程图

4.3.7 信息技术与软件行业设计标准与规范

信息系统的软件设计与开发必须遵循制定的标准或规范,才能保证所设计和开发的软件或系统具有较高的质量。这些规范可以是国际标准、国家标准、行业标准,也可以是企业或组织自己的标准。表 4.9 给出了我国信息技术与软件行业的一些标准。为了便于读者对照查阅和快速上手,本教材附录也给出了一些简要的文档编写提纲。

表 4.9 信息技术与软件行业部分标准

标准名称	编 号
信息处理——数据流程图、程序流程图、系统流程图、程序网络图和系统资源图的文件编制符号及约定	GB/T 1526—1989
信息技术——软件生存周过程	GB/T 8566—1995
计算机软件产品开发文件编制指南	GB/T 8567—1988
计算机软件需求说明编制指南	GB/T 9385—1988
计算机软件测试文件编制规范	GB/T 9386—1988
软件工程术语	GB/T 11457—1995
计算机软件质量保证计划规范	GB/T 12504—1990
计算机软件配置管理计划规范	GB/T 12505—1990
工业控制用软件评定准则	GB/T 13423—1992
信息处理——程序构造及其表示的约定	GB/T 13502—1992
计算机软件分类与代码	GB/T 13702—1992
软件维护指南	GB/T 14079—1992
信息处理系统——计算机系统配置图符号及约定	GB/T 14085—1993
计算机软件可靠性和可维护性管理	GB/T 14394—1993
DOS 中文信息处理系统接口规范	GB/T 15189—1994
计算机软件单元测试	GB/T 12505—1990
信息处理——单命中判定表规范	GB/T 13423—1992
软件工程标准分类法	GB/T 13502—1992
信息处理——按记录组处理顺序文卷的程序流程	GB/T 13702—1992
软件支持环境	GB/T 14079—1992
信息技术——软件产品评价、质量特性及其使用指南	GB/T 14085—1993
软件文档管理指南	GB/T 14394—1993
信息技术——软件包、产品要求和测试	GB/T 15189—1994

组织机构自己制定的规范和标准不排斥对国际标准、国家标准、行业标准的剪裁或增加。例如数据文件、程序文件、程序名、变量名等命名方式,程序结构、用户界面风格,甚至开发人员的工作流程、通信方式等也都需要制定标准。不论是哪一级标准,一旦确定下来,就要严格执行。

本章小结

本章从管理信息系统开发的角度,介绍了应用软件的需求分析和软件设计的基本过程、方法和技术,重点介绍了基于数据库的应用软件的功能建模和数据建模的基本方法和技术。功能建模主要利用数据流图 DFD 技术完成,数据建模主要利用 ERD 及其到关系模型的转换方法和技术完成。

需求分析,也称为系统分析,是整个系统开发过程中的关键环节。系统需求不清楚,必然使整个系统的开发无法顺利进行。功能需求是系统需求中的主要需求。管理信息系统的功能实现是依赖于功能需求的准确捕获。需求主要是通过广泛、深入的调查研究而获得的。当获取需求之后,就必须对其进行深入的分析,通过使用适当方法和模型,抽取业务功能并用合适的描述工具进行描述。面向数据流的结构化分析方法是一种通俗、易懂的分析建模方法。数据流图、数据存储、E-R 图、数据字典、加工描述是分析模型中的主要组成部分,是用以描述系统功能模型的传统工具。从数据流图可以导出系统的模块功能结构,也可以导出某功能模块的输入和输出接口。从数据字典、数据存储、E-R 图可以导出数据库的逻辑结构。借助于 PowerDesigner,可以方便、规范地完成需求分析与数据库分析与设计工作。学会类似工具的使用,可以极大地提高系统开发的效率和软件的质量。

需求分析工作结束的标志是形成需求分析报告即需求规格说明书,它是设计工作的基础。当软件设计工作结束时,必须形成软件设计规格说明书,它是系统实现即应用软件实现的基础。

习题与思考题

1.调查一个已经正常运行的管理信息系统,给出该系统的计算机设备、网络设备配置、计算机系统软件等配置情况;再给出该系统的应用软件的功能。

2.在图 4.4 所示的一个企业的材料检验入库业务流程图中,如果仓库主管对于供应商的合法性检查也需要待建系统处理,那么,其业务流程图应如何修改?根据此修改,应如何修改其对应的数据流图即图 4.7?

3.利用 PowerDesigner 绘制习题 4.2 修改后获得的数据流图。

4.假设在某库存管理系统中有 3 个数据存储(实体):入库明细账、出库明细账、库存账。假定入库明细账有属性(数据项):入库单号、入库日期、货物代号、货物名称、数量;出库明细账有属性:出库单号、出库日期、货物代号、货物名称、数量;库存账有属性:货物代号、货物名称、数量、单价、供应商名称。请根据下列库存账、入库明细账、出库明细账之间的关系,利用 PowerDesigner 绘制出该系统的 E-R 图(CDM)并生成完全模型(FULL MODEL)方式下的 RTF 格式文档。

①一笔库存账可对应多笔入库明细账;

②一笔库存账可对应多笔出库明细账;

③入库明细账和出库明细账之间没有关系;

④入库明细账和出库明细账依赖于库存账。

5.试用结构化语言描述图 4.13 中的处理 2。

6.利用 PowerDesigner 把习题 4 建立的 E-R 图生成关系模型及 SQL 语言脚本。

7.在图 4.28 的基础上,增加一个实体"教师",使其具有教师工号、教师姓名、联系电话,且教师和课程有关系,即一名教师可以教授多门课程。要求利用 PowerDesigner 画出该问题对应的 CDM,并生成 PDM 和对应的 SQL 语言脚本。

8.请思考,在图 4.35 中为什么"学生选课"关系会多出来一个"系编号"的属性?

9.根据习题 4.2 得到的数据流图画出功能模块图。

10.用程序流程图描述计算 1~n 之和的算法,该算法要求当计算 1~n 之和大于100 000时也结束。

11.分别用 NS 图和 PDL 语言描述例 4.11 给出的计算 1~n 的阶乘之和的算法。

12.试分析并总结分析模型中数据字典、数据流图、处理之间的关系。

13.试分析并总结数据流图 DFD 中的数据存储与 ERD 中的实体之间的关系。

14.根据例 4.2 并结合图 4.15,给出处理"办理出库"的结构化语言描述。

15.结合图 4.18 中对处理"办理入库"的结构化语言描述,以及习题 4 给出的各实体具有的属性,试将"办理入库"的处理描述转化为用程序流程图或 PDL 语言描述的算法。

16.首先根据图 4.45 对图中各模块进行重新命名并给出其参数,然后用 PDL 语言描述其模块调用关系。

17.分析模型中数据项的类型、长度、范围对软件设计有何意义?

18.处理描述中的加工发生的频度对于设计有何意义?

19.借助图 4.29 简要说明分析模型与设计模型之间的对应关系。

20.通过对 PowerDesigner 的学习和使用,给出其针对数据库的反向工程的具体步骤。

第5章

系统实现与开发工具

当系统设计的工作完成后,新系统开发工作进入系统的实施阶段,实施阶段的主要工作之一就是将系统设计的结果在计算机上实现,即把原来纸面上的新系统方案转换成可执行的应用软件系统。开发一个应用程序有许多编程工具可以选择,了解和选择适当的工具是系统实现这一环节的质量和效率的保证。本章选择 VB.NET 作为应用程序的开发工具,介绍 VB.NET 的一些基本概念和编程基础,并通过实际案例,详细介绍用 VB.NET 开发数据库管理程序的基本方法和步骤。

5.1 VB.NET 基础

5.1.1 VB.NET 中的一些基本概念

VB.NET 是一种面向对象的程序设计语言,面向对象程序设计就是以对象为基础,以事件来驱动对象的程序设计方法,它把程序和数据封装在一起,视作一个对象,而对象之间通过事件过程相互联系,对对象的操作将触发相应的事件过程,执行这些事件过程,可以对数据进行处理或改变对象的状态。

1) 类和对象

类是对具有相同特征对象的描述,包含创建对象的属性描述和方法定义,是用来创建对象的模板。VB.NET 工具箱里的可视类图标就是系统设计好的一些标准控件类。通过将类实例化,可以获得具体的对象实例。例如,在窗体上添加一个控件后,就得到一个控件对象。

在 VB.NET 中,最主要的两种对象是窗体和控件。窗体是一个容器,用户可以在窗体内放置各种控件,它是创建应用程序界面的基础。而控件就是“工具箱”中的按钮添加到窗体后形成的具体控件对象。

2) 对象的属性

属性是对对象所具有的特征进行描述,不同的对象具有不同的属性,每种对象都有一组特定的属性。例如,对象有名称、大小、颜色等属性。任何对象都有 Name(对象名)属性,Name 属性必须在设计阶段确定。

设置和改变对象属性值有两种方式:

➢ 在界面设计时通过属性窗口进行设置。

➢ 在程序运行时通过代码进行修改,语句的格式为:

对象名.属性=属性值

例如,要把一个名为 Button1 的命令按钮的 Text 属性改为"暂停",可用下面语句实现:

```
Button1.Text="暂停"
```

3)对象的方法

方法是与对象相关的能完成特定功能的过程或函数,提供给应用程序直接调用,这给程序员编写程序带来极大方便。调用方法的语法格式是:

对象名.方法名([参数])

4)对象的事件

事件是对象对某些外部事件的响应,是 VB.NET 预先定义的对象能识别的动作。例如,单击鼠标的 Click 事件,加载窗体时的 Load 事件等,不同的对象能够识别不同的事件。但是,如果不给事件过程编写相应的代码,对象就不能作出相应的响应。事件过程是由用户编写的一段独立的程序代码,当某个事件被触发后,系统就会执行与该事件相应的事件过程。通常,每个对象都可以响应多个不同的事件。

控件对象的事件过程的程序结构为:

```
Private Sub 对象名_事件名(参数表) Handles 对象名.事件名
  ……        '用户编写的事件过程代码
End Sub
```

事件过程以 Private Sub 关键字开始,End Sub 结束,第一行和最后一行代码是由 VB.NET自动添加的。不同的事件过程传递的参数是不相同的,第一行中的"Handles 对象名.事件名"表示该过程响应的事件名称。

5.1.2 VB.NET 应用程序创建步骤

在 VS 2010 集成开发环境中,创建 VB.NET 应用程序的主要步骤是:

(1)创建新工程

启动 VS 2010,单击"新建项目",然后在"新建项目"对话框中选择"Visual Basic" Windows 窗体应用程序选项,输入项目名称,再单击"确定"按钮,进入设计工作环境。这时,自动创建一个包含单个窗体 Form1 的新项目。

(2)设计程序界面

在"工具箱"中选中需要的控件,采用拖动方法,在窗体上放置 2 个命令按钮 Button1、Button2 和一个文本框 TextBox1,并调整各个控件的大小和位置。

(3)设置窗体和控件的属性

单击窗体的空白处(选中窗体 Form1),在属性窗口中把它的 Text 属性改为"第一个 VB

程序”,Name 属性改为“myFirst”。单击 Button1 命令按钮(选中命令按钮),把 Button1 命令按钮的 Text 属性改为“确定”。按同样的方法把 Button2 的 Text 属性改为“退出”。

窗体设计和各控件属性设置完后的结果如图 5.1 所示。

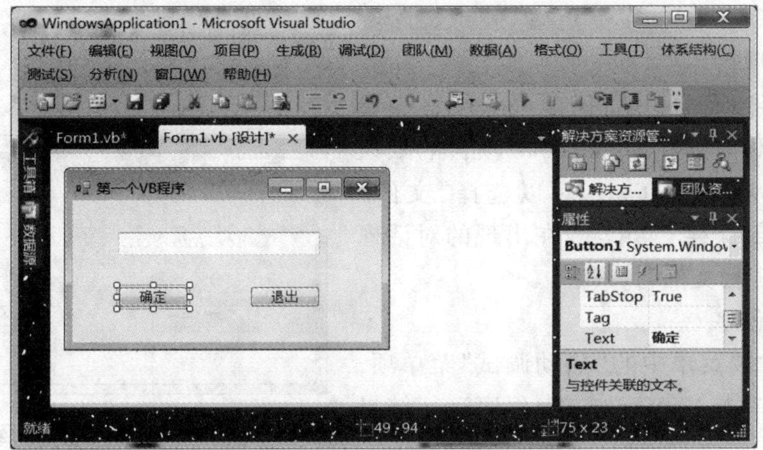

图 5.1 程序界面设计窗口

(4)编写代码

双击命令按钮 Button1 进入编写程序代码的窗口,如图 5.2 所示。代码编辑窗口是编程环境中的一个特殊窗口,在这里可以输入和编辑程序代码。

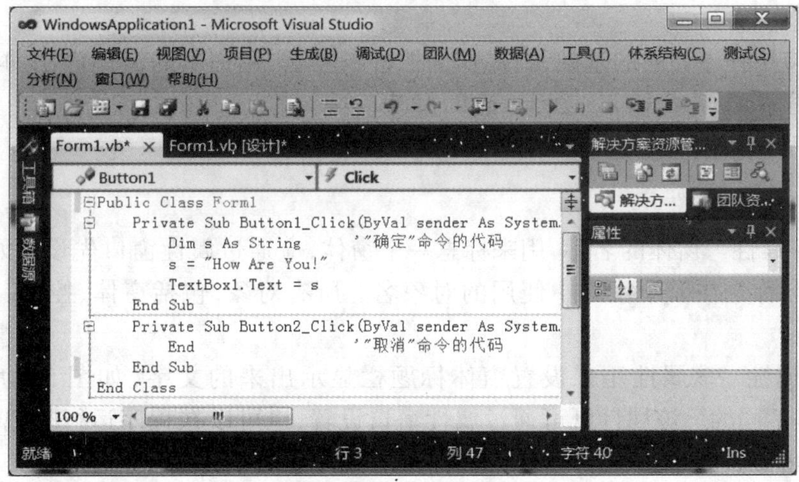

图 5.2 编写事件代码窗口

在代码编辑窗口里,分别编写“确定”和“退出”命令按钮的 Click 事件,程序代码如下:

```
Private Sub Button1_Click(ByVal sender As System.Object, ByVal e As System.EventArgs) Handles Button1.Click
    Dim s As String                    '“确定”命令的代码
    s = "How Are You!"
    TextBox1.Text = s
End Sub
```

```
Private Sub Button2_Click(ByVal sender As System.Object, ByVal e As System.EventArgs) Handles Button2.Click
    End                        '"退出"命令的代码
End Sub
```

(5)保存项目

选择"文件"菜单中的"保存 Form1.vb"菜单项,保存该窗体。新建的 Windows 项目的默认名称为 WindowsApplication1,可以选择"文件"菜单中的"全部保存"菜单项,在出现的对话框中,输入新的项目文件名。

(6)运行程序

选择"调试"菜单中的"启动调试"菜单项,运行程序后,单击"确定"按钮,程序运行结果如图 5.3 所示。

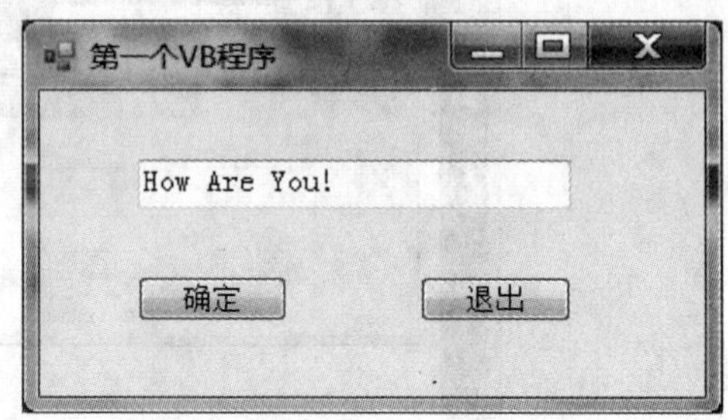

图 5.3　第一个 VB 程序运行界面

5.2　窗体及常用控件的使用方法

5.2.1　窗体

窗体是应用程序界面的基础,窗体作为控件的容器,用户可向窗体内添加各种控件来创建应用程序界面,作为输入、输出信息的窗口。

窗体是 VB 中的对象,具有自己的属性、方法和事件。

1)窗体的常用属性

➢ Name 属性　窗体的名称,用来标志一个窗体,应通过属性窗口先设置好。用 Name 属性定义的名称是在程序代码中使用的对象名。所有对象,包括窗体、控件、菜单等都有 Name 属性。

➢ Text 属性　该属性用来设置窗体标题栏显示出来的文字(如图 5.3 所示),它与 Name 属性是不同的。该属性既可通过属性窗口设置,也可以在程序运行时把窗体的标题改为需要的名字。例如:

```
Me.Text ="学生信息管理"
```

➢ Height、Width 属性　这两个属性用来指定窗体的高度和宽度,以像素为单位。可以通过代码重新设置窗体的这两个属性,改变窗体的大小。例如:

```
Me.Height=300
Me.Width=400
```

➢ Top、Left 属性　这两个属性用来设置窗体的顶边和左边的坐标值,Left 指的是窗体的左边与屏幕左边界的相对距离,Top 指的是窗体的顶边与屏幕顶部的相对距离。例如:

```
Me.Top=300
Me.Left=300
```

对于其他控件，Left 和 Top 指的是控件相对窗体或"容器"左上角的坐标。如果要通过代码设置这两个属性，则格式如下：

对象名.Height=数值

对象名.Width=数值

➢ BackColor 属性　用于返回或设置窗体的背景颜色。可以通过属性窗口中的"调色板"进行设置，也可以用代码设置。例如：

Me.BackColor= Color.Red　　　　　'将窗体的背景设为红色

其中 Color.Red 是系统定义的颜色常量，代表红色。其他颜色常量还有 Color.Blue、Color.Yellow、Color.Green、Color.White、Color.Black 等。

➢ ForeColor 属性　用于返回或设置窗体文本的前景颜色。

➢ Enabled 属性　该属性用于激活或禁止对象，取值为 True 或 False。当该属性被设置为 False 时，运行后相应的对象呈灰色显示，表示对象处于非活动状态，用户不能访问。

➢ Visible 属性　用来设置对象是否可见，取值为 True 或 False。

2）窗体的常用事件

➢ Click 事件　程序运行时，当用鼠标左键单击窗口内的某个位置（不是在窗体内的某个控件上）时，VB.NET 将调用事件过程 Sub Form1_Click(…)。

➢ DblClick 事件　程序运行时，双击窗口内的某个位置，将调用事件过程 Sub Form1_DoubleClick(…)。

双击实际上触发两个事件，第一次单击鼠标键产生 Click 事件，第二次单击鼠标产生 DblClick 事件。

➢ Load 事件　在窗体装入工作区时，将触发该事件。Load 事件可以用来在打开窗口时对属性和变量等进行初始化。

例如，在窗体的 Load 事件中编写如下代码，就可以在打开窗体时，使窗体在当前屏幕上居中显示。

```
Me.Left = Screen.PrimaryScreen.Bounds.Width/2-Me.Width/2
Me.Top = Screen.PrimaryScreen.Bounds.Height/2-Me.Height/2
```

其中的 Screen 是系统屏幕对象，有关 Screen 对象的其他用途，请参考相关书籍。

3）窗体的方法

➢ Show()方法　Show 方法用于在屏幕上显示一个指定的窗体，它的使用格式为：

窗体名.Show()

➢ Hide()方法　Hide 方法用于在屏幕上隐藏一个指定的窗体，它的使用格式为：

窗体名.Hide()

5.2.2　命令按钮

命令按钮（Button）是最常用的控件，用来在单击时执行一个命令。

1）基本属性

Name、Text、Height、Width、Enabled、Visible 等与窗体的这些属性相同。Text 属性用于

设置命令按钮上显示的文字。

2)Click 事件

当单击命令按钮时,触发此事件。大多数情况下,是针对该事件过程编写程序代码。

5.2.3 标签控件

标签(Label)是用于显示文本信息的控件,它显示的信息通常作为对其他控件的提示或说明。标签仅用于显示文本,不能在运行时对显示的文本进行编辑。常用的属性有:

①Text 属性。该属性用来返回或设置标签显示的文字。

②TextAlign 属性。该属性用来设置标签中显示文字在水平方向和垂直方向的对齐方式。例如:

```
Label1.TextAlign = ContentAlignment.MiddleLeft
```

表示显示的文字在垂直方向中间对齐,水平方向左对齐。

5.2.4 文本框控件

文本框(TextBox)用于用户输入和输出信息。常用的属性有:

➢ Text 属性　用户通过文本框输入并显示的文字就存放在 Text 属性中。在程序中设置和返回 Text 属性值的方法是:

```
对象名.Text= 字符串表达式
字串变量名=对象名.Text
```

➢ MultiLine 属性　设置文本框中是否可输入多行文本。

➢ PasswordChar 属性　设置文本框是否作为口令框。若将其值设置为“＊”,则用户在文本框中输入字符时只能看到“＊”。文本框作为口令框时,仅改变显示结果,Text 属性值仍为用户输入的字符。

➢ ReadOnly 属性　设置运行时用户能否编辑文本框内的文本。

【例 5.1】　编写程序,实现简单的口令判断。

【解】　①新建一个项目,在窗体中添加 2 个文本框 TextBox1 和 TextBox2,2 个命令按钮 Button1 和 Button2。

②把 TextBox2 的 PasswordChar 属性设置为“＊”。

③把 Button1 和 Button2 的 Text 属性分别设置为“确定”和“退出”。

④双击 Button1 命令控件,编写 Button1 的 Click 事件代码。

```
Private Sub Button1_Click(ByVal sender As System.Object, ByVal e As System.
    EventArgs) Handles Button1.Click
    Dim Name, Pass As String          '定义字符串类型变量
    Name = TextBox1.Text              '用户名
    Pass = TextBox2.Text              '密码
    If Name <> "cqu" Or Pass <> "123" Then
        MsgBox("用户名或密码错")
```

```
        Else
            MsgBox("欢迎你!")
        End If
    End Sub
```

⑤编写 Button2 的 Click 事件代码。

```
    Private Sub Button2_Click(ByVal sender As
System.Object, ByVal e As System.EventArgs)
Handles Button2.Click
        End    '结束程序运行
    End Sub
```

⑥运行程序,结果如图 5.4 所示。

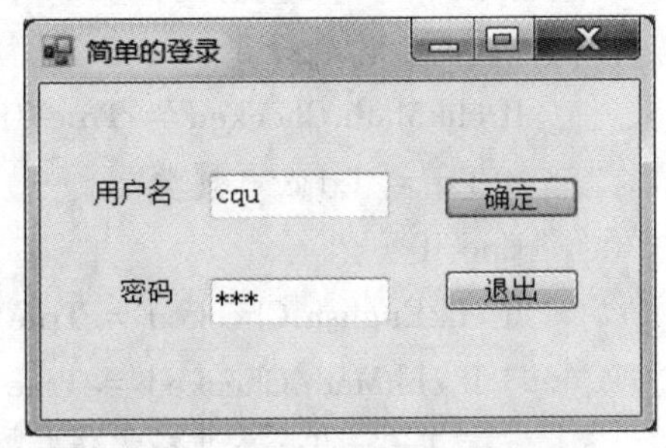

图 5.4 简单的登录程序运行界面

上面程序中,Msgbox()函数的功能是在对话框中显示一条提示信息,有关 If 语句的语法知识,请参见 5.3.3 节。

5.2.5 单选按钮和复选框

单选按钮(RadioButton)通常以选项组的形式存在,在由多个单选按钮组成的单选按钮组中,每次只允许用户选中其中的一个。如果需要多组单选按钮组,应把每组单选按钮分别放到不同的 GroupBox 控件内。

复选框(CheckBox)则允许用户从一组选择项中同时选中多个选项。

1)常用属性

➢ Checked 属性　该属性可设置为 True 或 False,C' ked=True 表示按钮被选中,Checked=False 表示按钮没有被选中。

➢ Enabled 属性　该属性指示控件是否可用,耴 se。

下面是复选框(CheckBox)才有的属性:

➢ CheckState 属性　指示复选框的复 state.Checked、CheckState.Unchecked 和 CheckState.Indeterminate 之一。

➢ ThreeState 属性　控制用户是否可以选择 不确定状态,取值 True 和 False。当它设置为 True 时,CheckState 还可能返回 CheckSta .Indeterminate,在这种"不确定状态"下,复选框以浅灰色显示,以表示该选项不可用。

2)Click 事件

当单击控件时,触发此事件。

【例 5.2】　单选按钮和复选框的使用方法。

【解】　①新建一个项目,在窗体中添加 1 个文本框,Name 属性取为 txtDisplay。

②添加 2 个 GroupBox 控件,Text 属性都为"请选择"。

③在 GroupBox1 控件内添加 2 个单选钮,Name 属性分别改为 RadSong 和 RadHei,Text 属性分别取为"宋体"和"黑体"。

④在 GroupBox2 控件内添加 2 个复选框,Name 属性分别改为 chkMath 和 chkEnglish,

Text 属性分别取为“数学”和“英语”。

⑤编写函数。

```
Private Sub myShow()
    Dim Txt As String
    Txt = "你选择了:"
    If chkMath.Checked = True Then
        Txt = Txt & "数学"            '连接两个字符串,Txt="你选择了:数学"
    End If
    If chkEnglish.Checked = True Then
        If chkMath.Checked = True Then
            Txt = Txt & "和英语"
        Else
            Txt = Txt & "英语"
        End If
    End If
    txtDisplay.Text = Txt
End Sub
```

⑥编写复选框按钮的 Click 事件代码。

```
Private Sub chkMath_Click(ByVal sender As Object, ByVal e As System.EventArgs)
Handles chkMath.Click
    myShow()
End Sub
Private Sub chkEnglish_Click(ByVal sender As Object, ByVal e As System.EventArgs)
Handles chkEnglish.Click
    myShow()
End Sub
```

⑦编写单选按钮的 Click 事件代码。

```
Private Sub RadHei_Click(ByVal sender As Object, ByVal e As System.EventArgs)
Handles RadHei.Click
    txtDisplay.Font = New Font("黑体", 9, FontStyle.Regular)
    '将文本框 txtDisplay 的 Font 中的各个属性设置为黑体、大小:9、正常
End Sub
Private Sub RadSong_Click(ByVal sender As Object, ByVal e As System.EventArgs)
Handles RadSong.Click
    txtDisplay.Font = New Font("宋体", 9, FontStyle.Regular)
End Sub
```

⑧运行程序,结果如图 5.5 所示。

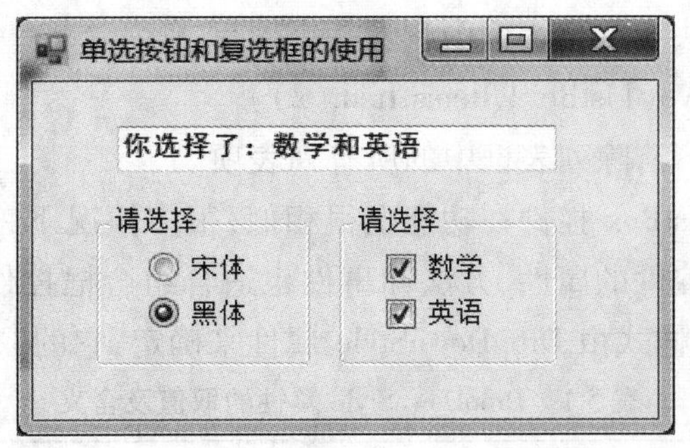

图 5.5　单选按钮和复选框的使用程序运行界面

5.2.6　列表框控件和组合框

列表框(ListBox)是为用户提供选择的控件,通过提供多个选择项,供用户从中选择其中的一项或多项。组合框(ComboBox) 则是将 TextBox 和 ListBox 的功能结合在一起的一种控件,允许在控件的文本框内输入信息,也可以通过列表框部分选择一项。列表框和组合框的样式如图 5.6 所示。下面介绍列表框和组合框的一些共有的常用属性和方法。

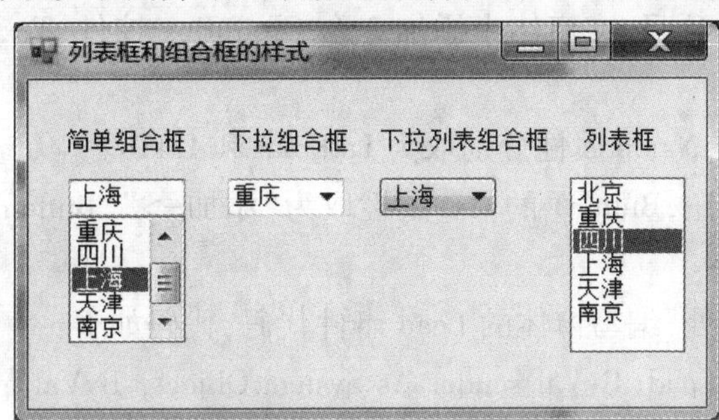

图 5.6　列表框和组合框的样式

1)属性

➢ Items 属性　该属性是一个字符串型数组,列表框中的每个列表项都是数组中的元素,Items 数组的下标是从 0 开始的。该属性既可通过属性窗口设置,也可通过代码设置。要引用列表框中的项目,可以按如下格式:

对象名.Items(索引值)

➢ Items.Count 属性　该属性返回列出表框中列表项的数目。

➢ SelectedIndex 属性　设置或返回当前选中列表项的索引,第一项的索引值为 0。如果未选定项目,则 SelectedIndex 属性值是-1。

➢ Text 属性　当前被选中列表项的文本。

2)方法

列表框的项目可以在程序运行时动态的添加和删除,与此相关的方法有:

➢ Items.Add 方法　把一个项目加入到列表框,例如:

ListBox1.Items.Add("重庆大学")

➢ Items.Remove 方法　从列表框中删除一个项目,例如:

ListBox1.Items.Remove(ListBox1.Items.Item(2))

➢ Items.Clear 方法　清除列表框中的所有列表项。

ComboBox 控件和 ListBox 控件在功能上很相似,很多情况下,这两个控件是可以互换使用的,大部分 ListBox 控件的属性、方法和事件也适合组合框控件,组合框控件一次只能选择一个项目,组合框的样式由 DropDownStyle 属性来确定,它的取值及含义见表 5.1。

表 5.1　DropDownStyle 属性的取值及含义

DropDownStyle 属性取值	说　明
ComboBoxStyle.Simple	表示文本部分可编辑并且列表部分总可见
ComboBoxStyle.DropDown	表示文本部分可编辑,用户必须单击箭头按钮来显示列表部分
ComboBoxStyle.DropDownList	用户不能直接编辑文本部分,用户必须单击箭头按钮来显示列表部分

【例 5.3】　列表框的使用方法。

【解】　①新建一个项目,在窗体中添加 2 个 GroupBox 控件,Text 属性分别取为"可选大学"和"已选大学"。

②添加 2 个列表框,Name 属性分别取为 LstFrom 和 LstTo。

③添加 2 个命令按钮,Button1 的 text 属性取为"添加->",Button2 的 text 属性取为"全部->"。

④双击窗体的空白处,编写窗体的 Load 事件代码,代码如下:

```
Private Sub Form1_Load(ByVal sender As System.Object, ByVal e As System.EventArgs) Handles MyBase.Load
    LstFrom.Items.Add("重庆大学")
    LstFrom.Items.Add("北京大学")
    LstFrom.Items.Add("四川大学")
    LstFrom.Items.Add("天津大学")
    LstFrom.Items.Add("清华大学")
End Sub
```

⑤编写"添加->"命令按钮的 Click 事件代码,代码如下:

```
Private Sub Button1_Click(ByVal sender As System.Object, ByVal e As System.EventArgs) Handles Button1.Click
    Dim MyIndex As Integer
    MyIndex = LstFrom.SelectedIndex
    If MyIndex < 0 Then
      MsgBox("请选择要添加的大学!")
    Else
```

```
            LstTo.Items.Add(LstFrom.Text)
            LstFrom.Items.Remove(LstFrom.Items.Item(MyIndex))
        End If
    End Sub
```

⑥编写"全部->"命令按钮的 Click 事件代码,代码如下:

```
    Private Sub Button2_Click(ByVal sender As System.Object, ByVal e As System.
EventArgs) Handles Button2.Click
        Dim MyText As String
        If LstFrom.Items.Count <> 0 Then
            For n = 0 To LstFrom.Items.Count - 1
                Mytext = LstFrom.Items(n)
                LstTo.Items.Add(Mytext)
            Next
            LstFrom.Items.Clear()
        End If
    End Sub
```

⑦运行程序,结果如图 5.7 所示。

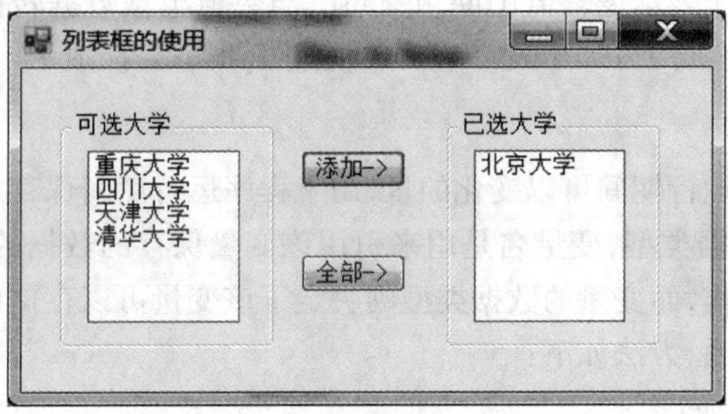

图 5.7 列表框的使用程序运行界面

5.3 VB.NET 语言基础

5.3.1 数据类型与变量

1)数据类型

根据数据描述信息的含义,将数据分为不同的种类,数据类型不同,则在内存中的存储结构也不同,占用的存储空间也不同。VB.NET 可以处理多种类型的数据,由 VB.NET 系统定义的数据类型称为标准数据类型,标准数据类型及它们的类型名和占用的存储空间大小见表 5.2。

表 5.2 标准数据类型

数据类型	类型名称	占用字节
整型	Integer	4
长整型	Long	8
单精度型	Single	4
双精度型	Double	8
字符串型	String	
日期型	Date	8
布尔型	Boolean	4
字符型	Char	2
对象型	Object	

说明：

①字符串型数据必须用英文双引号括起来，如"Hello"。

②日期型数据用于表示日期和时间，日期型数据需要用双井号括起来，如#09/10/2012#、#08:30:00 AM#、#10-1-2012 14:30#。

③布尔型数据用于表示逻辑值 True 和 False，当数值类型数据转换成布尔型数据时，0 转换成 False，非 0 转换成 True。反之，False 转换成 0，True 转换成 1。

2）变量

变量是指在程序运行期间可以变化的量，用于程序运行期间保存数据。每个变量都有一个名字和相应的数据类型，变量名是用来引用该变量保存的数据的符号，程序通过变量名对数据进行存取操作，而变量的数据类型则决定了该变量可以存储的数据的种类。变量在使用之前必须先声明，方法如下：

```
Dim N, M As Integer
Dim Sno As String
Dim X, Y, Z As Long, Msg As String
Dim YesNo As Boolean
```

需要注意的是：一条 Dim 语句可以同时定义多个变量，变量名由字母、数字、下划线（_）组成，必须以英文字母或下划线开头，不区分变量名中字母的大小写。

5.3.2 运算符与基本语句

运算符是用来对运算对象进行各种运算的操作符号，而表达式是由运算符将常量、变量、函数等连接起来形成的合法算式。可以把常量、变量和函数看做是没有运算符的表达式。

VB.NET 中的运算符有：算术运算符、连接运算符、关系运算符和逻辑运算符等。根据表达式计算结果，把表达式分为算术表达式、字符串表达式、关系表达式和逻辑表达式。

1)算术运算符和算术表达式

算术运算符要求参与运算的是数值型数据,运算结果也是数值型数据。各算术运算符的运算规则和优先级见表5.3。

表5.3 算术运算符及优先级

运算符	含 义	优先级	运算符	含 义	优先级
^	乘方	1	\	整除	4
-	负号	2	Mod	取余	5
*	乘	3	+	加	6
/	除	3	-	减	6

将常量、变量等运算元素用算术运算符连接起来的式子称为算术表达式。使用算术运算符时需要注意以下几点:

①整除运算时参与运算的数一般为整型值,当为实数时,首先把实数四舍五入转换成整型数或长整型数,然后进行整除运算。其运算结果为整型数或长整型数,不进行舍入处理。例如:

```
Dim  MyValue
MyValue = 3\2                      '返回 1
MyValue = 25.63\6.78               '返回 3
MyValue = 3/2                      '返回 1.5
```

②求余运算符(Mod)返回两数整除所得到的余数,求余结果的正负号与第一个运算量的符号相同。例如:

```
Dim  MyValue
MyValue = -17  Mod  3              '返回 -2
MyValue = 17  Mod  3               '返回 2
```

2)字符串连接运算符和字符串表达式

VB.NET 中的字符串连接运算符包括"+"和"&"。

"&"运算用来强制两个表达式作字符串连接,而"+"运算则有些不同,如果两个表达式都为字符串,则将两个字符串连接,如果一个是字符串而另一个是数字则进行相加操作。为避免混淆,最好使用"&"运算符进行字符串连接,从而提高程序代码的可读性。例如:

```
"Hello" & "World!"                 '返回 "HelloWorld!"
"123" + "222"                      '返回 "123222"
"123" & 222                        '返回 "123222"
"123" + 222                        '返回 345
```

3)关系运算符和关系表达式

关系运算用于比较两个运算量之间的关系,若关系成立,则运算的结果为 True,否则为 False。所有关系运算符优先级相同,低于算术运算符,VB.NET 中的关系运算符见表5.4。

表 5.4 关系运算符

运算符	含 义	运算符	含 义	运算符	含 义
<	小于	>	大于	=	等于
<=	小于或等于	>=	大于或等于	<>	不等于
Like	字符串匹配	Is	对象比较		

关系表达式的运算规则是:当两个操作数均为数值型算术表达式时,先计算关系运算符两边表达式的值,再按数值大小比较。若进行比较的表达式是字符串时,则依据对应字母的 ASCII 值进行逐个依次比较。例如:

```
"abc">"ABC"                     '返回 True
"ABc">"ABCD"                    '返回 True
```

4)逻辑运算符和逻辑表达式

逻辑运算(布尔运算)用于逻辑值之间的运算,逻辑运算符通常用来表示比较复杂的关系,逻辑表达式则是用逻辑运算符把关系表达式或逻辑变量连接起来的式子,所有逻辑运算符的优先级低于关系运算符,逻辑运算符的运算规则见表 5.5。

表 5.5 逻辑运算符及运算规则

运算符	含 义	优先级	示 例	含 义
Not	逻辑非	1	Not x	若 x 为 True,则结果为 False,否则结果为 True
And	逻辑与	2	x And y	x 和 y 同为 True 时,结果为 True,否则结果为 False
Or	逻辑或	3	x Or y	x 和 y 同为 False 时,结果为 False,否则结果为 True
Xor	异或	3	x Xor y	x 和 y 不同时,结果为 True,否则结果为 False
Eqv	逻辑等于	4	x Eqv y	x 和 y 相同时,结果为 True,否则结果为 False
Imp	逻辑蕴涵	5	x Imp y	x 为 True,同时 y 为 False 时,结果为 False,否则结果为 True

在这些逻辑运算符中,只有“Not”是单操作数运算符。例如:

```
Not 5>2 And 13>10               '返回 False
5>2 Eqv 13>10                   '返回 True
5>2 Xor 13>=10                  '返回 False
```

5)赋值语句

赋值语句是程序中最简单、最常用的语句,使用赋值语句可以在程序运行中改变对象的属性和变量的值,它的语法如下:

变量名 = 表达式

对象名.属性名=表达式

说明:

①语句中“=”号称为赋值号,不是数学上的等号,它的作用是把右边表达式的值赋值给左边的变量。

②赋值号左边只能是变量,不能是常量和表达式。

③赋值号两边的数据类型一般应相同。如果两边的数据类型不同,则右边数据的数据类型将被转换成左边变量的数据类型;如果不能转换,系统将提示错误信息。

④一般情况下,一条语句写在一行上。若要在一行上写多条语句,语句之间需用":"作为分隔符号。例如:

```
a=1:b=2:c=a+b
```

⑤需要在程序中添加注释时,可用撇号(')作为文字的开头。例如:

```
Me.Text="你好"                    '修改窗体的标题文字
```

⑥如果一条语句在一行内写不完,可以把一条语句写在多行内,方法是在行尾加续行符(一个空格加一个下划线"_")。例如:

```
MyExam="重庆大学" & "虎溪校区"
```

可以写成下面两行:

```
MyExam = "重庆大学" & _
"虎溪校区"
```

续行符一般加在运算符的前后。

6)Msgbox()函数

Msgbox()函数的功能是在对话框中显示消息,等待用户单击按钮,并返回一个整数表示用户单击了哪一个按钮。Msgbox()函数的使用格式如下:

N=MsgBox(Prompt[, Buttons][, Title])

参数说明:

➢ Prompt:必选项,显示在对话框中的提示信息。

➢ Buttons:可选项,指定显示的按钮数目及对话框的样式。Buttons 参数的取值及含义见表5.6。

表5.6 Buttons 参数的取值及含义

值	VB 常量	描 述
0	vbOKOnly	只显示 OK 按钮
1	VbOKCancel	显示 OK 及 Cancel 按钮
2	VbAbortRetryIgnore	显示 Abort、Retry 及 Ignore 按钮
3	VbYesNoCancel	显示 Yes、No 及 Cancel 按钮
4	VbYesNo	显示 Yes 及 No 按钮
5	VbRetryCancel	显示 Retry 及 Cancel 按钮
16	VbCritical	显示 Critical Message 图标
32	VbQuestion	显示 Warning Query 图标
48	VbExclamation	显示 Warning Message 图标
64	VbInformation	显示 Information Message 图标

➢ Title:可选项,在对话框标题栏中显示的文字。如果省略 Title,则在标题栏中显示应用程序名。

MsgBox()函数的返回值表示用户单击了对话框中的哪个命令按钮,返回值的含义见表5.7。

表5.7　MsgBox()函数返回值的含义

返回值	VB常数	用户单击的按钮
1	vbOK	OK
2	vbCancel	Cancel
3	vbAbort	Abort
4	vbRetry	Retry
5	vbIgnore	Ignore
6	vbYes	Yes
7	vbNo	No

下面程序段给出了MsgBox()函数的一般使用方法。

```
Dim YesNo As Integer
YesNo = MsgBox("是否要保存?", vbYesNo + vbQuestion, "保存文件")
If YesNo = vbYes Then
  …                                        '保存文件的代码
Else
  …                                        '不保存文件的代码
End If
```

执行上面程序,将先显示如图5.8所示的对话框。

7)InputBox()函数

InputBox()函数提供了一个简单的对话框供用户输入信息,其使用格式如下:

变量名=InputBox (Prompt[,Title][,DefaultResponse][,XPos][,YPos])

参数说明:

➤ Prompt:必选项,显示在对话框中的提示信息。

➤ Title:可选项,在对话框标题栏中显示的文字。如果省略Title,则在标题栏中显示应用程序名。

➤ DefaultResponse:可选项,输入文本编辑区的默认值。若省略,则显示的文本框为空。

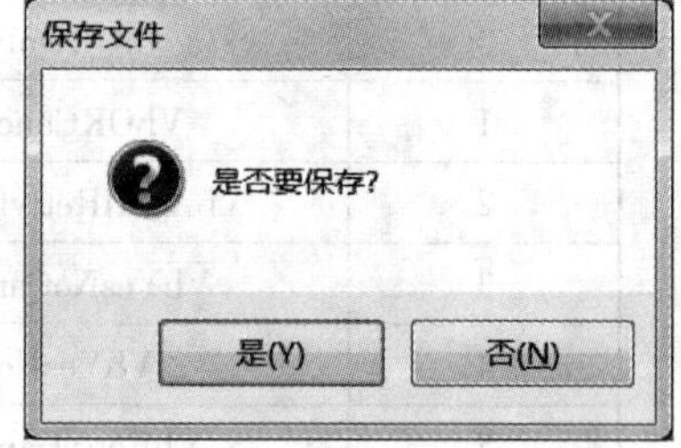

图5.8　MsgBox()函数打开的对话框

➤ XPos和YPos:确定对话框在屏幕上的显示位置。

例如,执行下面语句,将出现如图5.9所示的对话框。

```
Dim n As Integer
n = Val(InputBox("请输入n=", "数据输入框", 100))
```

需要说明的是:InputBox()函数的返回值的数据类型是字符串,如果需要得到数值型数据,则要用Val()函数将字符串转换成数值型数据。

图 5.9 InputBox( )函数打开的对话框

5.3.3 IF 条件语句

分支结构是程序的基本结构之一,可以根据一定的条件来决定执行何种操作。在VB.NET中,由下面的语句实现。

1)单分支 If…Then 语句

语法格式 1:

```
If <条件表达式> Then
  语句块 1
Endif
```

执行 If…Then 语句时,首先测试条件表达式的值,如果它为 True,就执行语句块 1,然后执行 End If 下面的语句;否则,跳过语句块 1,直接执行 End If 下面的语句。

语法格式 2:

```
If <条件表达式> Then 语句
```

使用语法格式 2 时,整个语句必须写在一行上,后面没有 End If,条件成立时执行语句,若要执行多条语句,语句间用“:”分隔。

例如,要实现如果 x 大于 y 时,则将 x 和 y 的值相互交换,可用下面程序实现:

```
If x>y Then
  t=x
  x=y
y=t
End If
```

或采用格式 2:

```
If x>y Then t=x: x=y: y=t
```

2)双分支 If…Then…Else 语句

从两个程序流程分支中选择一个执行。

语法格式:

```
If  条件  Then
语句块 1
Else
```

语句块 2

End If

执行 If…Then…Else 语句时，首先测试条件表达式的值，如果它为 True，就执行语句块 1；否则，执行语句块 2。然后执行 End If 下面的语句。

5.3.4 循环语句

循环结构是结构化程序的 3 种基本结构之一，循环就是重复执行一组语句，是否重复执行则由给定条件来决定。根据先判断条件再执行循环体或是先执行循环体再判断条件，循环结构又分为当型和直到型两种循环结构。VB 中提供了多条编写循环结构程序的语句，常用的有 For…Next 语句、Do…Loop 语句和 While…Wend 语句。

1) Do…Loop 语句

Do…Loop 循环结构语句有多种形式，应根据实际情况灵活选择，这里给出两种使用格式。

(1) Do While…Loop 语句

语法格式：

```
Do While 条件表达式
    循环体语句
Loop
```

执行这个 Do While…Loop 语句时，首先测试循环条件，如果循环条件为 False，则退出循环，直接执行 Loop 后面的语句；如果循环条件为 True，则进入循环体执行语句，碰到 Loop 语句后，再次测试循环条件，判断是否再次执行循环体语句，若条件仍为 True，则再次进入循环体执行语句。

【例 5.4】 求满足不等式 $1+2+3+\cdots+n>100$ 的最小 n 值。

程序代码如下：

```
Dim n, sum As Integer
n = 0:sum = 0
Do While sum < 100
   n = n + 1
   sum = sum + n
Loop
MsgBox("最小的 n=" & n)
```

(2) Do… Loop While 语句

语法格式：

```
Do
  循环体语句
Loop While 条件表达式
```

执行 Do … Loop While 语句时，首先进入循环体执行一次循环体语句，然后测试循环条件,如果循环条件为 True,则再次进入循环体执行循环体语句。这样重复直到循环条件为 False,则退出循环,执行 Loop While 后面的语句。

2) For...Next 语句

For...Next 循环将重复执行指定的一组语句,直到达到指定的执行次数为止。如果知道循环的执行次数,应使用 For...Next 循环。For 循环使用一个叫做循环计数器的变量,每重复一次循环之后,计数器变量的值就会增加或者减少,由计数器来控制循环的执行次数。

语法格式:

```
For 循环变量=初值 To 终止值 [Step 步长]
    语句块
Next [循环变量]
```

其中,步长是循环变量的增量,是一个数值表达式,其值可以是正数,也可以是负数。如果省略步长,则步长的默认值为 1。

For 循环的执行过程为:

①设置循环变量等于初值。

②测试循环变量的值是否超出终止值。若是的话,则退出循环,执行 Next 后面的语句;否则,执行步骤③。

③执行循环体内的语句块。

④执行到 Next 语句,循环变量自动增加一个步长,接着转向步骤②。

For 语句的循环次数计算公式为:循环次数=Int((终止值-初值)/步长)+1。

【例 5.5】 求 Sum=1+2+3+…100。

程序代码如下:

```
Dim Sum, n As Integer
Sum=0
For n= 1 To 100
    Sum= Sum + n
Next
MsgBox("Sum=" & Sum)
```

5.3.5 其他控制语句

1) Exit 语句

Exit 语句用于提前退出 For...Next、Do...Loop、Function 或 Sub 代码块,一般要与 If 语句配合使用。

(1) Exit For

Exit For 语句可以在 For 循环执行完预先设定的次数前退出循环, Exit For 只能在 For...Next 语句中使用。

(2) Exit Do

Exit Do 语句用于提前退出 Do...Loop 循环。

(3) Exit Function

执行 Exit Function 语句,程序立即从包含该语句的函数中退出,返回到调用该函数的主程序。

(4) Exit Sub

执行 Exit Sub 语句,程序立即从包含该语句的 Sub 过程中退出,返回到调用该 Sub 过程的主程序。

【例 5.6】 输入一个整数,判断该数是否为素数。

程序代码如下:

```
Dim n, x, flag as integer
x = Val(InputBox("x="))                    '输入一个整数
n = 2
flag = 1
Do While n <= x - 1
    If x Mod n = 0 Then
    flag = 0
    Exit Do
    End If
    n = n + 1
Loop
If flag = 1 Then
  MsgBox(x & "是素数")
Else
  MsgBox(x & "不是素数")
End If
```

2) Goto 语句

执行 Goto 语句后,程序将无条件的转移到程序中指定行处,开始执行指定处的语句。语法格式为:

Goto <标号或行号>

标号是以字母开头的多个字符的组合,以冒号结尾,Goto 语句的使用方法示例如下:

```
  …                                        'VB.NET 语句
  Goto MyJump
  …                                        'VB.NET 语句
MyJump:…                                   'VB.NET 语句
```

5.3.6 过程与函数

对于一个需要解决复杂问题的较大程序,可以把程序划分为若干个相对独立的模块,每个模块由一组语句构成,完成一个或若干个特定的功能,以简化程序的设计,这样的模块称为“过程”。

VB.NET 中有两类过程,一类是系统提供的内部函数过程和事件过程,内部函数过程是由系统提供的可直接用函数名调用的程序段,事件过程是附加在窗体和控件上的程序,响应发生在窗体或控件上的某个事件。例如,当用鼠标单击一个名为 cmdLogin 的命令按钮后,系统就会执行 cmdLogin_Click( )过程程序。另一类则是用户根据自己需要定义的完成某特定功能的自定义过程,自定义过程有 Sub 过程和 Function 过程两种。

1)Sub 子过程

定义 Sub 过程的语法格式:

```
[Private|Public] Sub 子过程名([参数列表])
    定义变量
    语句块
End Sub
```

说明:

①一个完整的子过程以 Sub 开始,以 End Sub 结束。

②调用子过程后,子过程名不返回值。但可以通过形参和实参结合传递数据。

③参数的列表形式是:[ByVal|ByRef]参数名[As 类型][,…],ByVal 表示当过程被调用时,参数是值传递,用 ByRef 说明参数,则是引用传递。

④在过程中使用 Exit Sub 语句,表示退出子过程。

子过程的调用形式是:

子过程名([参数列表])

2)Function 过程

定义 Function 过程的语法格式:

```
[Private|Public]Function 函数过程名([参数列表])[As 类型]
    定义变量
    语句块
    函数名=返回值
End Function
```

说明:

①函数过程以 Function 开始,以 End Function 结束。

②参数列表的形式及含义同 Sub 过程。

③在函数体内,函数名可以当变量使用,在函数体内至少对函数名赋值一次,给出函数过程的返回值。

④在函数中使用 Exit Function 语句,表示退出函数过程。

⑤调用用户函数的方法与调用子过程的方法相同。

【例 5.7】 求 Sum=1!+2!+3!+4!+5!。

【解】 ①新建一个项目,在窗体中添加一个 Button 控件。

②编写求 n! 的函数 Fac()。

程序代码如下：

```
Function Fac(ByVal n As Integer) As Integer          '求n! 的函数
    Dim i As Integer, Temp As Integer
    Temp = 1
    For i = 1 To n
        Temp = Temp * i
    Next i
    Fac = Temp                                       '把n! 的值赋给函数名Fac
End Function
```

③编写 Button1 控件的 Click 事件代码。

程序代码如下：

```
Private Sub Button1_Click ( ByVal sender As System. Object, ByVal e As System.
EventArgs) Handles Button1.Click
    Dim k As Integer, Sum As Integer
    Sum = 0
    For k = 1 To 5
        Sum = Sum + Fac(k)
    Next
    MsgBox("Sum=" & Sum)
End Sub
```

3)参数值传递和引用传递的比较

在形参前加上 ByVal 表示按值传递，在形参前加上 ByRef 或者不加说明表示按引用传递。按值传递就是通过传送实参的值给形参，实参和形参分别使用不同地址的内存单元保存数据，因而在执行子过程时改变形参的值不会改变对应实参的值。按引用传递时，形参与实参使用相同地址的内存单元保存数据，所以在执行子过程时，改变形参值就是改变实参的值。

【例 5.8】 按值传递和按引用传递的比较。

程序代码如下：

```
Private Sub Button1_Click ( ByVal sender As System. Object, ByVal e As System.
EventArgs) Handles Button1.Click
    Dim x As Integer, y As Integer
    x = 6
    y = 6
    MyExam(x, y)
    MsgBox("x=" & x & " y=" & y)
End Sub
```

```
Sub MyExam(ByVal a As Integer, ByRef b As Integer)
    a = a + 2
    b = b + 2
End Sub
```

调用 MyExam()函数后,x=6,y=8。说明通过值传递方式传递数据,在子函数中改变形参 a 的值,不会改变实参 x 的值;而通过引用传递方式传递数据,在子函数中改变形参 b 的值,会改变实参 y 的值。

4)常用内部函数

VB.NET 提供了许多内部函数,这些函数按功能可分为:数学函数、字符串函数、日期时间函数和类型转换函数。这里介绍部分常用的内部函数,见表 5.8,其他内部函数请参考相关书籍。

表 5.8 常用内部函数

函 数	说 明
Abs(N)	求 N 的绝对值
Int(N)	取整数,对负数取较小的,例如 Int(3.5)的值为 3,Int(-3.5)的值为-4
Rnd(N)	产生一个 0~1 的随机数
Sgn(N)	求数字的符号,例如 Sgn(-3.5)的值为-1
Len(C)	求字符串的长度,例如 Len("甲 Ab")的值为 3
Mid(C,N1,N2)	取给定字符串的子串, 例如 Mid("Student",4,3)的值为"dent"
Left(C,N)	从字符串的左边取指定长度的子串
Right(C,N)	从字符串的右边取指定长度的子串
Trim(C)	去掉字符串的前导和尾随空格,例如 Trim(" ABCD ")的值为"ABCD"
Date()	取得系统当前日期
Time()	取得系统当前时间
Asc(C)	字符转 ASCII 值,例如 ASC("A")的值为 65
Str(N)	数值转字符串,例如 Str(123.45)的值为"123.45"
Val(C)	字符串转数值,Val("123AB")的值为 123
Chr(N)	将 ASCII 码转换成字符,例如 Chr(66)的值为"B"

5.3.7 一维数组

数组是用同一个名称,采用不同下标进行区分的一组变量,每个变量称为数组元素,又称为下标变量,用数组名及下标唯一地确定数组中的一个元素,更改其中的一个元素的值并不会影响其他元素的值。一般情况下,数组中的元素属于同一个数据类型。

1)一维数组定义

数组遵循先定义后使用的原则,定义一个数组就是说明数组的名字、数据类型、维数和数组的大小。定义一维数组的语法格式为:

Dim 数组名([<最大下标>])[As 类型]

说明:最大下标必须是常数,数组元素的个数=最大下标+1。例如:

Dim a(10) As Integer

则定义了一个名字为 a 的一维数组,包含 11 个数组元素,下标取值从 0 到 10。

2)数组元素的引用

定义数组后,一般只能逐个引用数组元素,引用格式为:数组名(下标)。引用时下标的取值不能小于 0 或大于最大下标,否则要出错。

【例 5.9】 产生 15 个 200~300 的随机整数,求这些数中偶数的最大数。

【解】 新建一个项目,在窗体中添加一个 TextBox1 控件和 Button1 控件,把 TextBox1 的 MultiLine 属性设置为 True。Button1 控件的 Click 事件程序如下:

```
Private Sub Button 1_Click ( ByVal sender As System. Object, ByVal e As System.
EventArgs) Handles Button1.Click
    Const N = 15
    Dim a(N), b(N), i, k, m As Integer, s As String
    s = "随机整数:" & vbCrLf
    k = 0
    For i = 1 To N
        a(i) = Int(Rnd() * 200) + 100       '产生[100,300)之间的随机整数
        s = s + Trim(Str(a(i))) & " "
        If a(i) Mod 2 = 0 Then
            b(k) = a(i)
            k = k + 1
        End If
    Next i
    If k > 0 Then
        m = b(0)
        For i = 1 To k - 1
            If m < b(i) Then m = b(i)
        Next
        s = s & vbCrLf & vbCrLf & "偶数的最大数是:" & m
    Else
        s = s & vbCrLf & vbCrLf & "没有偶数!"
    End If
```

```
    TextBox1.Text = s
End Sub
```

程序运行后，单击“确定”命令，结果如图 5.10 所示。

程序中，vbCrLf 是系统定义的一个符号常量，表示换行的意思。

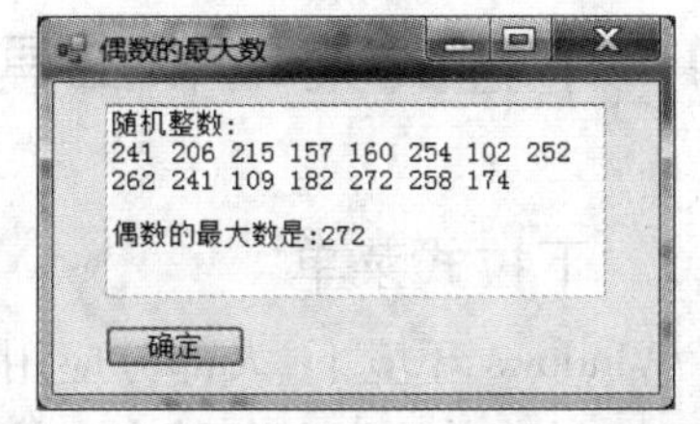

图 5.10　偶数的平均值程序运行界面

5.3.8　异常处理

异常处理是 VB.NET 的重要安全机制，它将运行时可能产生错误的代码和处理错误的代码进行了分离，不仅增强了代码的可读性，而且使用方便。

语法格式：

```
Try
  …                  '可能产生异常的代码
Catch
  …                  '处理异常的代码
Finally
  …                  '进行清理工作的代码
End Try
```

上面语句中，Try 和 Finally 块中的代码是必须执行的，Catch 块中的代码不一定要执行，可以没有 Finally 语句块。如果 Try 块中的代码没有抛出异常，则不执行 Catch 块中的代码，直接执行 Finally 中的代码；如果 Try 块中的代码抛出了异常，则由 Catch 块中的代码进行错误的处理，Finally 块中的代码负责处理错误后的后续工作，如释放对象、清理资源等工作。

示例代码如下：

```
Private Sub Button1_Click_1(ByVal sender As System.Object, ByVal e As System.EventArgs) Handles Button1.Click
        Dim N As Integer
        Try
            N=CInt(TextBox1.Text)          '可能产生异常
            N=N + 2
            TextBox1.Text=Str(N)
        Catch ex As Exception              'ex 作为异常捕获
            MsgBox(ex.ToString())
        End Try
    End Sub
```

执行 Try 块中的代码时，如果不能将文本框中的字符串转换成整型数，将产生一个异常，Catch 语句捕获到异常，然后执行块中的代码，显示错误提示信息。

5.4 下拉式菜单和工具栏

5.4.1 下拉式菜单

Windows 环境下,大部分应用软件都是用菜单来实现各种操作,菜单里面包含了各种命令,通过菜单可以对各种命令按功能进行分组。在 VB.NET 中,菜单一般分为下拉式菜单和弹出式菜单。在下拉式菜单中,一般有一个主菜单,称为菜单栏,每个主菜单项又可以包含若干个下一级子菜单项,每个菜单项就是一个命令。每个子菜单项又可以有自己的若干子菜单。每个菜单项是一个控件,与其他控件一样,用户可以定义它的外观和行为的属性。菜单项常用属性及含义见表 5.9。

表 5.9 菜单项的主要属性

名 称	说 明	名 称	说 明
Name	菜单项的名称	Enabled	设置菜单项是否可用
Text	菜单项显示的标题	Visible	设置菜单项是否可见
Checked	设置菜单项是否已选中	ShortCutkeys	与菜单项关联的快捷键

设计下拉式菜单的步骤是:

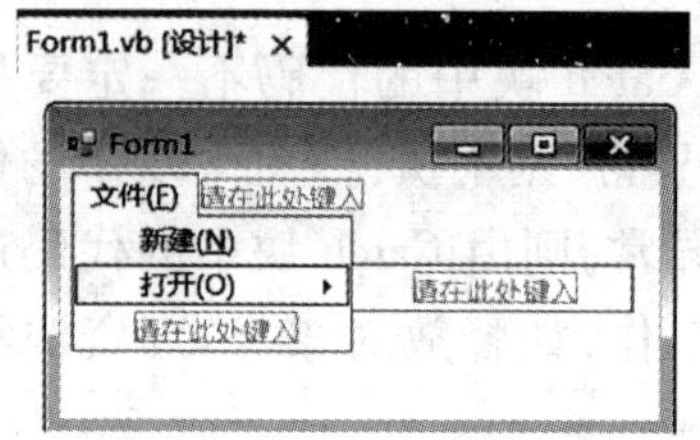

图 5.11 下拉菜单设计窗口

①新建一个 Windows 应用程序项目。

②从"工具箱"中选中 MenuStrip 控件,把该控件拖放到窗体上。这时,在"控件栏"中就会出现一个 Name 为 MenuStrip1 的控件。

③在 MenuStrip1 控件上单击鼠标左键,窗体上的菜单就会处于可编辑状态,只需在"请在此处键入"的位置输入所需的菜单项即可。例如,建立一个主菜单项"文件(F)"(输入:文件(&F),"&"符号的作用是为菜单设定快捷键)及子菜单项"新建(N)"和"打开(O)",结果如图5.11所示。

④双击某个菜单项,则可以给该菜单项编写 click 事件代码。

5.4.2 工具栏

一般情况下,工具栏上的按钮与应用程序下拉菜单中的某些项一一对应,给用户提供了应用程序常用菜单命令的快捷访问方式。

设计工具栏的的步骤是:

①将 ToolStrip 控件从"工具箱"拖到窗体上。在"属性"窗口中,单击 Items 属性,然后单击"省略号"按钮,打开项集合编辑器,如图 5.12 所示。

②在下拉列表框中,选择 ToolStripItem 的类型为 Button,单击"添加"按钮,向 ToolStrip 控件添加按钮,设置每个工具栏按钮的 Image 属性。

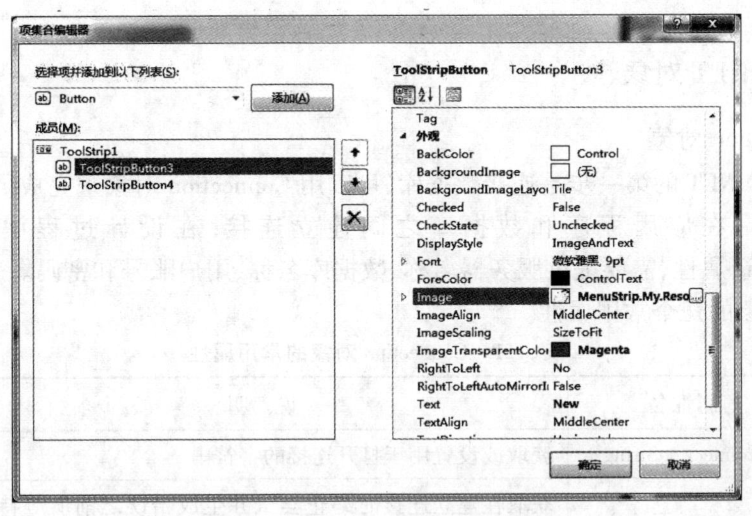

图 5.12　ToolStrip 的项集合编辑器

用户还可以根据需要设置每个按钮的其他属性,表 5.10 给出了工具栏按钮的一些常用属性及含义。

表 5.10　工具栏按钮常用属性

名　称	说　明	名　称	说　明
Image	将显示在按钮上的图像	Text	按钮显示的文本字符串
Enabled	设置按钮是否可用	ToolTipText	按钮的提示文本字符串
TextImage Relation	指定图像与按钮上的文本的相对位置	DisplayStyle	指定是否显示图像和文本。

③双击某个按钮,则可以给该按钮编写 Click 事件代码。

5.5　VB.NET 与数据库

在 VB.NET 应用程序中常用 ADO.NET 数据控件来访问数据库,可以对 SQL Server 数据源和任何符合 OLE DB(对象链接和嵌入数据库,提供一种统一的数据访问接口)规范的数据源进行访问。ADO.NET 用于访问和处理数据的类库包含以下两个组件:数据集(DataSet)和.NET Framework 数据提供程序。其中,DataSet 是从数据库中检索到的数据在内存中的副本,是与数据库完全断开的。.NET Framework 数据提供程序包含 Connection、Command、DataReader、DataAdapter 4 个核心对象,由它们和数据库进行交互,其关系如图 5.13 所示。

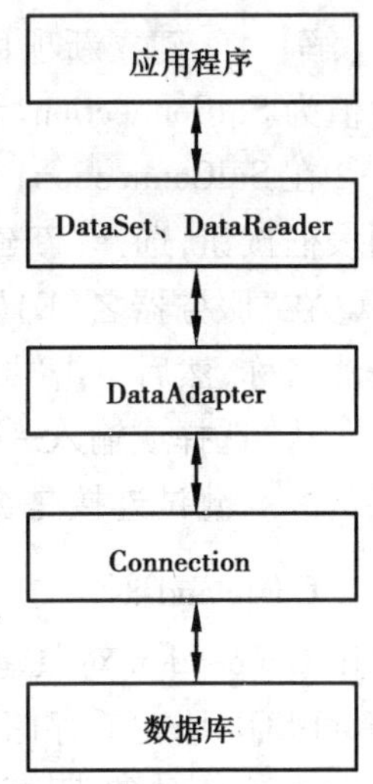

图 5.13　ADO.NET 和数据库之间的关系

5.5.1 ADO.NET 对象

1) Connection 对象

使用 ADO.NET 的第一步是连接数据库,可以用 Connection 对象来完成。Connection 对象的作用就是在应用程序和数据库之间建立连接,在设计过程中主要是设置 ConnectionString 属性,需要提供服务器名称、数据库名称、用户账号和密码。表 5.11 给出了 Connection 对象的几个常用属性。

表 5.11 Connection 对象的常用属性

属性名	说 明
ConnectionString	获取或设置用于打开连接的字符串
ConnectionTimeOut	获取在建立连接时终止尝试并生成错误之前所等待的时间
Database	获取当前数据库或在连接打开后要使用的数据库名称
DataSource	获取要连接的数据库服务器的名称
State	获取连接的当前状态

在 Connection 对象的方法中,使用最多的是 open( )方法和 close( )方法。open( )方法的功能是使用 ConnectionString 所指定的设置,打开数据库连接;close( )方法的功能是关闭与数据库的连接。

采用工具箱的 SqlConnection 控件创建 Connection 对象,可以很方便地进行参数设置,不需要编写任何程序代码,例 5.10 给出了具体的操作方法。

【例 5.10】 使用工具箱的 SqlConnection 控件创建一个 Connection 对象连接到数据库。

【解】 ①建立新项目,将 SqlConnection 控件从"工具箱"拖到窗体上,创建一个 Name 属性值为 SqlConnection1 的对象。

②在 SqlConnection1 的对象的"属性"窗口中,单击 ConnectionString 属性,然后单击下拉列表框按钮,选择"新建连接"选项,打开"添加连接"对话框,如图 5.14 所示。

③在"服务器名(E)"选项的下拉列表框中,输入安装有 SQL Server 数据库管理系统的服务器名称,然后单击"刷新"命令。

④从"选择或输入一个数据库名"选项的下拉列表框中选择一个数据库,再单击"测试连接"命令,测试连接是否成功,完成对 SqlConnection1 对象的参数设置。

2) Command 对象

用 Connection 对象建立了与数据源的连接后,就可以用 Command 对象对数据源执行 Transact-SQL 语句或存储过程,实现对数据库的各种操作。

Command 对象带有的执行命令由 CommandText 属性指定,命令的类型则要用 CommandType 属性来说明。如果 CommandText 属性指定的是一条 SQL 语句,则 CommandType 属性应设置为 CommandType. Text,当使用的是 SQL 的 Select 命令,调用

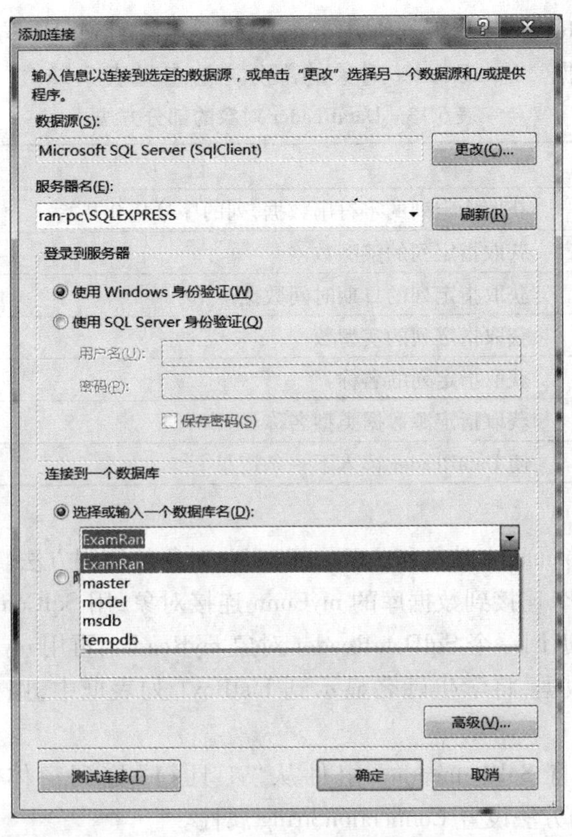

图 5.14 "添加连接"对话框

Command对象的 ExecuteReader( )方法,将返回一个 DataReader 对象。如果 CommandText 属性指定的是一个或多个表名,CommandType 属性应设置为 CommandType. TableDirect,调用ExecuteNonQuery( )方法将返回表的所有行和列,如果是多个表,则返回多个表的连接。

Command 对象的常用属性及含义见表 5.12。

表 5.12 Command 对象的常用属性

属性名	说 明
CommandText	设置要执行的 SQL 语句、表名、存储过程名之一
CommandTimeout	终止执行命令的尝试并生成错误之前的等待时间
CommandType	表示要执行的命令类型,可选 CommandType. StoredProcedure, CommandType.Text 和 CommandType.TableDirect
Connection	Command 对象使用的连接对象

3) DataReader 对象

DataReader 对象是一个简单的数据集,用于从数据源中检索只读数据集,常用于检索大量数据。DataReader 对象一次只在内存中存储一条记录,只允许以只读、单向的方式查看其中所存储的数据,是一种有效率的数据查看模式,非常节省内存资源。

若要创建 DataReader 对象,必须调用 Command 对象的 ExecuteReader( )方法,不能使用

构造函数。创建 DataReader 对象后，需用 DataReader 对象的 read( )方法读入记录，用Get…方法访问指定列的数据。DataReader 对象的部分方法参见表 5.13。

表 5.13　DataReader 对象的部分方法

方法名	说　明
GetString	获取指定列的字符串数据，列的序号从 0 开始
GetInt32	获取指定列的整型数
GetDateTime	获取指定列的日期时间数据
GetDouble	获取指定列的实型数
GetName	获取指定列的名称
GetDataTypeName	获取指定源数据类型名称
Read	使 DataReader 读入下一条记录

【例 5.11】　SqlCommand 对象和 SqlDataReader 对象的使用方法。

【解】　先创建一个连接到数据库的 myConn 连接对象，用 SqlCommand 对象 myCmd 的 ExecuteReader( )方法返回一个 SqlDataReader 对象 myReader，再用 myReader 的 read( )方法读取 tblStudent 表的数据，将学生姓名显示到 ListBox1 列表框中，用标签 LbCnt 显示学生人数。

①建立新项目，将 SqlConnection 组件从“工具箱”拖到窗体上，Name 属性改为 myConn。按例 5.10 的方法设置 ConnectionString 属性。

②在窗体上添加一个 Label、一个 ListBox 和一个 Button 控件。按表 5.14 修改窗体和各个控件的有关属性。

表 5.14　窗体及控件的属性

对　象	Name 属性	Text 属性
窗体	frmStudent	统计学生人数
命令按钮	BnCnt	确定
标签	LbCnt	
列表框	ListBox1	

③双击“确定”按钮，输入 Click 事件代码，代码如下：

```
Private Sub BnCnt_Click(ByVal sender As System.Object, ByVal e As System.EventArgs)
    Handles BnCnt.Click
    Dim myReader As SqlClient.SqlDataReader
    Dim myCmd As SqlClient.SqlCommand = New SqlClient.SqlCommand
    ListBox1.MultiColumn = True
    ListBox1.Items.Clear( )
    MyConn.Open( )
    myCmd.CommandText = "select * from tblStudent"
```

```
        myCmd.Connection = MyConn
        myReader = myCmd.ExecuteReader()
        While myReader.Read
            ListBox1.Items.Add(myReader.GetString(2))
        End While
        myCmd.CommandText = "select count(*) from tblStudent"
        myReader.Close()
        myReader = myCmd.ExecuteReader()
        myReader.Read()
        LbCnt.Text = "共有" & myReader.GetInt32(0) & "人"
        MyConn.Close()
    End Sub
```

④运行程序,单击"确定"按钮,结果如图 5.15 所示。

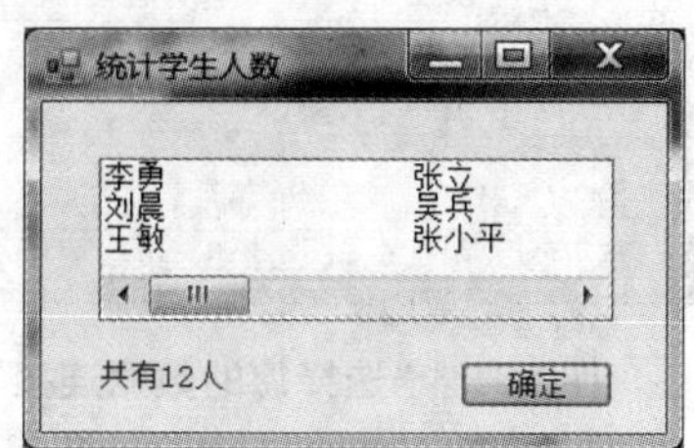

图 5.15 统计学生人数程序运行界面

4) DataAdapter 对象

DataAdapter 对象是数据库和程序之间的桥梁,它包含有操作数据库的一组命令和连接数据库的信息,可以把从数据库中检索的数据,填充到 DataSet 对象中,也可以把对 DataSet 作出的更改解析回数据源。DataAdapter 检索和更新数据需要使用它包含的 4 个 Command 类型属性,见表 5.15。利用这 4 个对象,会使数据的加载和更新更加方便。

表 5.15 DataAdapter 对象的 Command 类型属性

属 性	说 明
DeleteCommand	获取或设置一个语句或存储过程,用于从数据集删除记录
InsertCommand	获取或设置一个语句或存储过程,用于在数据源中插入新记录
SelectCommand	获取或设置一个语句或存储过程,用于在数据源中选择记录。在 Fill()方法中使用的 sqlCommand,用来将选择的记录存放到 DataSet 中
UpdateCommand	获取或设置一个语句或存储过程,用于更新数据源中的记录。在 Update()方法中使用的 sqlCommand,用 DataSet 中已作出的修改信息更新数据库

在 DataAdapter 对象的方法中,常用的方法是 Fill()方法和 Update()方法。Fill()方法用于将数据源中的数据填充到 DataSet 中,而 Update()方法的则是把 DataSet 对象中的改变后的数据更新回数据源。当调用 Update()方法时,DataAdapter 对象将分析已作出的更改并执行相应的命令(Insert、Update 和 Delete)。

【例 5.12】 DataAdapter 对象的使用方法。

【解】 ①建立新项目，将 SqlConnection 控件从“工具箱”拖到窗体上，Name 属性值为 myConnection。按例 5.10 的方法设置 ConnectionString 属性。

②将 SqlDataAdapter 控件从“工具箱”拖到窗体上，打开“数据适配器配置向导”，在“选择您的数据连接”对话框中，选择刚才建立的连接，如图 5.16 所示，单击“下一步”按钮。

③在“选择命令类型”对话框中，选择“使用 SQL 语句”，如图 5.17 所示，单击“下一步”按钮。

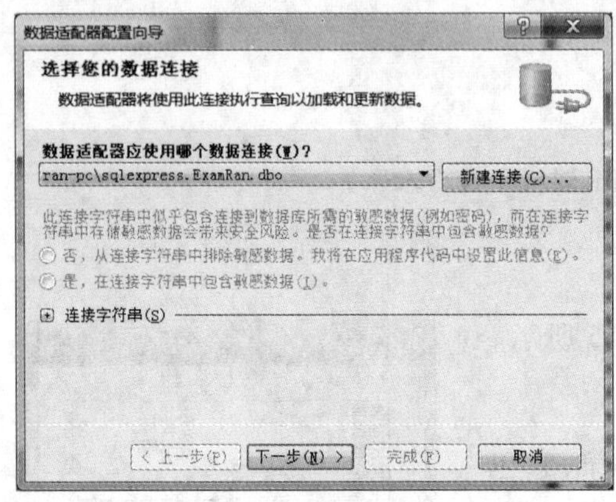

图 5.16 “选择您的数据连接”对话框

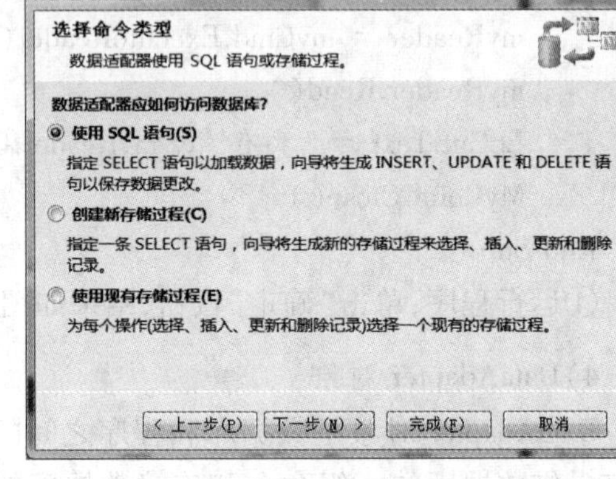

图 5.17 “选择命令类型”对话框

④在“生成 SQL 语句”对话框中，单击“查询生成器”，在“添加表”对话框中添加 tblStudent 表，单击“关闭”按钮，在“查询生成器”对话框中，选中 tblStudent 表的所有列，如图5.18所示。单击“确定”按钮，又回到“生成 SQL 语句”对话框中，结果如图 5.19 所示。也可以在“生成 SQL 语句”对话框中，直接输入 SQL 语句，不用“查询生成器”生成 SQL 语句。

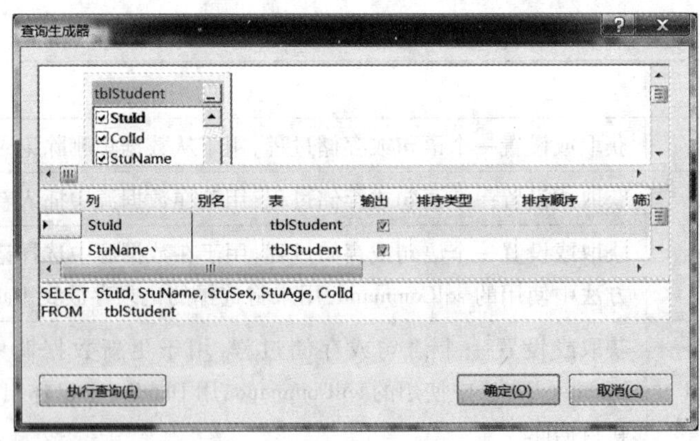

图 5.18 “查询生成器”对话框

⑤在“生成 SQL 语句”对话框中，单击“下一步”按钮。

⑥在“向导结果”对话框中，单击“完成”按钮。

⑦在窗体上添加一个 DataGrid 控件和 Button 控件。双击 Button 控件，输入 Click 事件代码，代码如下：

```
Dim Ds As New DataSet( )
SqlDataAdapter1.Fill(Ds, "tblStudent")
```

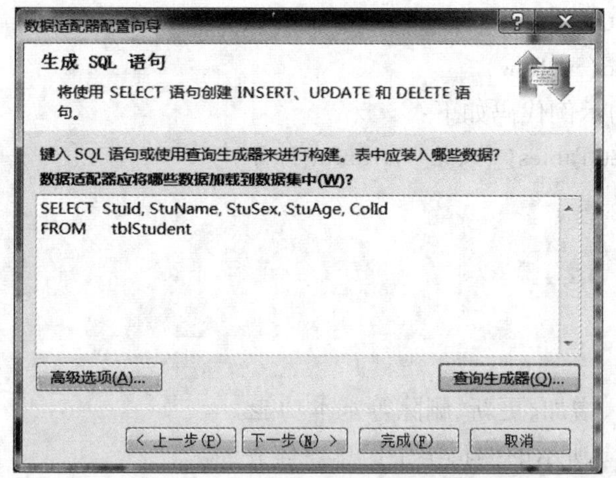

图 5.19 "生成 SQL 语句"对话框

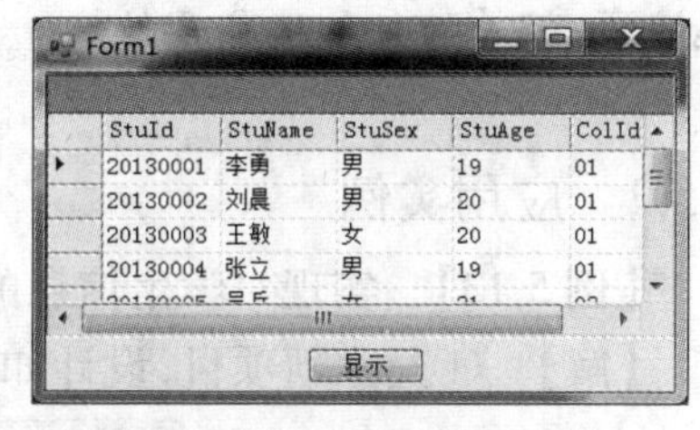

图 5.20 程序运行结果

```
DataGrid1.DataSource = Ds.Tables("tblStudent")
```

⑧执行程序,单击"显示"按钮,结果如图 5.20 所示。

5)DataSet 对象

DataSet 的结构类似于关系数据库的结构,是不依赖于数据库的独立数据集合,即使断开数据连接,仍然可以使用 DataSet。DataSet 采用 XML 来描述数据,由于 XML 是一种与平台无关、与语言无关的数据描述性语言,可以描述复杂关系的数据。因此,在 DataSet 中可以包含多个 DataTable(数据表)对象,以及表间关系、数据约束等,这与关系数据库的模型基本相同。

每个 DataTable 对应数据库的一个数据表(Table)或视图(View),每个 DataTable 都包含一个 Columns 集合和 Rows 集合,访问 Columns 集合可以获取记录的字段信息。Rows 集合由 DataRow 对象组成,每个 DataRow 对象代表表中的一条记录。每个 DataRow 都有 Item 属性,用 Columns 集合中的字段名进行索引,获取或设置某条记录的各个字段的数据。

对 DataTable 对象的主要操作有用 NewRow()方法创建新的 DataRow 对象,创建新的 DataRow 对象之后,要用 Add()方法将新的 DataRow 对象添加到 DataTable 中;要删除 DataTable 对象中的 DataRow 对象,可以用 Delete()方法实现。最后,调用 AcceptChanges()方法进行确认。

在 DataTable 对象中增加一条新记录的示例代码如下:

①创建一个 DataRow 对象,其中的 myDataSet 是数据集对象名。

```
Dim myRow As DataRow = myDataSet.Tables("表名").NewRow
```

②根据列名对新记录填写数据。

```
myRow("列名 1")=
myRow("列名 2")=
…
```

③将新记录添加到 DataTable 对象中。

```
myDataSet.Tables("表名").Rows.Add(myRow)
```

在 DataTable 对象中删除一条记录的示例代码如下：

```
Dim myRow As DataRow = myDataSet.Tables("表名").Rows(行号)
myRow.Delete()
```

注意：记录的行号从 0 开始。

5.5.2 应用实例

【例 5.13】 实现对学生信息的浏览、增加、更新、删除等基本功能。

【解】 ①建立新项目，设计如图 5.21 所示的编辑学生信息窗体界面。

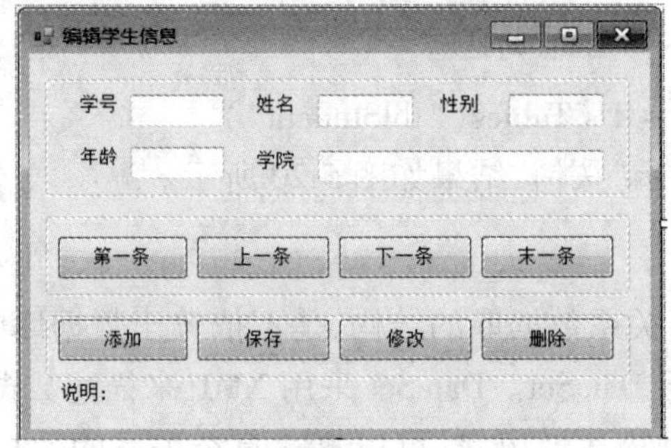

图 5.21 编辑学生信息窗体

②按表 5.16 修改窗体和各个控件的有关属性。

表 5.16 窗体及控件的属性值

对 象	Name 属性	Text 属性值	说 明
窗体	frmStudent	编辑学生信息	
命令按钮	BnFirst	第一条	
命令按钮	BnNext	下一条	
命令按钮	BnPrev	上一条	
命令按钮	BnLast	末一条	
命令按钮	BnAdd	添加	
命令按钮	BnSave	保存	
命令按钮	BnDel	删除	
命令按钮	BnModif	修改	
文本框	txtStuId		输入学号
文本框	txtName		输入姓名
文本框	txtAge		输入年龄
文本框	txtSex		输入性别
文本框	txtColId		输入学院
标签	LbMsg	说明	显示提示

③从“工具箱”拖放一个 SqlConnection 控件和一个 SqlDataAdapter 控件到窗体上，按例 5.12 的步骤进行参数配置，将 SqlDataAdapter 控件的 Name 属性改为 DaStudent。

④定义公有变量和函数。

程序代码如下：

```
Public stuDataSet As DataSet = New DataSet
Public LineNum, LineSum As Integer
Public Sub ShowRows()
    LbMsg.Text = "说明:第" & Str(LineNum + 1) & "条,共" & Str(LineSum)
              & "条"
    If LineSum > 0 Then
      Dim myRow As DataRow = stuDataSet.Tables("tblStudent").Rows(LineNum)
        txtStuid.Text = myRow("StuId")
        txtName.Text = myRow("StuName")
        txtSage.Text = myRow("StuAge")
        txtSsex.Text = myRow("StuSex")
        txtColid.Text = myRow("ColId")
    Else
        LbMsg.Text = "没有记录了!"
    End If
End Sub
```

⑤在 frmStudent 窗体的 Load 事件中输入如下代码：

```
Private Sub Form1_Load(ByVal sender As System.Object, ByVal e As System.EventArgs)
Handles MyBase.Load
    DaStudent.Fill(stuDataSet, "tblStudent")
    Dim currRow() As DataRow = stuDataSet.Tables("tblStudent").Select(Nothing,
Nothing, DataViewRowState.CurrentRows)
    LineSum = currRow.Length                        '获取记录的总数
    LineNum = 0                                     '显示第一条记录
    ShowRows()
    BnSave.Enabled = False
End Sub
```

⑥在“第一条”命令按钮的 Click 事件中输入如下代码：

```
Private Sub BnFirst_Click(ByVal sender As System.Object, ByVal e As System.EventArgs)
Handles BnFirst.Click
    LineNum = 0
    ShowRows()
End Sub
```

⑦在“下一条”命令按钮的 Click 事件中输入如下代码：

让 LineNum 加 1，显示下一条记录。如果当前显示的已经是最后一条记录，则 LineNum 的值不变。

```
Private Sub BnNext_Click(ByVal sender As System.Object, ByVal e As System.EventArgs)
Handles BnNext.Click
        If LineNum < LineSum - 1 Then
            LineNum = LineNum + 1
            ShowRows()
        End If
End Sub
```

⑧在“上一条”命令按钮的 Click 事件中输入如下代码：

让 LineNum 减 1，显示上一条记录。如果当前显示的已经是第一条记录，则 LineNum 的值不变。

```
Private Sub BnPrev_Click(ByVal sender As System.Object, ByVal e As System.EventArgs)
Handles BnPrev.Click
        If LineNum > 0 Then
          LineNum = LineNum - 1
          ShowRows()
        End If
End Sub
```

⑨在“末一条”命令按钮的 Click 事件中输入如下代码：

```
Private Sub BnLast_Click(ByVal sender As System.Object, ByVal e As System.EventArgs)
Handles BnLast.Click
        LineNum = LineSum - 1
        ShowRows()
End Sub
```

⑩在“添加”命令按钮的 Click 事件中输入如下代码：

清空用于显示记录的各个文本框，以便用户输入新值，并使“添加”“删除”和“修改”命令按钮不可用，“保存”命令按钮可用。

```
Private Sub BnAdd_Click(ByVal sender As System.Object, ByVal e As System.EventArgs)
Handles BnAdd.Click
        txtStuid.Text = "  "
        txtName.Text = "  "
        txtSage.Text = "  "
        txtSsex.Text = "  "
        txtColid.Text = "  "
        BnSave.Enabled = True
        BnDel.Enabled = False
```

```
        BnModify.Enabled = False
        BnAdd.Enabled = False
    End Sub
```

⑪在“保存”命令按钮的 Click 事件中输入如下代码：

首先判断学号是否为空，如果为空，则提示“学号不能为空”。如果不为空，则先声明一个新 DataRow 对象 myRow，把各个文本框的值赋值给 MyRow，再用 Add( )方法把新记录添加到数据集 DsStudent 中，然后更新数据库。

```
    Private Sub BnSave_Click( ByVal sender As System.Object, ByVal e As System.EventArgs)
Handles BnSave.Click
        If txtStuid.Text = "" Then
            MsgBox("学号不能为空!")
        Else
            Dim myRow As DataRow = stuDataSet.Tables("tblStudent").NewRow
            myRow("StuId") = txtStuid.Text
            myRow("StuName") = txtName.Text
            myRow("StuAge") = Val(txtSage.Text)
            myRow("StuSex") = txtSsex.Text
            myRow("ColId") = txtColid.Text
            stuDataSet.Tables("tblStudent").Rows.Add(myRow)
            DaStudent.Update(stuDataSet, "tblStudent")
            LineSum = LineSum + 1
            LineNum = LineSum - 1
            ShowRows()
            BnAdd.Enabled = True
            BnDel.Enabled = True
            BnModify.Enabled = True
            BnSave.Enabled = False
        End If
    End Sub
```

⑫在“删除”命令按钮的 Click 事件中输入如下代码：

用 Delete( )方法删除当前记录，然后显示下一条记录，使总数减 1。如果删除的是最后一条记录，则显示上一条记录。

```
    Private Sub BnDel_Click( ByVal sender As System.Object, ByVal e As System.EventArgs)
Handles BnDel.Click
        Dim myRow As DataRow
        If LineSum > 0 Then
            myRow = stuDataSet.Tables("tblStudent").Rows(LineNum)
            myRow.Delete()
```

```
            DaStudent.Update(stuDataSet, "tblStudent")
            LineSum = LineSum - 1
            If LineNum = LineSum Then
                LineNum = LineNum - 1
            End If
            ShowRows()
        Else
            MsgBox("没有记录了!")
        End If
    End Sub
```

⑬在“修改”命令按钮的 Click 事件中输入如下代码：

先用各个文本框的值修改当前记录的值，然后调用 Update( )方法将修改更新回数据库。

```
    Private Sub BnModify_Click ( ByVal sender As System. Object, ByVal e As System.
EventArgs) Handles BnModify.Click
        Dim myRow As DataRow = stuDataSet.Tables("tblStudent").Rows(LineNum)
        myRow("StuId") = txtStuid.Text
        myRow("StuName") = txtName.Text
        myRow("StuAge") = txtSage.Text
        myRow("StuSex") = txtSsex.Text
        myRow("ColId") = txtColid.Text
        DaStudent.Update(stuDataSet, "tblStudent")
    End Sub
```

⑭至此，整个系统设计完成，运行程序，结果如图 5.22 所示。

【例 5.14】 实现对学生信息按多种条件的组合查询。

【解】 ①建立新项目，按图 5.23 所示查询窗体界面添加命令按钮、复选框、单选按钮和文本框。

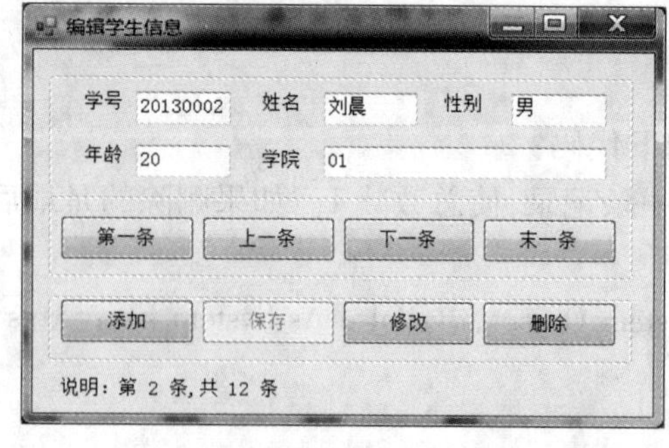

图 5.22 编辑学生信息程序运行界面

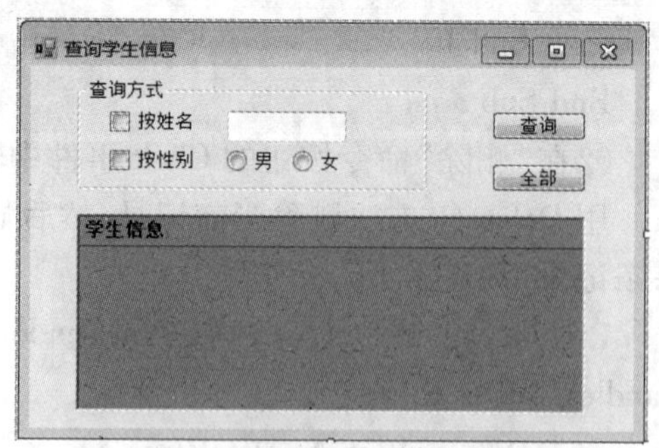

图 5.23 查询学生信息窗体

②按表 5.17 修改窗体和各个控件的有关属性。

表 5.17 窗体及控件的属性值

对象类型	Name 属性	Text 属性
窗体	FrmFind	查询学生信息
命令按钮	BnFind	查询
命令按钮	BnShowAll	全部
复选框	ChkName	按姓名
复选框	ChkSex	按性别
单选钮	RadioMale	男
单选钮	RadioFemale	女
文本框	TxtName	

③添加一个 DataGrid 控件,将其 Caption 属性改为“学生信息”。

④从“工具箱”拖放一个 SqlConnection 和一个 SqlDataAdapter 控件到窗体上,按例 5.12 的步骤进行参数配置,将 SqlDataAdapter 控件的 Name 属性改为 DaStudent。

⑤在“全部”命令按钮的 Click 事件中输入如下代码:

先用 strSQL 中的字符串,重新设置 CommandText 属性的值,设置好要执行的 SQL 语句,调用 ExecuteNonQuery( ) 方法执行查询,用 Fill( ) 将查询结果填充到数据集 myDataSet 中,最后,用 DataGrid 控件显示结果。

```
Private Sub BnShowAll_Click ( ByVal sender As System. Object, ByVal e As System.
EventArgs) Handles BnShowAll.Click
        Dim strSQL As String
        Dim myDataSet As New DataSet
        strSQL = "select * from tblStudent"
        SqlConnection1.Open( )
        DaStudent.SelectCommand.CommandText = strSQL
        DaStudent.SelectCommand.ExecuteNonQuery( )
        DaStudent.Fill( myDataSet)
        DataGrid1.DataSource = myDataSet.Tables( "tblStudent" )
        SqlConnection1.Close( )
End Sub
```

⑥在“查询”命令按钮的 Click 事件中输入如下代码:

先根据选择的条件构造 Select 语句中 Where 子句字符串,保存到 StrWhere 变量里,然后再构造出完整的 Select 语句字符串,保存到 strSQL 变量里。如果没有选择条件,则提示“请选择条件!”。

```
Private Sub BnFind_Click(ByVal sender As System.Object, ByVal e As System.EventArgs)
Handles BnFind.Click
    Dim strSQL, strWhere, strSex As String, flag As Integer
    Dim myDataSet As New DataSet
    flag = 0
    strSQL = "select * from tblStudent where "
    If ChkName.Checked = True Then
        strWhere = " StuName  Like '" + Trim(TxtName.Text) + "%'"
        flag = 1
    End If
    If ChkSex.Checked = True Then
        If RadioMale.Checked = True Then
            strSex = "男"
        Else
            strSex = "女"
        End If
        If flag = 0 Then
            strWhere = " StuSex=' " + strSex + "' "
        Else
            strWhere = strWhere + " and StuSex=' " + strSex + "'"
        End If
        flag = 1
    End If
    strSQL = strSQL + strWhere
    If flag = 1 Then
        SqlConnection1.Open()
        DaStudent.SelectCommand.CommandText = strSQL
        DaStudent.SelectCommand.ExecuteNonQuery()
        DaStudent.Fill(myDataSet)
        DataGrid1.DataSource = myDataSet.Tables("tblStudent")
        SqlConnection1.Close()
    Else
        MsgBox("请选择条件!")
    End If
End Sub
```

⑦运行程序,结果如图 5.24 所示。

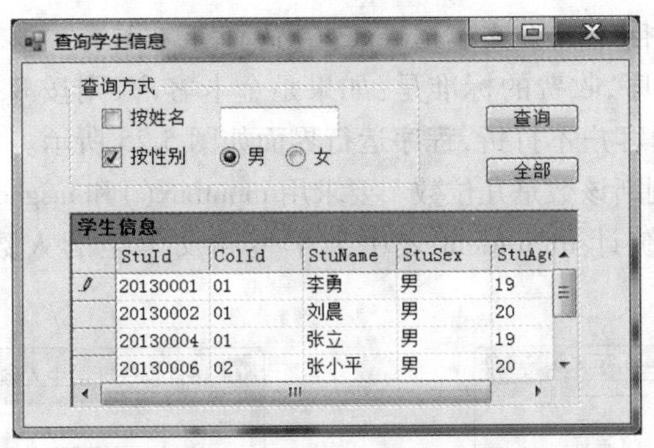

图 5.24　查询学生信息程序运行界面

本章小结

本章首先介绍了 VB.NET 中的一些基本概念，通过一个简单的程序实例，介绍了VB.NET集成开发环境的使用方法，重点介绍了窗体和命令按钮、文本框、单选按钮、复选框、列表框等控件的常用属性、方法和事件。

VB.NET 语言基础部分重点介绍了数据类型、常量、变量等基本概念，由运算符将常量、变量、函数等连接起来形成的合法算式构成的表达式是编写程序语句的基础，采用结构化的程序设计方法可以完成较为复杂的程序设计，选用 If…Else…EndIf 语句实现选择结构的程序设计，循环结构的程序设计则可以根据具体的问题选用 For 语句或 Do…Loop 语句实现。

对一个较大的程序，通常会将它分解成若干个小的功能模块，这些功能模块称为子函数或子过程，子函数有返回值，子过程没有返回值。调用程序可以通过参数的形式把数据传递给子函数，如果采用 ByRef 方式传递数据，则通过参数的形式，子函数中的数据也可以返回给调用程序。

数组可以看作是一组带下标的变量集合，用于处理涉及大量数据的问题。数组元素代表数组中的某个数据项，单个数组元素的使用方法与普通变量的使用方法相同。

VB.NET 与数据库部分重点介绍了 ADO.NET 对象，它由数据集和数据提供程序构成。Connection 对象提供与数据源的连接，Command 对象用于访问数据源，实现对数据库的各种操作。DataReader 对象允许以只读、单向的方式查看数据源的数据，DataAdapter 对象使用 Command 对象在数据源中执行 SQL 命令，并将检索到的数据填充到 DataSet 中和对数据源的更新。最后，以 tblStudent 表作为操作对象，给出了两个实例程序的详细设计过程，实现了对学生信息的浏览、增加、更新、删除和查询等基本功能，使读者掌握设计 VB.NET 数据库管理程序的一些基本方法。

习题与思考题

1.什么是类和对象？它们之间有什么联系？

2.函数的两种参数传递方式有什么差别？

3.设计一个程序，使窗体内的命令按钮“求和”具有如下的功能：将文本框 text1 和文本框 text2 中输入的数值相加后，在文本框 text3 中显示其结果。

4.设计一个收费程序，收费的标准是：如果是金卡客户，则按 8 折收费，如果是银卡客户，则按 9 折收费，普通客户不打折，程序运行界面如图 5.25 所示。

5.输入一个整数，判断该数是几位数。要求用 inputbox( ) 和 msgbox( ) 实现输入和输出。

6.设计一个程序，统计 tblStudent 表中男学生和女学生的人数，程序运行界面如图 5.26所示。

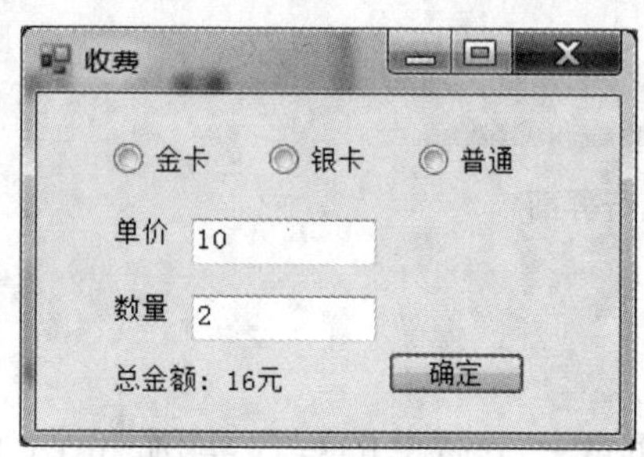

图 5.25　收费程序运行界面

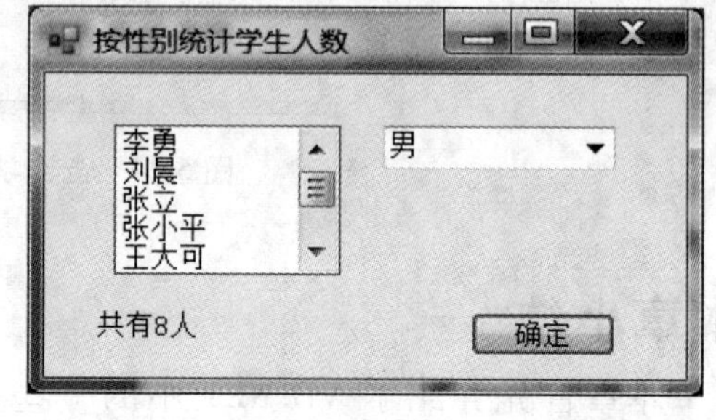

图 5.26　统计人数程序运行界面

7.试举例说明 Command 对象的使用方法。

8.简述在 DataTable 对象中增加一条新记录的方法。

9.如何利用 Connection 对象建立与数据库的连接？

10.DataAdapter 对象有什么用途？

第6章

数据库应用开发案例

本章以某高校选课的实际业务为背景，开发一个简化的选课应用软件系统。通过该案例的介绍，使学生快速掌握一个管理信息系统的完整开发过程、主要技术和常用技巧。本章围绕“分析—设计—实施—评价”这个管理信息系统的主要开发流程，介绍系统的问题描述与需求分析、软件设计和系统的实施3个部分。

在“硬件—系统软件—数据库管理系统—应用软件”层次关系中，本章内容对应着最上面一层（即应用软件层），也是直接和用户进行交互的层次。

6.1 问题描述和可行性分析

6.1.1 问题描述

高校在组织教学活动中都必不可少选课这样一个业务环节和相应的职能部门（如教务处），如果把选课的业务过程经过简化，就可以得到一个简化的选课系统，本系统中忽略了许多实际选课过程中的细节。

某高校的选课业务处理过程主要包括排课、选课、查看课表、成绩管理4个部分。业务处理过程大致是：

➢ 排课：由管理员设定每一门课程划分为几个教学班、每个教学班的选课人数限制，并指定每一个教学班的任课教师。

➢ 选课：学生可以任意选择某一门课程的某一个教学班，为简单起见，本系统中的选课涵盖的初选、补选、退选、改选等操作，不做特别区分，但在选课时受人数限制，当某个教学班的选课人数达到限额时，就不能再被选择。

➢ 查看课表：教师和学生都可以在任何时候查看选课的情况，教师看到的是自己任课的各个教学班的当前选课情况（人数，学生姓名等）；学生看到的是自己已选的课程和教学班。

➢ 成绩管理：教师可以登载、查看自己任课的教学班的学生成绩；学生可以查看自己所选各门课程的成绩。

6.1.2 可行性分析

数据库技术已经相当成熟,数据的完整性和安全性都已不是问题,因此,传统信息管理的电子化是可行的。这种类型的系统,其数据处理过程相对简单,重点已经转到管理思想的体现,管理复杂性的控制,软件开发过程的控制等方面。随着管理信息系统理论的发展和软件工程的成熟,这些都能较容易得到解决。

实际开发中还可以从管理的可操作性和经济可行性这两个方面来探讨系统的可行性。

6.2 软件需求分析

需求分析是从用户的角度去分析问题,定义新系统应该具有的功能,它不考虑计算机如何做以及怎样具体地实现。

6.2.1 业务过程分析

在选课系统中,所有的基础数据(含用户信息、学院信息、教师信息、课程信息和学生信息)都由管理员进行维护,管理员这个角色是实际业务活动中教务处人员、学院管理人员等多种身份的综合与简化。除此以外,管理员还要负责排课业务。

教师可以查看自己的课表和学生点名册并登载成绩;学生可以选课、查看自己的课表和成绩;学院在本系统中没有业务活动,仅起到对教师、课程和学生进行分类的作用。

相对于实际业务而言,系统作了如下假设:

①假设教室资源是充足的,也不存在教学班人数较多而教室座位不够的情况,因此系统不考虑教学班上课地点。

②假设学生和教师的上课时间都不存在冲突,即任何一个学生所选的所有课程(教学班)不会在同一时间上课,任何一个教师也不会出现同一时间在两个不同教学班讲课的情况,因此系统不考虑教学班上课时间。

③假设所有课程成绩均为百分制且为整数。

系统的语义规定如下:

①一个学院可以开设多门课程,一门课程只能由一个学院开设。

②一个学院管理多名教师,一名教师只属于一个学院。

③一个学院有多名学生,一名学生只属于一个学院。

④一门课程可以分为多个教学班,一个教学班可以有多名学生,教学班有选课人数限制。

⑤一名教师可以讲授多门课程,一门课程可以由多名教师任课,一门课程的多名任课教师分属于不同的教学班,一个教学班只能由一名教师任课。

⑥课程性质有必修、选修之分。

⑦一名学生可以选修多门课程,学生选择某课程时,只能选择该课程的某一个教学班。

⑧学生选修某门课程后,应记载其成绩。

⑨教师、学生和管理员都必须凭自己的用户编号和密码登录系统。

6.2.2 数据流图

根据对上述业务过程的进一步分析,可得到如图 6.1 所示的数据流图。

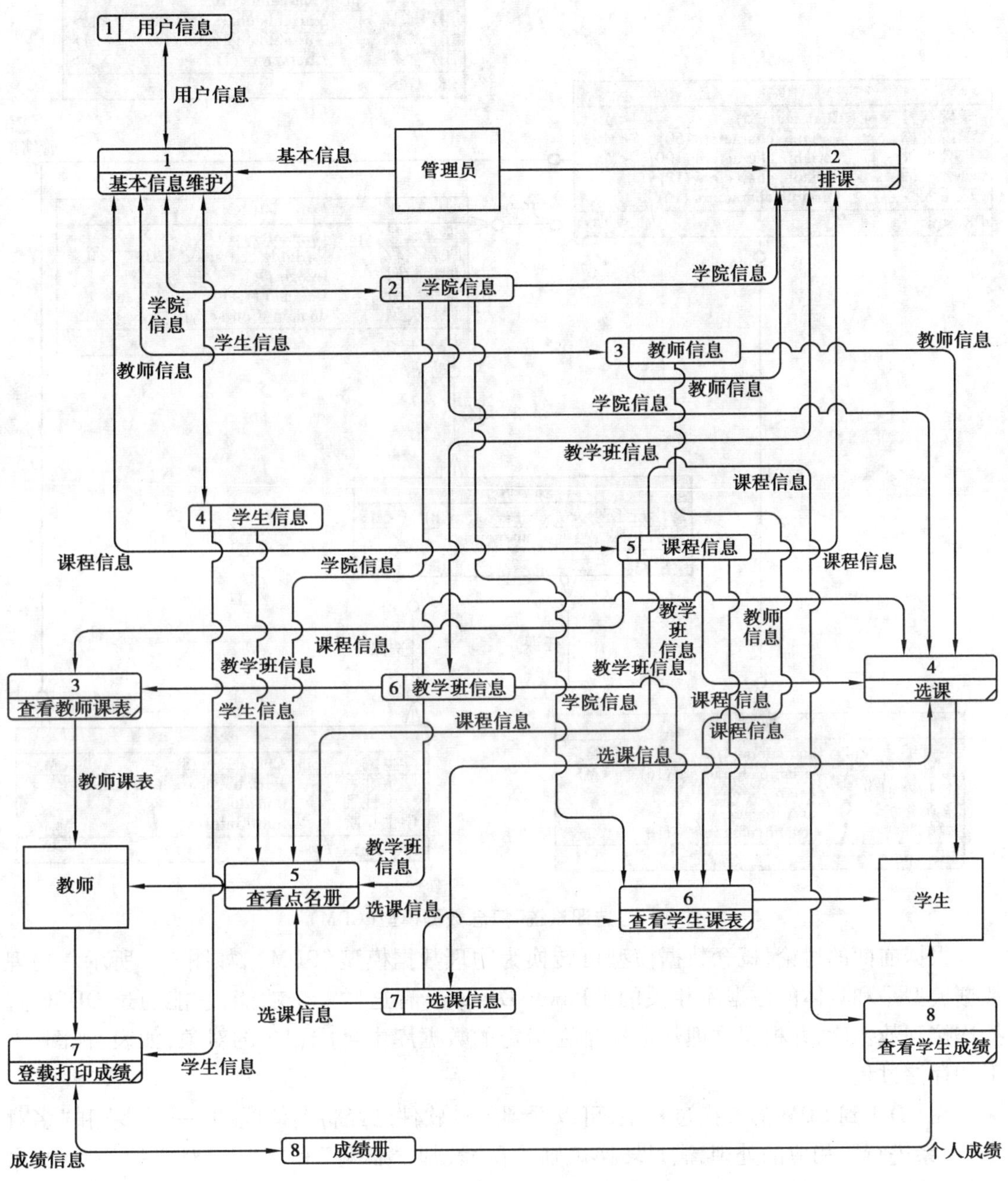

图 6.1 “选课系统”数据流图(DFD)

6.2.3 E-R 模型

根据业务需求和图 6.1 所示的数据流图,进一步分析数据存储之间的关系,利用建模工具软件 Power Designer,可以建立该系统的概念数据模型(CDM),如图 6.2 所示,它是 E-R 图的扩展表示形式。

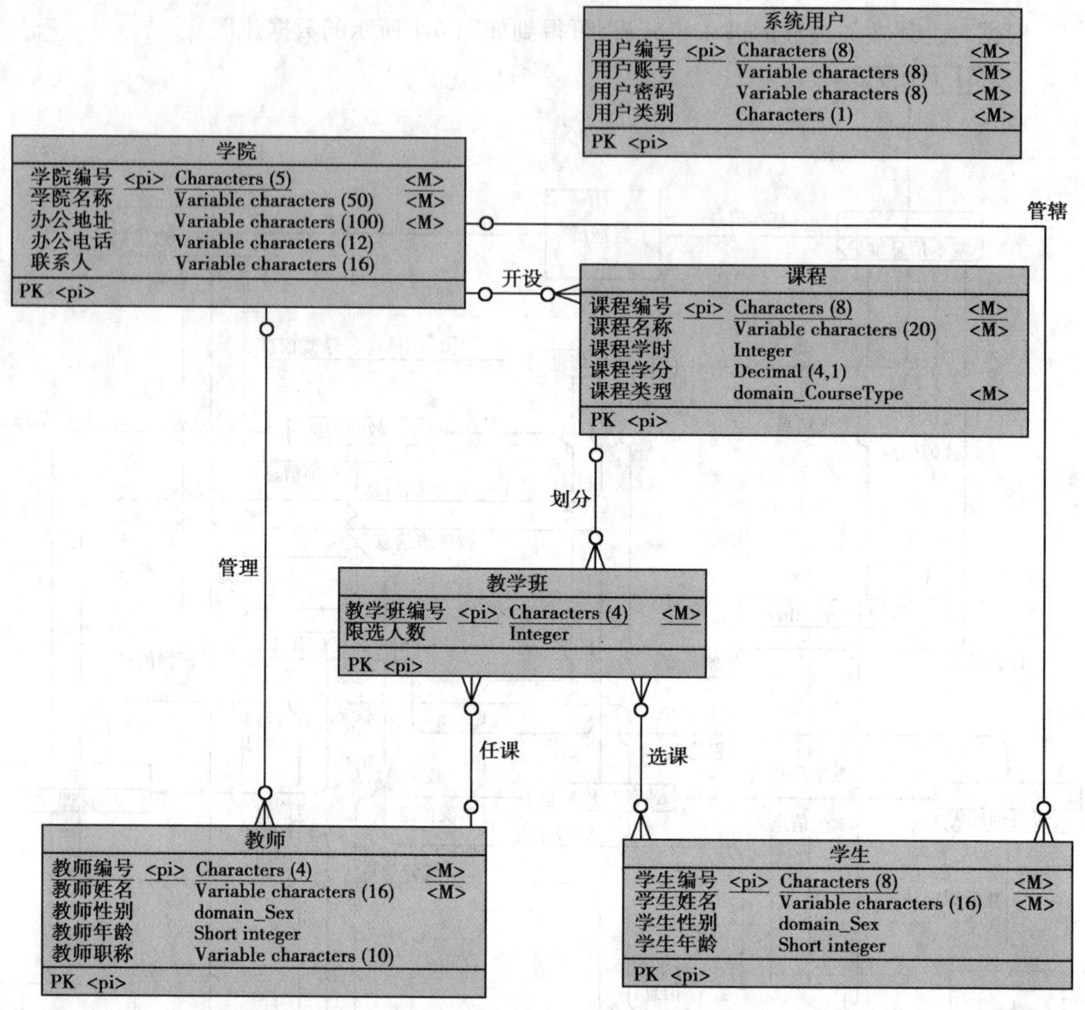

图 6.2 “选课系统”概念数据模型(CDM)

根据前面的讨论,概念数据模型可转换为物理数据模型(PDM),如图 6.3 所示。物理数据模型是和具体的数据库相关的。Power Designer 有这样一个功能:它能通过 ODBC 直接连接到数据库,并根据物理数据模型在指定的数据库中生成相应的对象,如表、视图、索引和存储过程等。

在 CDM 到 PDM 的转换过程中,可以看到工具软件已经将实体间的“一对多”和“多对多”关系进行了相应的处理,满足转换规则。在“教师”“课程”和“学生”对应的关系中,出现了外键“学院编号”,在“教学班”关系中有两个外键,分别是“教师编号”和“课程编号”。在“教学班”和“学生”之间的多对多联系“选课”则转换为一个单独的关系,其主键是两个属性的组合,及“教学班编号”和“学生编号”。

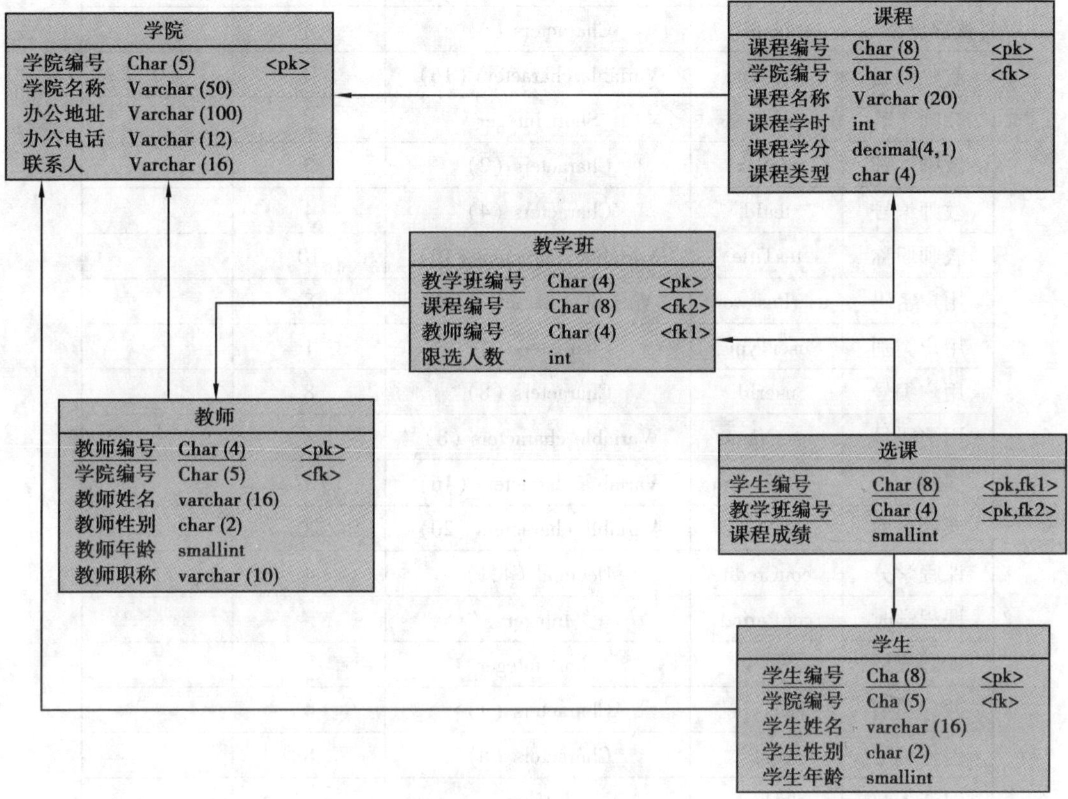

图6.3 “选课系统”物理数据模型(PDM)

6.2.4 数据字典

(1)数据项

本系统的数据见表6.1。

表6.1 数据项

名 称	代 码	数据类型	长 度	精 度
办公地址	colAddress	Variable characters (100)	100	
办公电话	colTel	Variable characters (12)	12	
学生姓名	stuName	Variable characters (16)	16	
学生年龄	stuAge	Short integer		
学生性别	stuSex	Characters (2)	2	

续表

名　称	代　码	数据类型	长　度	精　度
学生编号	stuId	Characters（8）	8	
学院名称	colName	Variable characters（50）	50	
学院编号	colId	Characters（5）	5	
教学班编号	claId	Characters（4）	4	
教师姓名	teaName	Variable characters（16）	16	
教师年龄	teaAge	Short integer		
教师性别	teaSex	Characters（2）	2	
教师编号	teaId	Characters（4）	4	
教师职称	teaTitle	Variable characters（10）	10	
用户密码	userPassword	Variable characters（8）	8	
用户类别	userType	Characters（1）	1	
用户编号	userId	Characters（8）	8	
用户账号	userName	Variable characters（8）	8	
联系人	colLinkman	Variable characters（16）	16	
课程名称	couName	Variable characters（20）	20	
课程学分	couCredit	Decimal（4,1）	4	1
课程学时	couPeriod	Integer		
课程成绩	Score	Short integer		
课程类型	couType	Characters（4）	4	
课程编号	couId	Characters（8）	8	
限选人数	claQuota	Integer		

（2）数据流

系统中的数据流大致与对应的数据存储基本相同，读者可根据图 6.1 分析后给出，这里不再详述。

（3）处理逻辑

本系统的处理逻辑见表 6.2—表 6.9。

表 6.2　处理逻辑 1

处理逻辑编号	1
处理逻辑名称	基本信息维护
输入数据流	用户信息、学院信息、教师信息、课程信息、学生信息
输出数据流	用户信息、学院信息、教师信息、课程信息、学生信息
处理	对用户信息、学院信息、教师信息、课程信息、学生信息的增加、删除和修改

表 6.3　处理逻辑 2

处理逻辑编号	2
处理逻辑名称	排课
输入数据流	学院信息、教师信息、课程信息
输出数据流	教学班信息
处理	指定每一门课程划分为几个教学班,指定每一个教学班的授课教师,指定每一个教学班的最多选课人数

表 6.4　处理逻辑 3

处理逻辑编号	3
处理逻辑名称	查看教师课表
输入数据流	课程信息、教学班信息
输出数据流	教师课表
处理	查看教师自己所授课程和相应的教学班

表 6.5　处理逻辑 4

处理逻辑编号	4
处理逻辑名称	选课
输入数据流	学院信息、教师信息、课程信息、教学班信息、选课信息
输出数据流	选课信息
处理	显示可选课程、已选课程,可选择　未选课程(受教学班最多选课人数限制),可取消选择

表 6.6　处理逻辑 5

处理逻辑编号	5
处理逻辑名称	查看点名册
输入数据流	学院信息、课程信息、学生信息、教学班信息、选课信息
输出数据流	点名册
处理	查看教师所授课程各教学班的选课学生

表 6.7　处理逻辑 6

处理逻辑编号	6
处理逻辑名称	查看学生课表
输入数据流	学院信息、课程信息、学生信息、教学班信息、选课信息
输出数据流	学生课表
处理	查看学生自己所选课程和对应的教学班

表 6.8　处理逻辑 7

处理逻辑编号	7
处理逻辑名称	登载成绩
输入数据流	学生信息、成绩信息
输出数据流	成绩信息
处理	登载和查看所授课程相应教学班的学生成绩

表 6.9　处理逻辑 8

处理逻辑编号	8
处理逻辑名称	查看学生成绩
输入数据流	课程信息、个人成绩
输出数据流	学生成绩
处理	查看学生自己所选各门课程的成绩

(4)数据存储

数据存储参见 6.3.2 数据库设计中的表 6.1。

(5)外部实体

本系统外部实体见表 6.10。

表 6.10　外部实体

外部实体编号	外部实体名称	参与的处理
1	管理员	基本信息维护、排课
2	教师	查看教师课表、查看点名册、登载成绩
3	学生	选课、查看学生课表、查看学生成绩

6.3　软件设计

软件设计是从逻辑上考虑系统应该有的结构、各功能模块之间的相互关系及各种算法的设计。系统要实现需求分析时提出的要求。本阶段不考虑具体的程序编码，即根据设计的结果，可由不同的程序设计语言来实现。

6.3.1　功能设计

以数据流图和 6.2.4 中所描述的处理逻辑为蓝本，将系统的功能分为 8 大模块，如图 6.4所示。其中“基本信息维护”模块，也可根据需要进一步细化为“学院信息维护”“教师信息维护”“课程信息维护”“学生信息维护”等多个子模块。

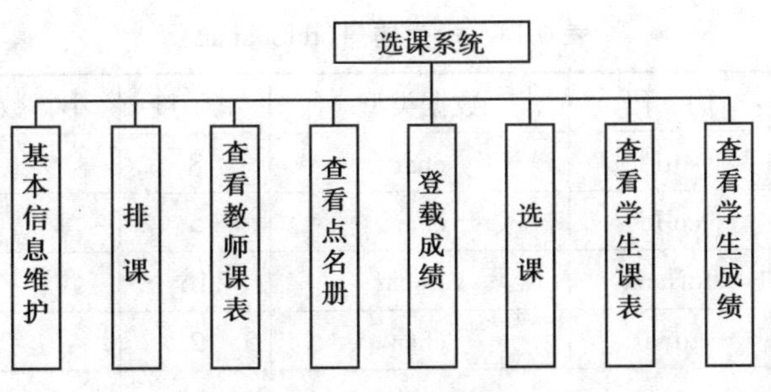

图 6.4 系统功能模块

6.3.2 数据库设计

数据库选用 Microsoft 公司的 SQL Server 2008,该数据库功能强大,使用方便,易于学习,适合于开发各类管理信息系统。

本系统设计了 7 个表格,其表结构见表 6.11—表 6.17。

表 6.11 学院信息(tblCollege)

序号	名 称	代 码	数据类型	宽 度	小 数	主键	外键	非空
1	学院编号	colId	char	5		√		√
2	学院名称	colName	varchar	50				√
3	办公地址	colAddress	varchar	100				
4	办公电话	colTel	varchar	12				
5	联系人	colLinkman	varchar	16				

表 6.12 教师信息(tblTeacher)

序号	名 称	代 码	数据类型	宽 度	小 数	主键	外键	非空
1	教师编号	teaId	char	4		√		√
2	学院编号	colId	char	5			√	
3	教师姓名	teaName	varchar	16				√
4	教师性别	teaSex	char	2				
5	教师年龄	teaAge	smallint					
6	教师职称	teaTitle	varchar	10				

表 6.13 课程信息(tblCourse)

序号	名 称	代 码	数据类型	宽 度	小 数	主键	外键	非空
1	课程编号	couId	char	8		√		√
2	学院编号	colId	char	5			√	
3	课程名称	couName	varchar	20				√
4	课程学时	couPeriod	int					
5	课程学分	couCredit	decimal	4	1			
6	课程类型	couType	char	4				

表 6.14　学生信息(tblStudent)

序号	名 称	代 码	数据类型	宽 度	小 数	主键	外键	非空
1	学生编号	stuId	char	8		√		√
2	学院编号	colId	char	5			√	
3	学生姓名	stuName	varchar	16				√
4	学生性别	stuSex	char	2				
5	学生年龄	stuAge	smallint					

表 6.15　教学班信息(tblClass)

序号	名 称	代 码	数据类型	宽 度	小 数	主键	外键	非空
1	教学班编号	claId	char	4		√		√
2	课程编号	couId	char	8			√	
3	教师编号	teaId	char	4			√	
4	限选人数	claQuota	int					

表 6.16　选课信息(tblStu_Cla)

序号	名 称	代 码	数据类型	宽 度	小 数	主键	外键	非空
1	学生编号	stuId	char	8		√	√	√
2	教学班编号	claId	char	4		√	√	√
3	课程成绩	Score	smallint					

表 6.17　用户信息(tblUser)

序号	名 称	代 码	数据类型	宽 度	小 数	主键	外键	非空
1	用户编号	userId	char	8		√		√
2	用户账号	userName	varchar	8				√
3	用户密码	userPassword	varchar	8				√
4	用户类别(＊)	userType	char	1				√

(＊)在用户类别属性中,用单字母 M/T/S 分别表示管理员/教师/学生。

6.3.3　编码设计

在系统中用到的各类编号,由实际情况决定,对于真实世界中不存在的编号(仅在信息世界和数据世界中起到识别作用)一般可以考虑采用数字字符,但是编码长度应充分预计到数据量的增长情况,本系统中的各类编号具体长度可参见前文的数据库设计一节。

其中,学生编号的编码规则是:长度固定为 8 位数字字符,前 4 位为该生入学年份,后 4 位为顺序号。

6.3.4 输入/输出设计

输入/输出设计最终体现在软件界面上,对于最终的用户体验有很大影响。基本的原则是布局整齐规范,颜色搭配合理,字体字号协调适当,对于 Windows 环境下的应用软件设计,操作系统自带的各个软件都是很好的范本,对于初学者而言,可以有意识地借鉴参考。本系统在颜色、字体、字号等方面,均采用开发工具的默认设置。

输入设计按照减少用户输入量、快速方便准确得到结果的原则进行,以缩短用户输入时间并减少出错的可能性。输出均采用表格方式,清晰明了。

6.4 软件实现

系统的实现遵循一个基本原则:自顶向下、逐步求精的原则,即先让一个简单的系统运行起来,再逐步实现各个功能;实现一个功能,立即测试一个功能。

6.4.1 创建解决方案

启动 Visual Studio,在"新建项目"对话框中选择"Windows 窗体应用程序",输入"MisDemo"作为解决方案的名称,如图 6.5 所示。

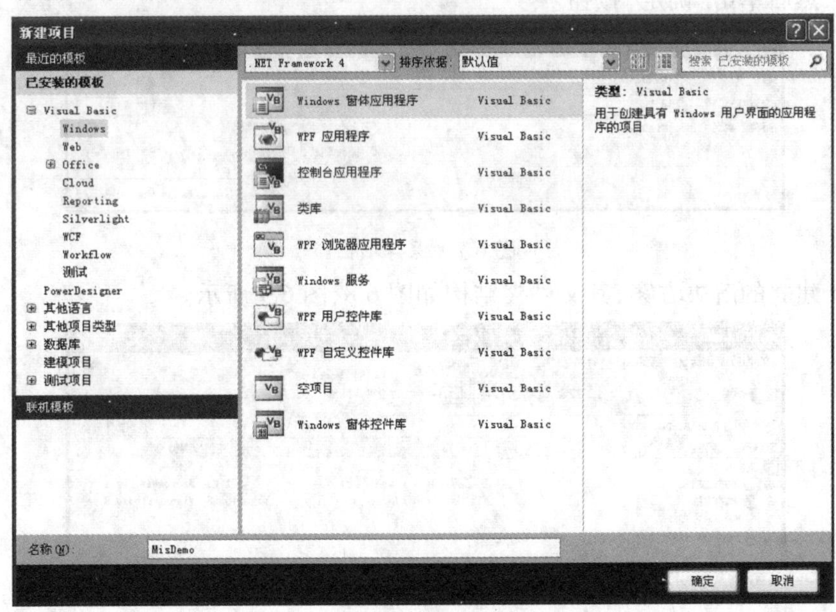

图 6.5 新建项目

将开发工具自动建立的第一个窗体更名为 fMain,作为主窗体,并在右下方的"属性"窗口中将窗体的 Text 属性设置为"选课系统"(如图 6.6 所示)。窗体对象的 Text 属性对应着窗口标题栏内容,在"属性"窗口中的更改等同于如下的程序代码:

```
fMain.Text = "选课系统"
```

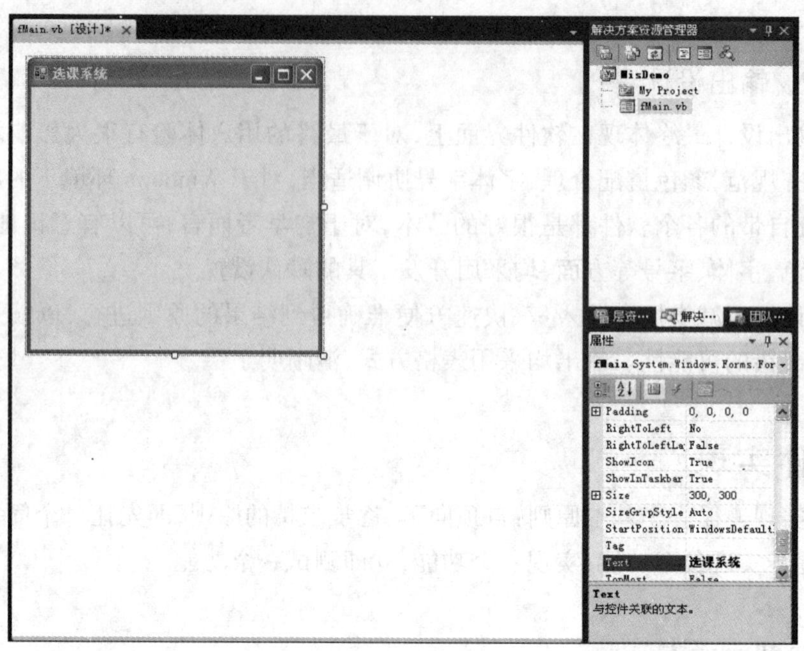

图 6.6　设置主窗体属性

现在可以保存项目,单击“保存”按钮,在“保存项目”对话框中指定名称和保存的位置(如图 6.7),然后单击“确定”按钮。

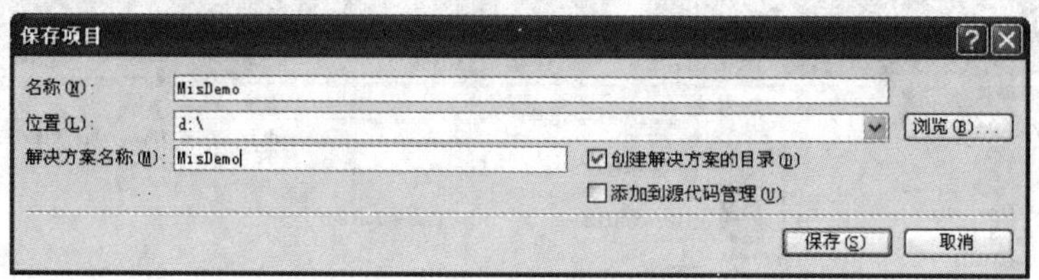

图 6.7　保存项目

VB.Net 建立的解决方案,其文件夹结构如图 6.8、图 6.9 所示。

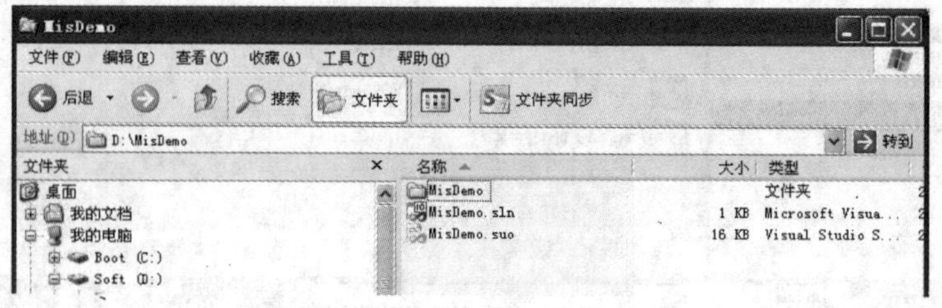

图 6.8　解决方案文件夹

至此,一个最简单的解决方案(及应用软件的框架)已经创建完毕,单击“工具栏”按钮“启动调试”(或直接按快捷键 F5),应用软件启动运行,屏幕上显示一个标题栏为“选课系统”的空白窗体。

尽管没有输入任何代码,但是这个窗体具备了一个 Windows 窗口的标准外观和行为特性,有标题栏,有最小化、最大化和关闭按钮,各按钮具备对应的功能,可以拖动窗口在屏幕上的位置,也可以拉动四条边或四个角来改变窗口的大小。所有这些,都是 VS 开发工具利

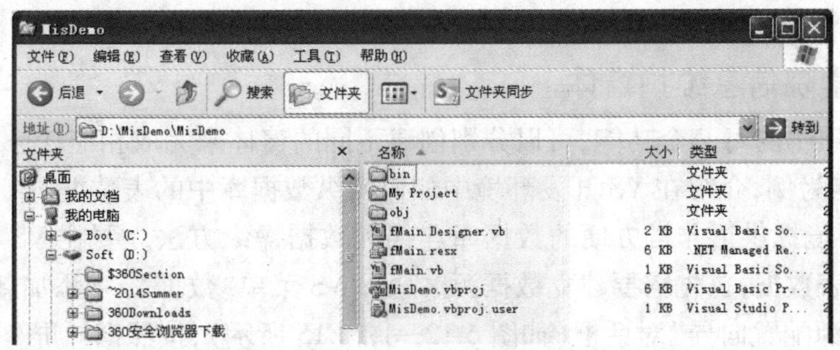

图 6.9　项目文件夹

用面向对象技术给开发者带来的工作效率的极大提升。

6.4.2　创建系统菜单

从开发工具左侧的“工具箱”中找到“MenuStrip”，将其拖曳至 fMain 窗体中放下，根据前面的功能模块设计，在相应位置输入菜单文字，若输入减号“-”则表示菜单分隔条，如图 6.10 所示。

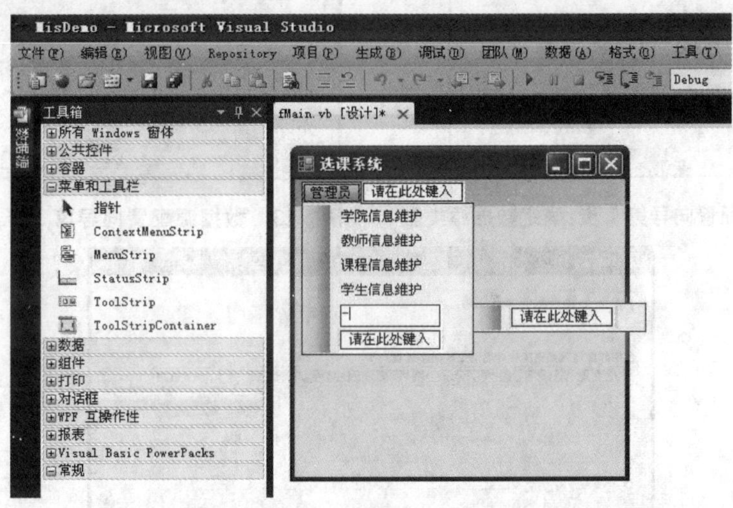

图 6.10　创建系统菜单

所有的菜单内容输入完毕后，建议再次保存项目并运行程序，运行结果如图 6.11 所示，此时的菜单只能“看”，单击后没有任何反应，是因为还没有针对“菜单项被单击”这个事件书写任何代码，用面向对象的术语来表述，就是尚未输入各菜单项对象的事件响应代码。

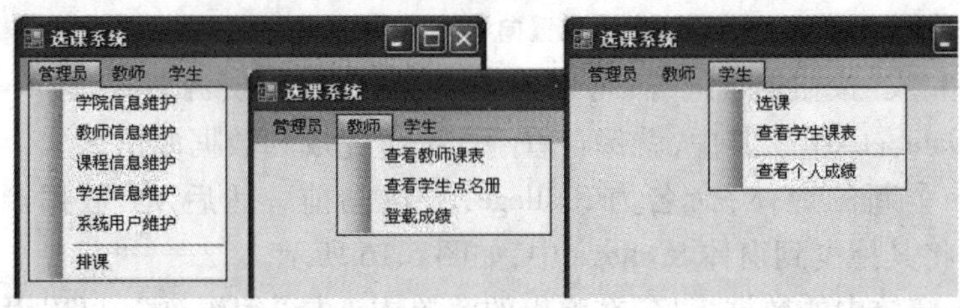

图 6.11　系统菜单

6.4.3 创建学院信息维护窗体

对于菜单项中的每一个功能,可以分别创建不同的窗体来完成相应任务,下面以“学院信息维护”功能为例,介绍在 VS 开发环境中如何操纵数据库中的表数据。

VS 开发环境提供了非常方便的数据库连接和数据操纵方法。要在 VS 中连接数据库并操纵其中的表数据,首先需要建立数据源。选择 VS 菜单“数据”→“添加新数据源…”命令,出现“数据源配置向导”对话框(如图 6.12—图 6.15 所示),按照向导屏幕提示一步一步完成各项设置即可(对于初学者而言,采用向导给出的默认值即可)。在最后一步中,需要勾选“表”,因为后面的应用中需要用到所有的数据库表。

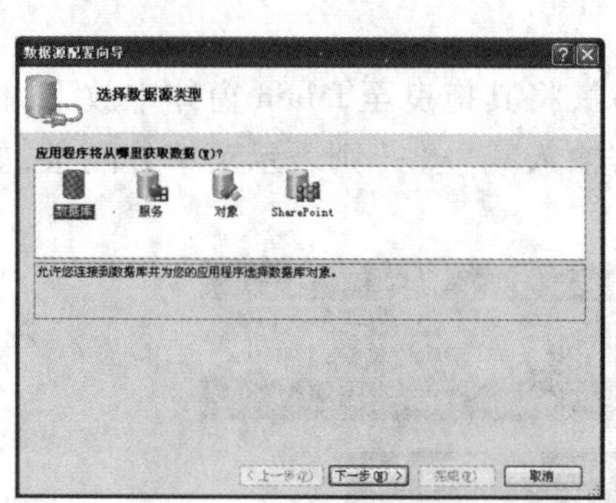

图 6.12 数据源配置向导第 1 步:确定数据源类型

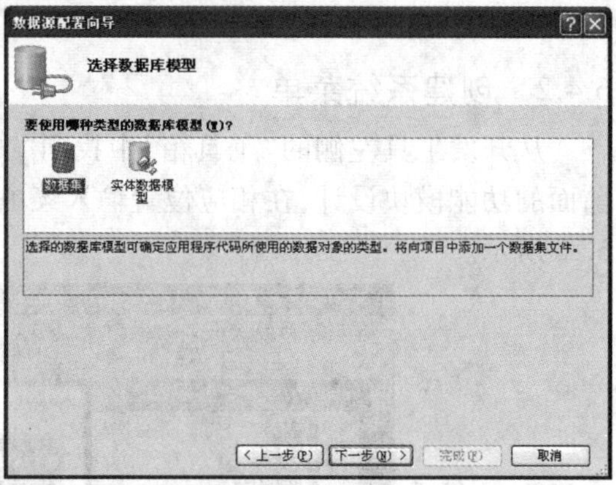

图 6.13 数据源配置向导第 2 步:选择数据库模型

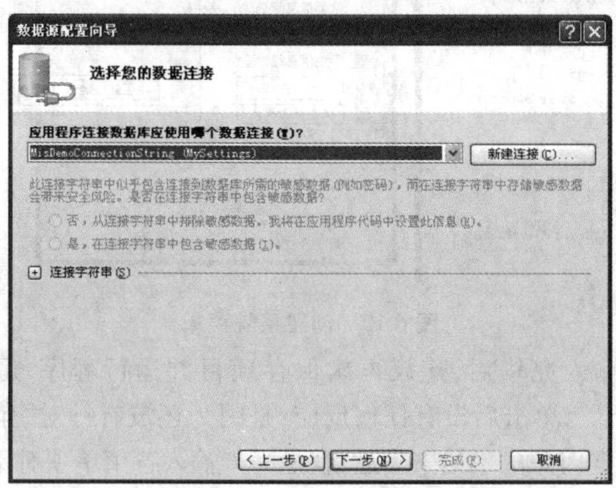

图 6.14 数据源配置向导第 3 步:选择数据连接

最后单击“完成”按钮退出向导,可以看到在“解决方案资源管理器”中出现了一项新内容“MisDemoDataSet.xsd”,其中,就保存着刚才配置完成的数据源信息。

现在创建一个新的窗体,命名为 fCollege,方法同前。然后从“数据源”窗口中找到“tblCollege”,并将其拖曳到窗体 fCollege 中,如图 6.16 所示。

用鼠标右击窗体中的数据表格,在弹出的菜单中选择“编辑列”,可以设置表格各列的显示顺序,也可以将列标题更改为更直观更友好的文字内容,如图 6.17 所示。

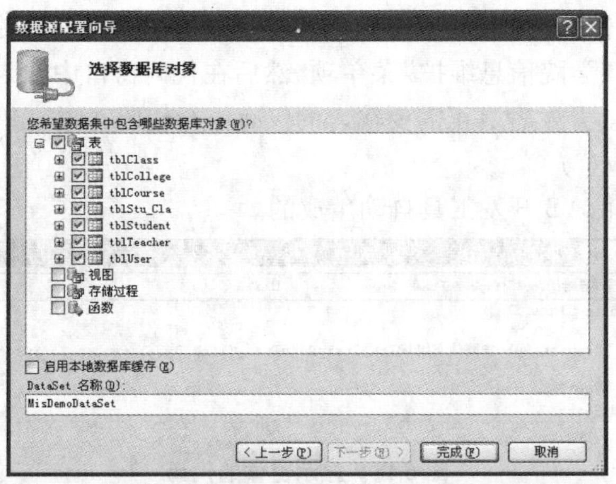

图 6.15　数据源配置向导第 4 步:选择数据库对象

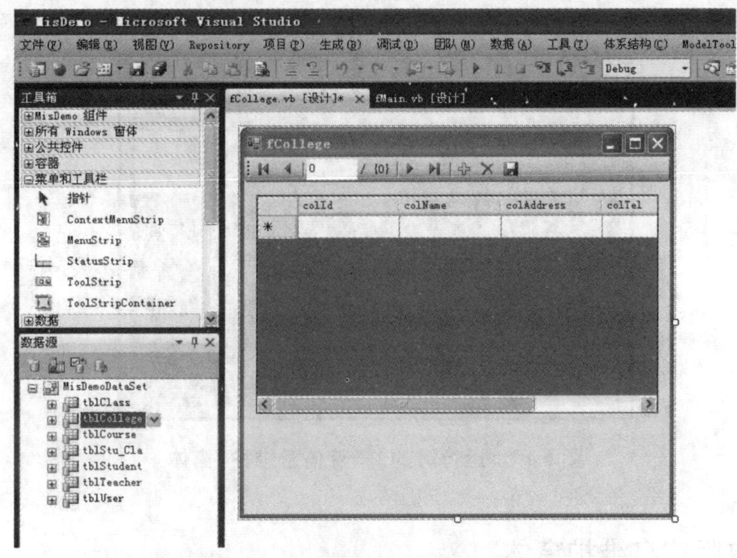

图 6.16　将数据源放入窗体中

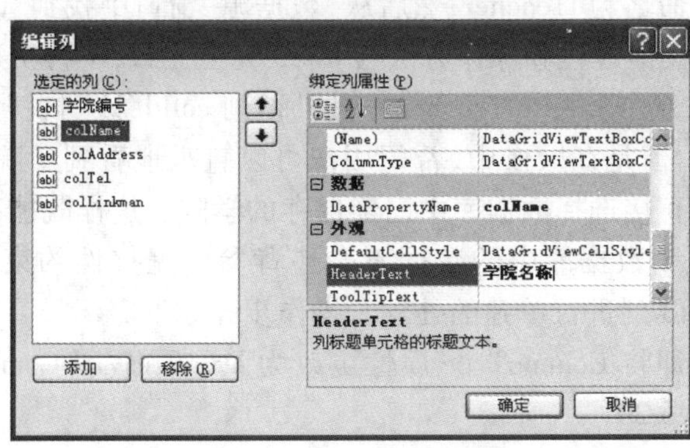

图 6.17　"编辑列"对话框

编辑列完成以后,可以进一步调整 fCollege 窗体,包括窗体大小、数据表格的位置和大小,达到视觉上整齐规范美观的目的。

最后需要做的工作就是把主窗体的菜单项和 fCollege 窗体关联起来，在 VS 开发环境中，回到主窗体，双击“学院信息维护”菜单项，然后在代码窗口中输入显示 fCollege 窗体的代码，如图 6.18 所示。开发者真正需要输入的仅有一行代码：

fCollege.Show( )

其余的内容都是由 VS 开发工具自动生成的。

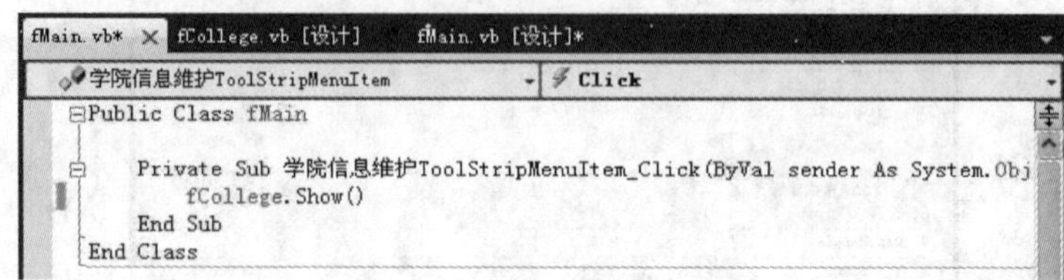

图 6.18　显示窗体的代码

至此，“学院信息维护”功能已完全实现。再次保存项目并按 F5 运行程序，单击菜单“学院信息维护”，可以看到如图 6.19 所示的窗体。

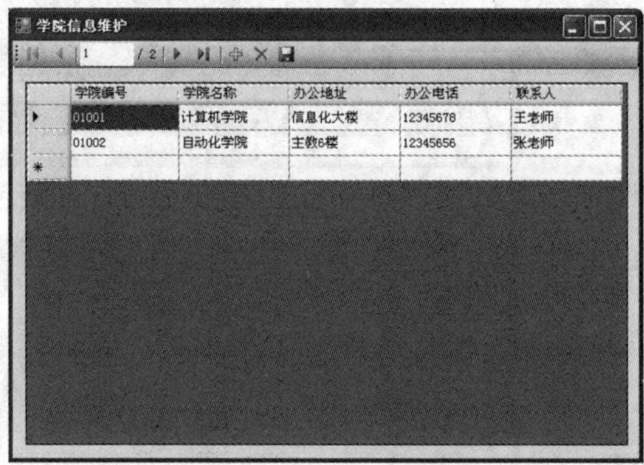

图 6.19　运行时的“学院信息维护”窗体

6.4.4　建立教师信息维护窗体

创建一个新窗体，命名为 fTeacher，然后从“数据源”窗口中找到“tblTeacher”，并将其拖曳到窗体 fTeacher 中，具体过程和操作方法与 6.4.3 完全一致，不再赘述。

与 6.4.3 不同的地方在于表 tblTeacher 中的外键列 colId，该列表明教师所属学院，在表中存储的是学院编号。但是在操作中，希望用户可以直观地看到学院名称，在修改和添加教师信息时，最好也能直接选择数据库中已经保存的学院。这样既能减少输入时间和避免出错，更重要的是保证了数据库中的数据不会违背参照完整性约束条件。因此在“编辑列”的时候，需要对 colId 列进行单独的处理。操作步骤如下。

①更改列的类型，即将 ColumnType 属性更改为 DataGridViewComboBoxColumn，表明该列为下拉列表框（如图 6.20）。

②在 DataSource 属性中，选择 TblCollegeBindingSource，表明正在编辑的列 colId 的数据来源于绑定的 tblCollege 数据源（如图 6.21）。此步骤不能出错，否则后面两步无法选择正确的数据成员。

③在 DisplayMember 属性中，选择 colName，表明表格列 colId 中显示的数据来自

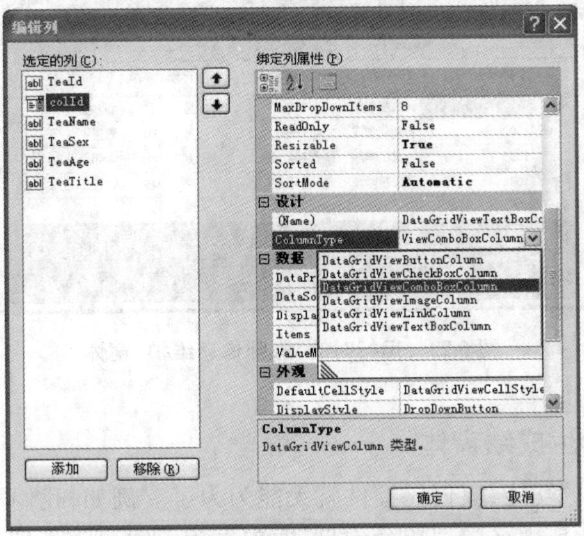

图 6.20　更改列的类型

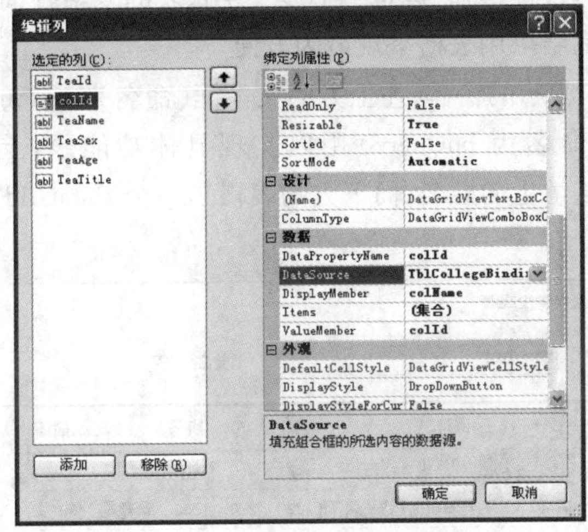

图 6.21　设置列的数据属性

tblCollege 数据源中的 colName(即学院名称)。

④在 ValueMember 属性中,选择 colId,表明实际的数据值来自 tblCollege 数据源中的 colId(即学院编号)。

通过以上 4 步操作,实现了多数据源绑定和下拉列表式选择输入,对于“教师信息维护”中的教师“所属学院”这一数据列,显示和选择的是来自学院表中的学院名称 colName,对应的数据值是学院表中的学院编号 colId,最终也将该值保存到教师表中的外键列 colId。

至于其他各列的显示名称、窗体大小、数据表格的大小和位置等属性的调整,与 6.4.3 相同。最后回到 fMain,在菜单项“教师信息维护”的单击事件中书写代码:

```
fTeacher.Show()
```

运行结果如图 6.22 所示。

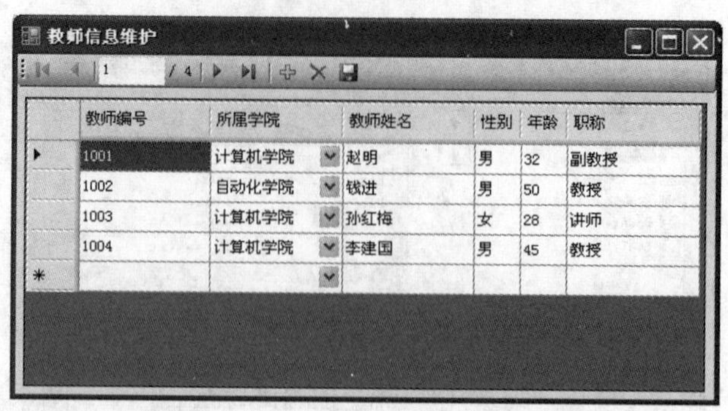

教师编号	所属学院	教师姓名	性别	年龄	职称
1001	计算机学院	赵明	男	32	副教授
1002	自动化学院	钱进	男	50	教授
1003	计算机学院	孙红梅	女	28	讲师
1004	计算机学院	李建国	男	45	教授

图 6.22　运行时的"教师信息维护"窗体

6.4.5　建立查询学生成绩窗体

对于一些更复杂的功能,仅仅靠控件就无能为力了。例如,我们需要查询某个学生的成绩,需要看到该学生所选各门课程的编号、课程名称、学时学分、教学班号和任课教师等信息,根据前面的数据库设计可知,这是一个涉及 4 张表的复杂查询方式,而且因为学生选修了多门课程,所以查询结果用表格呈现最为方便。

可以设计如图 6.23 所示的窗体,左上方的文本框(命名为 textStuId)用于输入待查学生的学号,按钮"查询"(命名为 bnQuery)用以实现具体功能,右上方的文本框(命名为 textStuName)用于显示该学生的姓名,而下方的表格是一个 DataGridView 控件,用来呈现查询的多项数据结果。

查询学生成绩

学号 20160101　查询　姓名 张三

课程号	课程名	学时	学分	班号	教师	成绩
01001	C程序设计语言	32	2.0	1602	赵明	85
01002	计算机信息管理基础	32	2.0	1605	李建国	90
02001	数字信号处理	48	3.0	1601	钱进	82

图 6.23　运行时的"查询学生成绩"窗体

综合运用 5.5 所学的各种数据库对象,所有的查询功能均在按钮 bnQuery 的单击事件中得以实现,代码如下所示。

```
Private Sub bnQuery_Click(sender As System.Object, e As System.EventArgs) Handles bnQuery.Click
    Dim myConn As New SqlClient.SqlConnection
    Dim myReader As SqlClient.SqlDataReader
    Dim myCmd As New SqlClient.SqlCommand
    Dim myDataAdapter As New SqlClient.SqlDataAdapter
```

```
        Dim myDataSet As New DataSet
        Dim strSQL As String
        '演示 SqlConnection 对象的用法
        myConn.ConnectionString = "Data Source=(local);Initial Catalog=MisDemo;
Integrated Security=True;Pooling=False"
        myConn.Open()
        '演示 SqlCommand 对象和 SqlDataReader 对象的用法
        strSQL = "select StuName from tblStudent where StuId='" & textStuId.Text & "'"
        myCmd.CommandText = strSQL
        myCmd.Connection = myConn
        myReader = myCmd.ExecuteReader()
        myReader.Read()
        textStuName.Text = myReader.GetString(0)
        myReader.Close()
        '多表联合查询语句
        strSQL = "select cou.couid as 课程号,couname as 课程名,couperiod as 学时," & _
                 "coucredit as 学分, cla.claid as 班号,teaname as 教师,score as 成绩 " & _
                 "from tblcourse as cou,tblclass as cla,tblteacher as tea,tblstu_cla as sc " & _
                 "where sc.claid=cla.claid " & _
                 "and cou.couid=cla.couid " & _
                 "and tea.teaid=cla.teaid " & _
                 "and sc.stuid='" & textStuId.Text & "'"
        '演示 SqlDataAdapter 对象和 DataSet 对象的用法
        myDataAdapter.SelectCommand = New SqlClient.SqlCommand(strSQL, myConn)
        myDataAdapter.Fill(myDataSet)
        DataGridView1.DataSource = myDataSet.Tables(0)
        myConn.Close()
    End Sub
```

6.4.6 建立其他窗体

对于实现其他各项功能的窗体,都可以用 6.4.3—6.4.5 中所介绍的方法去逐一完成,不再赘述,读者可参考随书电子资料。

本章小结

本章围绕一个简化的选课业务活动,开发了一个选课系统。以该系统为背景,介绍了管理信息系统的主要开发过程。其中,需求分析和数据库设计使用了 PowerDesigner 工具,实现选用了 Visual Studio 开发工具并选用 VB.Net 编程语言。开发过程中主要依据自顶向下、逐步求精的结构化思想和设计原则，采用了面向对象的程序设计方法，在软件实现过程中介绍了一些最基本的实用方法和技巧，如系统框架的创建、数据源和数据表格对象 DataGridView 的使用、通过下拉列表框方便用户录入数据的方法等。本章所介绍的选课系统（MisDemo）的整个开发过程是前面各章内容的总结和综合应用，但是该系统仅仅是一个框架，还有诸多方面需要完善和细化。

习题与思考题

1.如果考虑课程在知识承接上的先后关系，某些课程是另外一些课程的“先修”课，那么系统的 E-R 模型应如何调整？

2.若存在“先修”课，排课和选课的业务流程应该是什么样的？又如何实现？

3.如果限制学生的选课总学分，系统应该在哪些方面做什么样的改动？

4.尝试更多的影响窗体外观和行为的属性设置，比如不允许改变窗体大小、窗体右上角各按钮的显示与否和可用与否、窗体在初始化的时候就呈现最大化状态等。

5.尝试并总结数据网格控件 DataGridView 的其他列类型。

6.试在系统中添加“登录”功能，对于不同的用户类型（管理员、教师、学生），登录后只能操作自己名下的菜单项。

7.试在系统中添加“更改密码”功能，登录后的用户可以修改自己的登录密码。

第7章

系统测试与开发管理

一个管理信息系统经过分析、设计和程序开发之后,不能立即投入运行,还需要在运行之前对系统进行深入、细致的测试工作,以便于发现系统中存在的错误,从而提高系统的质量。经过测试的系统才能投入运行和维护。本章简要介绍管理信息系统的测试、维护和管理等基本内容;系统测试中重点阐述了系统测试的基本概念、测试方法和测试流程;在系统运行和维护中主要介绍系统的切换、系统维护的内容和过程等;最后介绍管理信息系统开发和运行中的管理以及系统的评价等内容。

7.1 系统测试

7.1.1 系统测试的基本概念

系统测试在管理系统开发过程中占有重要地位,它直接影响着管理系统的质量,是保证系统可靠性的主要方法之一。大量统计资料表明,系统测试的工作量大约占软件开发总工作量的40%以上,因此必须高度重视系统测试工作,绝不要认为编程之后就完成了系统开发工作,实际上,还需要差不多相同的开发工作量来进行系统测试。

系统测试的目的就是在系统投入运行前,尽可能多地发现系统在分析、设计、编程各阶段中产生的各种类型的错误。由于无论采用何种方法,都无法完成系统中所有各种状态组合的运行,因此测试中要发现所有的错误是不可能的,只能是在一定的条件下尽可能地多发现一些错误。

G.Myers 在《软件测试技巧》一书中提出了测试的观点:

①测试是为了发现程序中的错误而执行程序的过程。

②好的测试方案是极可能发现迄今为止尚未发现的错误的测试方案。

③成功的测试是发现了至今为止尚未发现的错误的测试。

测试的目的是发现系统中的错误,但发现错误并不是最终目标。测试的最终目标是开发出高质量的完全符合用户需要的系统,发现错误之后还必须诊断并改正错误。改正错误是调试的目的,而调试是测试阶段最艰苦的工作。

调试又称纠错或排错,是程序测试后开始的工作,主要任务是依据测试发现的错误迹象确定位置和原因,并加以纠正。

7.1.2 测试方法

测试中希望用最小的测试用例集合得到最大的测试彻底度。测试方法很多,根据分类指标不同,测试方法可分为不同类别。一般按测试的性质分为静态测试和动态测试。

静态测试是测试人员查看文档或源程序,并对其进行分析,找出其中的错误或可疑之处。包括结构预查、流图分析和符号执行等。结构预查是指通过组织评议会的方式对被评议的程序虚拟地执行一遍,这种方法能找出典型程序中30%~70%的逻辑设计及编码的错误。流图分析以程序流程图为研究对象,只分析代码的结构而不执行代码,适合于编码实现阶段。符号执行是对程序中的特定路径输入一些符号,对这些符号进行处理后,根据其输出符号来判断程序的行为和正确性,而不使用实际数据来执行程序,可通过符号执行树工具来完成。

动态测试又称为运行程序测试或运行代码测试,即运行被测试系统,按照事先规定的测试计划,输入事先准备的测试用例,得出运行结果数据,与计划结果数据比较,若不一致则说明有错误存在。动态测试又分为黑盒测试和白盒测试。

黑盒测试又称为功能测试、数据驱动测试等,其将程序视为一个黑盒,完全不考虑程序的内部结构和处理过程,只检查程序功能是否按规定正常运行,能否适当地接收输入数据后产生正确的输出信息等。

黑盒法测试主要根据输入条件和输出条件确定测试数据,来检查程序是否能产生正确的输出。其常用来发现如下类型的错误:

- 初始化或终止错误:表现为不能进行正确的初始化或终止运行。
- 接口错误:表现为不能正确接收或输出信息。
- 数据错误:表现为数据结构错误或外部信息(如数据文件)访问错误。
- 功能错误:表现为功能不正确或功能遗漏或实现了不该实现的功能等。
- 性能错误:表现为性能需求得不到满足。

白盒测试是以程序的内部逻辑结构为依据设计测试用例的方法,又称为结构测试。其将程序视为一个透明的盒子,对程序的结构和处理过程完全了解,按照程序内部的逻辑关系测试程序,检验程序中的每条通路是否都按预定功能正确工作。

合理的白盒测试就是要选取足够的测试用例,对源代码实行比较充分的覆盖,以便尽可能多地发现程序中的错误。

无论是白盒法还是黑盒法测试,都应进行测试用例设计。测试用例设计是确定一组最有可能发现某个错误或某类错误的测试数据。对于实际程序而言,穷尽测试通常是不可能的,因此必须认真设计测试方案,尽可能地用最少的测试数据发现尽可能多的错误。

7.1.3 测试基本过程

为了发现管理信息系统开发过程中出现的各种错误,需要经过从单元测试到集成测试,再到确认测试,最后到系统测试的一系列过程,如图7.1所示。其中单元测试一般在编程阶段完成,集成测试和确定测试在测试阶段完成,而系统测试是指整个计算机系统的测试,一般在系统安装和验收阶段进行。

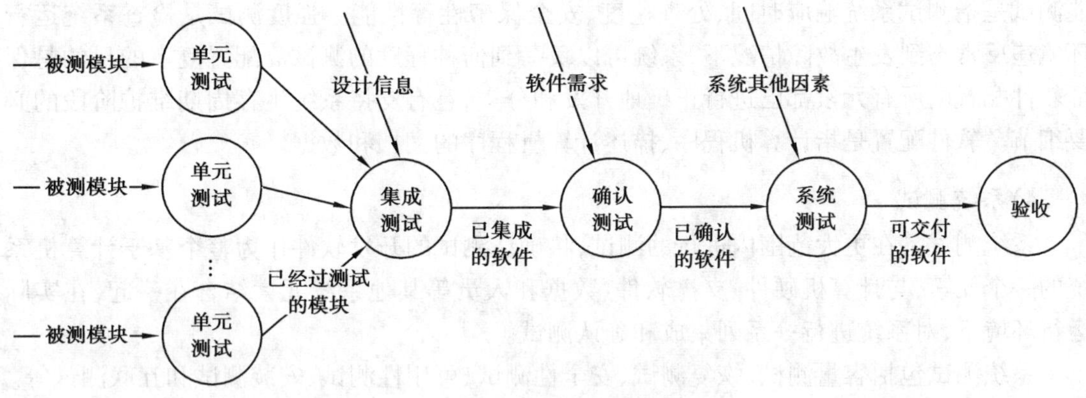

图7.1 系统测试的步骤

1)单元测试

单元测试又称模块测试或分调,是对程序的每一个模块进行独立测试。单元测试的目的是保证每个模块作为一个单元能正确运行。在该测试步骤中所发现的主要是编码和详细设计的错误。

单元测试一般为白盒法和黑盒法结合使用。先用黑盒法设计一组基本测试用例,然后用白盒法,根据覆盖标准要求补充新的测试用例为满足覆盖标准。一般情况下,单元测试应以白盒法为主。

单元测试应该完成以下任务:指定的模块功能的执行;测试程序的逻辑与数据流路径;输入一切可能的输入数据类型,产生输出并预测比较;给出错误报告供程序排错。

在单元测试中,一般同时还应对模块接口、局部数据接口进行测试。

2)集成测试

集成测试又称组装测试、综合测试或联调,是在单元测试后,将所有模块按初步设计要求组装成系统进行的测试。

集成测试一般应由独立的测试小组进行。测试用例的设计通常采用黑盒法,测试时又分为非渐增式测试和渐增式测试两种。非渐增式测试将所有模块集成在一起,对整个程序进行测试。渐增式测试从一个模块或功能组开始,一次添加一个新模块或功能组,每添加一次就测试一次,直到所有模块都组装完毕。

集成测试应该完成以下任务:系统的所有功能特性的测试;数据库的装载、重组、恢复等方面的测试;系统接口,包括内部、外部接口的测试;整体错误状态处理测试;检查系统的安全性和保密性。

3)确认测试

确定测试又称有效性测试,是验证所开发软件的功能和性能及其他特性是否符合需求说明书的要求。

一般在模拟环境下,运用黑盒法进行测试。

确认测试应包括以下内容:功能测试、性能测试、强度测试和配置复审等。功能测试是确认被测软件是否实现了需求说明书中规定的一切功能,找出还没有实现的功能需求。性能测试是指测试系统响应时间、处理速度、安全保密性等性能。强度测试是检查系统运行环境违反常态到发生故障情况下,系统可以负荷到何种程度的测试。配置复审的目的是保证软件配置的所有元素都已进行正确地开发和分类,且有支持系统生存周期维护阶段的必要细节。软件配置是指计算机程序、描述计算机程序的文档和数据。

4)系统测试

系统测试是在更大范围内进行的测试,将确认测试的开发软件作为整个基于计算机系统的一个元素,与计算机硬件、支撑软件、数据和人员等其他系统元素结合在一起,在实际运行环境下,对系统进行一系列集成和确认测试。

系统测试包括容量测试、恢复测试、安全性测试、可用性测试、安装测试和互联测试等。

7.2 系统运行与维护

7.2.1 系统切换

在完成系统测试工作后就可将系统交付使用。交付使用就是将旧系统停止使用而新系统投入运行的过程。其涉及交付前的准备工作和系统切换。

交付前的准备工作包括数据准备、文档的准备和用户培训等几方面。数据准备是一项十分艰巨的工作任务,无论是在手工管理系统基础上,还是已有计算机管理系统基础上开发的新系统,均有大量的原始数据整理、录入工作,该工作将需要大量的时间。在系统开发过程中将形成一套完整的开发文档资料,在系统运行前要将文档资料准备齐全,形成正规的文件。用户培训是让用户对系统的功能和操作进行了解和熟悉。

系统切换过程实际上是新旧系统交替的过程。根据实际需要选择不同的方式进行,一般有直接切换、平行切换和逐步切换 3 种方式,如图 7.2 所示。

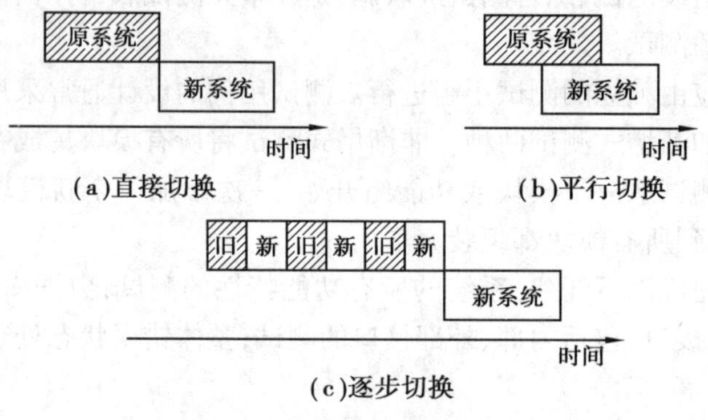

图 7.2　系统切换方式示意

➢ 直接切换:是指在某一特定时刻,旧系统停止使用,新系统投入运行。这种方式简单,但风险较大。

➢ 平行切换：是指在一段时间内新旧系统并存，各自运行完成相应的工作，并相互进行检验。这种方式花费较大，但系统可靠性提高，风险较少。

➢ 逐步切换：是指先将新系统某一部分代替老系统，逐步替换整个系统。这种方式接口多，既可避免直接切换方式的风险又可避免平行切换花费多的缺点。

7.2.2 系统维护

系统维护不属于系统开发过程，它处于系统投入运行之后的时期，是系统生命周期的最后一个阶段。

系统维护是在系统交付使用后，为了改正错误或满足新的需要而对系统进行修改的过程。

1）系统维护的内容

系统维护包括硬件设备的维护、数据的维护和软件系统的维护。

（1）硬件维护

硬件维护是对系统的硬件部分进行的维护工作，主要包括定期的设备保养性维护和突发性的故障维护。硬件维护应由专职的硬件维护人员来负责。

（2）数据维护

数据维护一般由数据库管理员负责，主要负责数据库的权限、安全性及完整性等方面的工作，特别是维护数据库中的数据。当数据属性变化时或增减某些数据项时，还要负责修改数据库、数据字典，并通知相关人员。

（3）软件维护

软件维护主要是指系统中程序的维护。虽然在系统测试阶段进行了大量的测试和修改工作，但测试不可能穷举，不可能暴露出系统中所有的错误；随着管理活动的变化，系统功能也应随之变化；硬件的发展要求系统进行更新。因此应进行软件维护。

软件维护的内容包括以下几个方面：

➢ 纠错性维护：是指改正在系统开发阶段已存在而系统测试阶段没有被发现的错误。

➢ 适应性维护：是指使软件能适应外部环境变化而做的改动，如硬件更新，操作系统升级。

➢ 完善性维护：是为了扩充功能和改善性能而进行的修改。主要是指对已有的软件系统增加一些在系统分析和系统设计中没有的功能。

➢ 预防性维护：是为了改进软件的可靠性和可维护性，为了适应未来的软硬件环境的变化，主动增加预防性的新功能，使应用系统适应各类变化而不被淘汰。

2）系统维护的有关问题

（1）结构化维护和非结构化维护

当系统开发文档完善，且文档与程序代码一致时，各类型的维护不但比较省力，且维护后可以用原测试用例进行测试，维护文档只用对原文档进行适当修改即可。此类维护称为结构化维护。

如果系统开发没有文档，或文档很不规范，很不齐全，对这类软件进行维护称为非结构化维护。与结构化维护不同,非结构化维护需要花费大量的人力和财力。

(2)系统维护的成本

系统维护活动所花费的工作量占系统整个生存期工作量的70%以上。影响系统维护工作量的因素很多,就程序而言有以下几方面:①系统的大小;②系统的年龄;③程序的设计语言;④结构化程序;⑤软件开发新技术的应用等。

如果采用软件工程方法开发软件,且让软件开发人员参加维护工作,则维护工作将呈指数减少。

(3)系统维护的副作用

软件的副作用是指由于修改程序而导致的错误或其他不需要的活动。通常有3类副作用,即修改代码的副作用、修改数据的副作用和修改文档资料的副作用。

(4)系统维护的困难

与软件维护有关的困难,绝大多数可归因于软件定义和软件开发的方法有缺点。主要有:

①理解别人写的程序通常非常困难,且困难程度随软件配置成分的减少而迅速增加。

②需要维护的软件往往存在文档资料不全,或程序代码可能与文档不一致。

③大多数软件在开发时没有考虑到将来的维护。

④软件维护被人们看做是没有创造性的工作,常不会引起足够的重视。甚至有人认为,维护别人程序不如开发新的程序。

3)系统维护过程

系统维护过程与系统开发过程类似。首先必须建立维护组织,由用户或售后工程师提出维护申请报告,维护组织对申请报告进行评审和批准,组织技术人员实施"需求分析维护、设计维护、程序代码维护、测试、维护后试运行、维护后正式运行、对维护过程的评审",并且建立详细的维护文档。系统维护的具体过程如下:

(1)维护组织

通常,系统维护工作并不需要保持一个正式的组织机构,但是委派一个非专门的维护管理员负责维护工作是有必要的。其主要负责收集各类维护申请,对维护申请进行评估,提出评估报告,然后下达维护任务。

(2)维护申请

维护申请由用户按规定的格式提出。如果是纠错性维护,则应完整说明出错的情况,如输入数据,全部输出信息及其他有关材料。维护组织提供维护申请。如果是适应性或完善性维护申请,则应提出简短的需求说明书。

(3)维护工作的流程

维护工作的具体流程如下:

①判明维护类型。

②对纠错性维护请求,首先判别错误的严重性,如果存在严重错误,则应由维护组织安排人员立即进行维护;否则,就同其他开发任务一起,统一安排工作时间。

③对适应性或完善性维护申请请求,首先确定请求的优先次序,如果优先级高,则应立

即进行维护工作;否则,就同其他开发任务一起,统一安排工作时间。

④对各种类型的维护,都需要进行以下工作:修改软件需求说明、修改软件设计、设计评审、修改源程序、测试等。修改源程序过程包括分析理解程序、修改源程序和重新验证程序3个步骤。

(4)维护记录与评价

为了便于评价维护活动,有必要对维护进行记录。如果对维护不保存记录或保存得不完整,则无法对系统使用的完好程度进行评价,也无法对维护技术的有效性进行评价。

4)系统的可维护性

可维护性是一个软件系统或组件可以被修改的容易程度,这个修改一般是因为缺陷纠正、性能改进或特性增加引起的。通常影响软件可维护性的因素有可理解性、可测试性、可修改性和可移植性。软件的可维护性内容见表7.1。

表7.1 软件的可维护性

序号	可维护性名称	可维护性内容
1	可理解性	软件模块化,结构化,代码风格化,文档清晰化
2	可测试性	测试和诊断软件错误的难易程度
3	可修改性	模块间低耦合,高内聚,程序块的单入口和单出口,数据局部化,公用模块组件化
4	可移植性	例如用ODBC,ADO来屏蔽软件对数据库管理系统的依赖,用3层结构来简化对客户浏览层的维护

7.3 系统的管理和评价

管理信息系统是一个大型复杂系统,开发周期长,耗资大,涉及人员广,在系统开发和系统运行中均涉及管理工作,而系统开发完后还应对系统进行评价,以便对开发系统进行总结。因此信息系统的管理涉及整个管理系统的生命周期,包括系统开发的管理、系统运行管理及系统评价等。

7.3.1 系统开发的管理

系统开发的管理与一般的项目管理类似,涉及项目组织与计划、质量管理、费用管理、进度管理、人员管理、文档资料管理等方面。本节主要介绍开发管理中的前4项内容和常用的项目管理软件。

1)项目组织与计划

(1)项目组织

对一项工程而言,人是相当重要和最为活跃的因素。如何合理组织参与项目的各类人员,并最大限度地发挥每个人的作用,决定着软件项目的成败。大型软件开发的组织结构常采用如图7.3所示的形式。

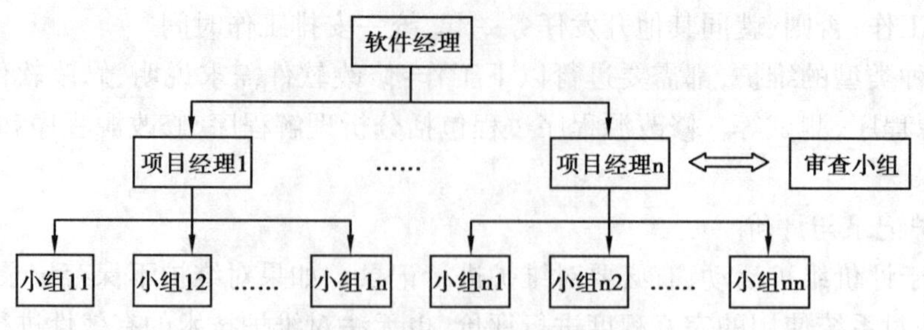

图 7.3　软件开发的组织结构

软件经理负责整个开发部门的管理工作，在各项目间分配和协调各种资源。项目经理负责一个具体项目的各个方面，领导 1~6 个软件设计小组，每个小组负责项目的一部分开发工作。审查小组与项目经理属同一层次，主要从事质量保证活动，在项目开发的每个阶段进行技术审查和管理审查。

软件设计小组是完成软件项目的基层单位。在一个小组内，成员间业务的交往非常频繁。如果组内人员增加，联系将成平方数增长，且增加出错的可能。因此组内人员不能太多。对于小组内部人员的组织，一般有 3 种形式：

➢ 主程序员小组：其由一名主程序员和若干个程序员组成。主程序员负责制订计划、协调与审查工作，并负责设计和实现项目中的关键部分；程序员负责项目的具体分析与开发以及文档资料的编写工作。

➢ 民主小组：在民主制小组中，组内成员地位平等，没有领导者。组员间可以平等地交换意见，可以充分发挥每个成员的积极性。

➢ 层次小组：在层次小组中，人员分为三级，组长负责全组工作，其直接领导 2 至 3 名高级程序员，每位高级程序员管理几位程序员。这种组织形式较适合于完成大型软件开发项目。

(2)项目计划

软件项目涉及项目的各个环节，带有全局性。由于计划是在开发工作开始前所进行，只能采用估计的方法处理，因此，项目的开发必然带有一定的风险性。软件项目计划不必过于冗长复杂，主要着重于“范围是什么”的一般性说明和特定的“多少资源”“多长时间”的说明。

2)质量管理

不论何种产品，质量都是极其重要的。软件产品开发周期长，花费大，更应该注重质量。虽然软件质量难于定量描述，但仍有许多重要的软件质量指标用来体现软件质量。从管理角度，可以将这些指标分为 3 类，即产品运行、产品修改和产品转移中影响质量的因素。

为了保证软件质量，主要采取以下措施：

(1)审查

审查就是在软件生命周期每个阶段结束之前，都正式使用结束标准对该阶段生产出的软件配置成分进行严格的技术审查。

(2)复查和管理复审

复查就是检查已有的材料，以断定特定阶段的工作是否能够开始或继续。每个阶段开始时的复查,是为了肯定前一个阶段结束时确定进行了认真的审查,已具备了开始当前阶段工作所需的材料。

管理复审通常指向开发组织或使用部门的管理人员,提供有关项目的总体状况、成本和进度等方面的情况,以便他们从管理角度对开发工作进行审查。

(3)测试

测试就是对开发的软件进行测试,确定其是否达到预定功能。

3)费用管理

费用管理是软件管理的核心任务之一,而成本估算是软件费用管理的重要内容,也是软件开发管理中最易出错,最困难的问题之一。开发过程中的成本主要由4部分组成:购置并安装软件/硬件及有关设备的费用;软件开发费用;系统安装、运行和维护费用;人员培训费用。这些成本在计划阶段只能估算,常采用相应的成本估算技术来实现。

费用管理还包括对费用的控制,应根据计划进行费用的支付和使用。

4)进度管理

进度管理是项目管理的一项重要内容。进度计划编制的通常做法是将工程项目分解成许多逻辑步骤(作业),然后安排作业的顺序,确定每项作业需要的时间,以及作业开始和终止时间。进度计划常采用Gantt(甘特)图或网络计划图表示。

(1)Gantt图

Gantt图又称横道图,它以图示的方式通过活动列表和时间刻度形象地表示出任何特定项目的活动顺序与持续时间。横坐标表示日历时间,纵坐标表示作业名称,水平线段表示作业的工作阶段;在每个作业的起始时刻和结束时刻各画一个小三角形,当活动已开始或结束时,把小三角形涂黑。粗线表示关键作业。图7.4为用甘特图描述的进度安排。

任务名称 \ 时间	1	2	3	4	5	6	7	8	9	10	11	12	13	14	15	16	17	18
分析	△	─	△															
测试计划				△	△													
概要设计				△	─	△												
详细设计							△	─	─	△								
编码											△	─	─	△				
测试方案设计							△	─	△									
产品测试															△	─	─	△
文档整理																	△	△

图7.4　Gantt图描述的进度安排

(2)网络计划图

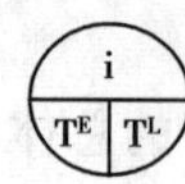

i——事件的编号

T^E——事件最早开始时间

T^L——事件最迟开始时间

图 7.5　事件圆圈及含义

网络计划图是用网状图表安排与控制各项活动的方法。一般适用于工作步骤密切相关、错综复杂的工程项目的进度计划管理。其分为 3 个步骤：

①建立网络图。图中常用两种符号表示，箭头表示作业，线上表示作业名，线下表示持续时间，作业通常既要消耗资源又要持续一段时间。圆圈表示事件，上部表示事件编号，下部左表示最早开始时间，下部右表示最迟开始时间，如图 7.5 所示。事件是指某项作业的开始或结束。

②计算每个事件的最早开始时间和最迟开始时间，并在网络图中标明。通常规定，起始事件的最早开始时刻为 0，其余事件最早开始时刻由起始事件顺向计算，后一事件最早开始时刻为前一事件最早开始时刻加上两事件间的作业时间，当后一事件的先行作业有两个及以上时，取计算的最早开始时刻中的最大值；工程最后一个事件的最迟开始时刻等于最早开始时刻，其余事件的最迟开始时刻由终点事件逆向计算，前一事件的最迟开始时刻为后续事件的最迟开始时刻减去相应的作业时间，当后续事件有两个及以上时，取计算的最迟开始时刻中的最小值。

即：事件最早开始时间计算：

$$T_i^E = Max(T_{i-1}^E + t_{i-1,i})$$

事件最迟开始时间计算：

$$T_i^E = Min(T_{i+1}^E - t_{i,i+1})$$

③确定关键路径。当事件的最早开始时刻和最迟开始时刻相等时，此事件为关键事件，将关键事件联结起来的作业所组成的路线称为关键路径。粗线表示关键作业，如图 7.6 所示，关键路径为 1—2—3—5—6—7。

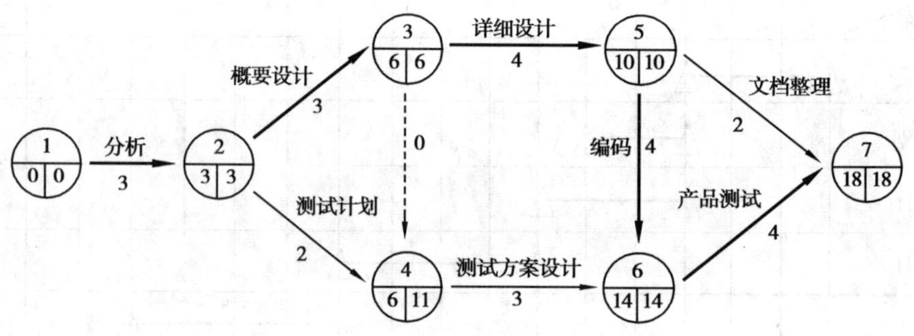

图 7.6　网络计划图描述的进度安排

5)常用的项目管理软件

管理信息系统开发过程中的管理内容纷繁复杂，而手工管理方式往往效率较低，目前已有多种项目管理软件可以辅助项目开发管理，如 Primavera 公司的 Primavera Teamplay，Microsoft 公司的 Project 软件等。

(1)Primavera Teamplay

Primavera Teamplay 由美国项目管理专业软件公司 Primavera Systems Inc 开发，是针对

电信、银行、证券、保险、IT、药品研究开发、软件开发企业的项目管理软件。Teamplay 是基于角色及协同工作的思路进行设计的，提供基于角色的视图来保证每个组员在恰当的时间能获得正确的信息并且作出正确的决定，通过最佳的方式自动将作业信息传递给每一组员，即“所见即所需”。

项目成员的使用功能不同。通过使用 Web 浏览器，组员能记录他们在作业/任务上实际消耗的时间及尚需的时间，并可通知项目经理目前存在的问题以及与项目经理沟通新的需求/要求。通过定制的视图，项目开发领导能快速地直接调用长期积累的经验库模板项目（其中包括时间计划与交付产品等信息）来创建/启动新项目，在项目的仪表板中通知所有项目团队如下信息：关键作业、里程碑及在未来一个月、一个星期或天数需要完成的作业清单。职能与资源经理能获取相应的信息以保证合适的人员在合适的项目上工作，帮助经理们识别资源是否已超负荷工作，以及用于决定资源分配是否需要根据战略要求进行调整并且也可以预测将来对资源的需求。执行官可通过项目执行仪表板来查看项目的健康状况，定制关键项目的视图可以快速了解项目执行情况、统计资料及状态监控等项目信息进行项目分析。全职与专职项目经理可进行进度计划、资源分配与平衡、关键路径分析，并进行风险预测和控制。

（2）Microsoft Project

Microsoft Project 是目前国内外常用的项目管理软件之一，它使用方便，功能完善，能够很好地帮助管理人员对项目的进度、资源、成本等进行有效的管理，是项目管理工作的重要工具。目前微软公司已推出 Microsoft Project 2013 中文版。

Project 提供了一套完整的项目描述和计算的方法及模型，所生成的图、表或文件，使所有参加项目工作的人员能够协调一致地工作，出色地完成项目，能自动生成网络图、横道图、资源图及文字报告。Project 基于关键路径法（CPM）和计划评审技术（PERT）能快速地制订计划；将项目中的任务分原始计划、当前计划、实际计划和待执行计划（剩余计划或未完成计划）4 个阶段进行管理，每个阶段的计划都设置了数据域，用户随时都可以查看；Project 具有资源管理功能，根据任务的资源使用情况计算整个项目的资源需求曲线，帮助用户自动进行资源平衡，并自动为用户排出每个资源承担的任务上的日程、工作量和成本表。Project 具有费用管理功能，对项目的成本进行预测，对每个运作情况做出科学的评估分析。

7.3.2 运行管理

运行管理与开发管理有根本的区别，开发管理的目的是经济地、按质、按时地开发出系统，而运行管理的目的是使系统在一个预期时间内能正常发挥其应有的作用，产生其应有的效益。

运行管理的任务围绕这一目的展开，一般包括 3 个方面的工作：日常运行管理、文档规范管理、安全和保密。

1）日常运行管理

日常运行管理是为了保证系统能长期有效地正常运转而进行的活动，包括系统运行记录、系统日常维护和适应性维护。

(1)运行记录

运行记录是对系统每天的运行情况进行详细记录,一般在系统中设置有自动记录功能;系统运行情况无论是自动记录还是人工记录,都应作为系统文档长期保管,以备系统维护时参考。

(2)日常维护

日常维护是定时定内容地进行数据和硬件的维护,以及突发事件的处理等。数据的维护包括数据的备份、存档、整理及初始化,一般通过专用软件由使用人员或专业人员来完成。硬件维护主要包括设备的保养、简易故障的诊断与排除、耗材的更换和安装等,一般由专人负责。突发事件一般由操作不当、计算机病毒、突然停电等引起,应由专业人员处理,有时要原系统开发人员或软硬件供应商解决。突发事件的处理应作详细记录。

(3)系统的适应性维护

系统的适应性维护是指为适应环境变化或克服系统本身的不足对系统进行的调整、修改和扩充。它是一项长期的工作,以系统运行情况记录和日常维护记录为基础,是系统高质量运行、延长系统生命周期的重要保证。

2)文档管理

文档分为技术文档、管理文档和记录文档。文档管理是有序地、规范地开发与运行系统所必须做好的重要工作。系统文档是相对稳定的,随着系统的运行及情况的变化,会有局部修订。为保证文档的一致性和可追踪性,所有文档都要收全、整理,并集中统一保管。

3)安全和保密

系统的安全是为了防止有意或无意地破坏系统软硬件及信息资源的行为发生,避免遭受损失所采取的措施;系统的保密是为防止有意窃取信息资源行为的发生,免受损失而采取的措施。

7.3.3 系统评价

系统开发并运行一段时间后应对系统进行评价。系统评价的目的是检查系统是否达到预期目标,技术性能是否达到设计要求,系统的各种资源是否得到充分利用,经济效益是否理想,并指出系统的长处与不足,为以后的改进与扩展提出意见。

对信息系统评价主要是从技术与经济两方面进行。技术评价主要考虑系统的性能,包括系统总体水平、系统功能范围与层次、系统的质量、信息资源开发与利用的范围与深度、安全与保密性、文档的完备性等。

经济评价内容主要是系统的经济效益,包括直接经济效益和间接经济效益。直接经济效益指系统的投资额、投资回收期、运行费用、新增效益等。而间接经济效益是指对组织的形象的改观、员工素质的提高、管理方法和手段的改变等方面所起的作用。

本章小结

本章主要介绍了管理信息系统的测试、维护和管理等方面的内容。

系统测试的目的就是在系统投入运行前,尽可能多地发现系统在分析、设计、编程各阶段中产生的各种类型的错误。调试的主要任务是依据测试发现的错误迹象确定位置和原因,并加以纠正。系统测试方法很多,一般按测试的性质分为静态测试和动态测试。动态测试又分为黑盒测试和白盒测试。测试包括单元测试、集成测试、确认测试和系统测试。

系统交付使用包括交付前的准备工作和系统切换。交付前的准备工作包括数据准备、文档准备和用户培训等几方面。系统切换过程实际上是新旧系统交替的过程,一般有直接切换、平行切换和逐步切换 3 种方式。

系统维护是在系统交付使用后,为了改正错误或满足新的需要而对系统进行修改的过程。系统维护包括硬件设备的维护、数据的维护和软件系统的维护等内容。在系统维护中常出现维护成本高、产生副作用以及维护工作困难等问题。

系统维护过程与系统开发过程类似。首先必须建立维护组织,由用户或售后工程师提出维护申请报告,维护组织对申请报告进行评审和批准,组织技术人员实施"需求分析维护、设计维护、程序代码维护、测试、维护后试运行、维护后正式运行、对维护过程的评审",并且建立详细的维护文档。

信息系统的管理涉及整个管理系统的生命周期,包括系统开发的管理、系统运行管理及系统评价等。系统开发管理与一般的项目管理类似,涉及项目组织与计划、质量管理、费用管理、进度管理、人员管理、文档资料管理等方面。运行管理的目的是使系统在一个预期时间内能正常发挥其应有的作用,产生其应有的效益,一般包括日常运行管理、文档规范管理、安全和保密等内容。

系统评价的目的是检查系统是否达到预期目标,技术性能是否达到设计要求,系统的各种资源是否得到充分利用,经济效益是否理想,并指出系统的长处与不足,为以后的改进与扩展提出意见。主要是从技术与经济两方面对信息系统进行评价。

习题与思考题

1.系统测试的目的是什么?

2.系统测试和系统调试之间有什么关系?

3.系统测试常采用的方法有哪些,各有什么优缺点?

4.简述系统测试的主要过程。

5.系统切换的 3 种方式各有什么优缺点?

6.系统维护主要包括哪些内容?简述系统维护的过程。

7.管理信息系统开发管理的目的是什么?其主要内容是什么?

8.请根据如图 7.7 所示的网络计划图,按各项活动的时间计算各事件的最早开始时间和最晚开始时间,并给出关键路径。

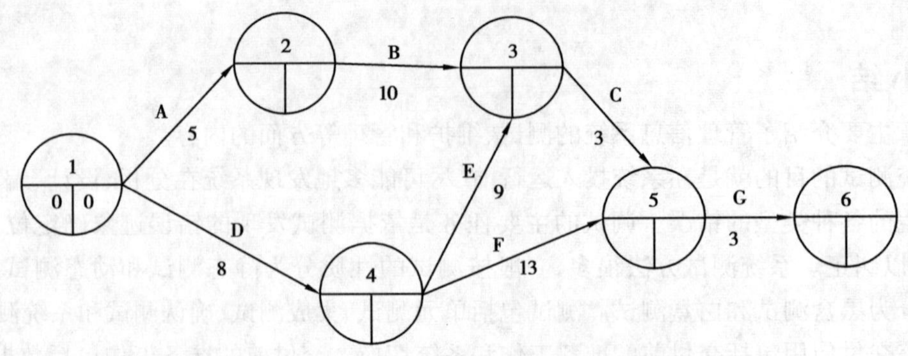

图 7.7　某项目的网络计划图

9.管理信息系统运行管理的目的是什么？其主要内容是什么？

10.简述系统评价的目的和任务。

第8章

基于B/S模式的信息系统

传统信息管理系统采用C/S模式，即Client/Server(客户机/服务器)结构，需要开发客户端程序对应用服务器或数据库服务器进行数据访问，但随着经济和计算机技术快速发展，软件系统的改进和升级越来越频繁，基于C/S模式的软件系统维护和管理难度大，通常只局限于小型局域网使用，不利于扩展等缺点越发突出，因此B/S模式模型越来越流行。本章着重介绍如何构建简单的基于B/S模式的信息管理系统。

8.1 B/S模式原理

B/S模式即Brower/Server(浏览器/服务器)结构，需要开发的是Web页面，而这些Web页面存储在互联网的Web服务器中，用户使用安装在本地的Web浏览器完成对信息的访问。Web页面中包含了文字、图像、声音、视频等多媒体信息，并且也提供了用户使用浏览器向服务器提交数据进行交互的能力。

8.1.1 Web工作原理

早期软件开发者使用HTML语言编写Web页面，每一个Web页面保存为以"htm"或"html"为扩展名的文件，文件包含需要向用户显示的内容(包括文字、图片、视频等多媒体信息，以及指向其他Web页面的超级链接和用于向服务器提交数据的表单)和利用HTML语言指定了显示格式(例如:字体大小、颜色，显示的位置等)。

Web页面设计完成后就放到Web服务器中的指定文件夹下，当用户使用浏览器对某一页面进行请求时，Web服务器将所请求Web页面文件和相关资源返回给浏览器，浏览器对收到的Web页面文件进行解析后生成图形化的显示，过程如图8.1所示。

早期Web页面只能向用户显示由软件开发者在设计页面时确定的内容，若要改变页面内容，需要软件开发者重新设计页面，这类页面称为静态页面。假设开发Web页面为一个班级的每位同学显示他们各自的成绩，由于每位同学成绩不同，即Web页面所需显示的

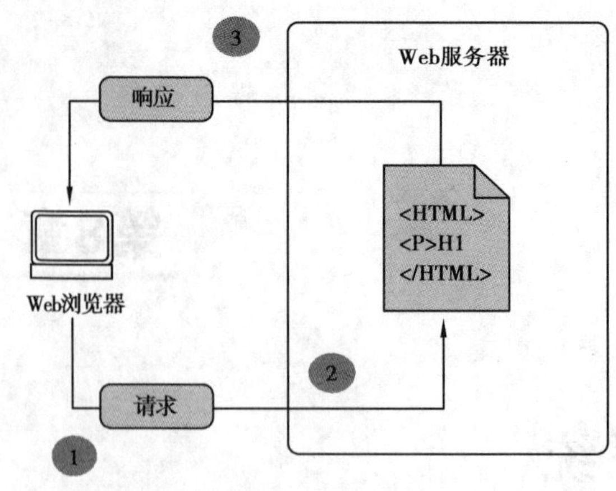

图 8.1　早期 Web 页面访问过程

内容不同,那么需要为每名同学设计一个单独的 Web 页面,而这些 Web 页面基本相同,不同的仅是具体成绩,因此提出了动态生成 Web 页面显示内容的需要。

动态 Web 页面就是在 Web 页面中包含了程序代码,当用户访问 Web 页面时这些程序代码就会在服务器上运行生成页面内容。常见动态 Web 页面技术包括 JSP、ASP(或 ASP. NET)、PHP 3 类,每类技术均有自己独特的 Web 网页文件扩展名和 Web 服务器。当用户通过浏览器所发来的 Web 页面请求为动态网页时,Web 服务器运行这些页面中的程序代码从数据库提取相关数据,并将得到的数据和 HTML 代码整合起来生成网页文件,然后将网页文件返回给用户。利用动态网页技术就可以对全班同学成绩查询仅设计一个页面,而每名同学的查询请求均会得到一个从数据中查询到的本人成绩和 HTML 代码整合起来生成的网页文件。图 8.2 表示了利用 ASP 技术的动态网页访问过程。

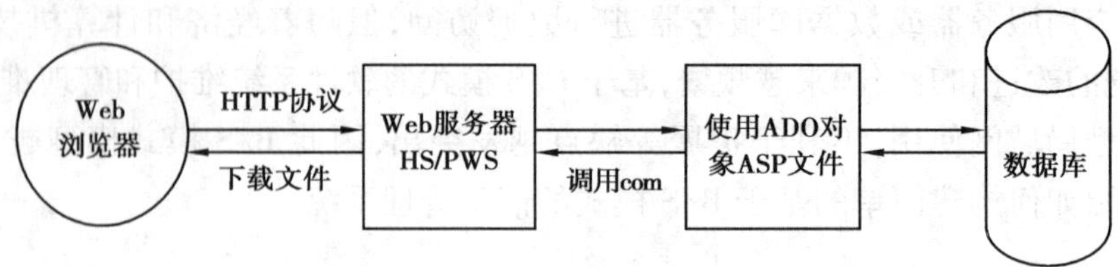

图 8.2　ASP 动态页面访问过程

动态 Web 页面通过在服务器端运行程序,会随不同客户、不同时间而返回不同网页,具有非常好的交互性和灵活性,因此目前的网站基本上都采用动态 Web 页面技术,例如,图 8.3 为京东首页中输入查询词“从 0 到 1”后生成的动态 Web 网页。

图 8.3　动态 Web 页面示例

8.1.2 Web开发技术

Web开发技术包含的内容极其庞大，且发展极为迅速，但总体上可分为前端开发和后端开发两类。

前端开发技术用于实现网站的正确显示及交互功能，并达到美化页面的效果。早期Web开发中设计静态Web页面，主要使用Dreamweaver作为Web网站创建和Web页面开发工具，但互联网进入Web 2.0后，各种类似桌面软件的Web应用大量涌现，网站前端发生了翻天覆地的变化，不再只是承载单一的文字和图片，各种丰富媒体让网页的内容更加生动，目前Web前端开发技术包括3个要素：HTML5，CSS3，JQuery。

➤ HTML语言称为超文本标记语言，是互联网核心语言，是专门用于创建Web超文本文档的编程语言，它能告诉浏览器如何显示Web网页的内容，如何链接各种信息，如何含有其他文档、图像、声音、视频等，从而形成超文本。2014年10月29日，HTML5标准规范制定完成，让Web页面具有了更好的跨浏览器性能和用户交互能力。

➤ CSS即层叠样式表，是一种专门用于描述Web页面表现方式的文件，包括如何在屏幕上显示，描述打印效果，甚至声音效果。CSS将网页中要显示的内容和显示这些内容的格式进行了分离以提高网页文件可读性。CSS文档一般以独立文件形式存在，通过同一网站多个Web页面中引入同一个CSS文件，来对多个Web页面内容的显示格式进行控制，以达到整个网站页面显示风格的统一。目前CSS3在广泛使用。

➤ JQuery是一个优秀的JavaScript库，兼容CSS3和各种浏览器。JQuery可以使开发者更加便捷，如操作文档对象、选择DOM元素、制作动画效果、事件处理、使用Ajax以及其他功能。JQuery还提供API让开发者编写模块化的插件，让开发者能很轻松地开发出功能强大的静态或动态网页。JavaScript是一种属于网络的脚本语言，已经被广泛用于Web应用开发，常用来为网页添加各式各样的动态功能，为用户提供更流畅美观的浏览效果。

服务器端编程主要包括JSP、ASP（或ASP.NET）和PHP 3大主流技术。每类技术都有相对应的服务器端编程语言和Web服务器。

➤ JSP（Java Server Pages）技术在传统网页HTML文件（*.htm，*.html）中插入Java程序段和JSP标记，形成JSP文件（*.jsp），用JSP开发的Web应用是跨平台的，既能在Linux下运行，也能在其他操作系统上运行。

➤ ASP（Active Server Page）或ASP.NET意为“动态服务器页面”，让Web页面可以与数据库和其他程序进行交互的技术，形成ASP文件（*.asp），是一种简单、方便的编程工具。

➤ PHP（Hypertext Preprocessor）将程序嵌入HTML（标准通用标记语言下的一个应用）文档中去执行，执行效率较高。

8.2 ASP.NET

ASP.NET是在微软公司的.NET平台下进行动态Web网页开发的技术，是ASP技术的后续发展,可以使用 VB 和 C#作为在服务器端的运行语言,所需 Web 服务器为 Windows 操作系统自带的 IIS 服务器(Internet Information Server),是 Windows 平台下的动态 Web 页面开发技术。ASP .NET 的网站或应用程序通常使用微软公司的 IDE(集成开发环境)产品 Visual Studio 进行开发。

8.2.1 Web 项目创建

Visual Studio 中进行 Web 页面开发效率极高,其设计的开发模式尽量减少了在开发窗体程序和 Web 页面之间的差别,熟悉窗体程序开发的开发者可以很快进行 Web 页面开发。Visual Studio 中开发 Web 页面的具体过程包含:创建新的网站、新建 Web 页面、设计 Web 页面和添加服务器端运行的程序代码 4 个步骤。下面通过例 8.1 展示如何利用 Visual Studio 2010 创建新的 Web 页面。

【例 8.1】 创建一个 Web 网站,并新建一个 Web 网页,在该网页上提供两个文本框分别输入用户名和密码,再添加一个按钮,当单击该按钮后,核对输入文本框中的用户名和密码是否正确并输出相应的提示信息。

【解】 (1)创建 Web 网站

启动 Visual Studio 2010 后选择"新建网站",在出现的界面(如图 8.4 所示)左部选择语言为"Visual Basic",在界面中间选择"ASP.NET"网站,在界面的下部选择"文件系统"后,通过单击"浏览"按钮,在对话框中指定存储网站的目录。

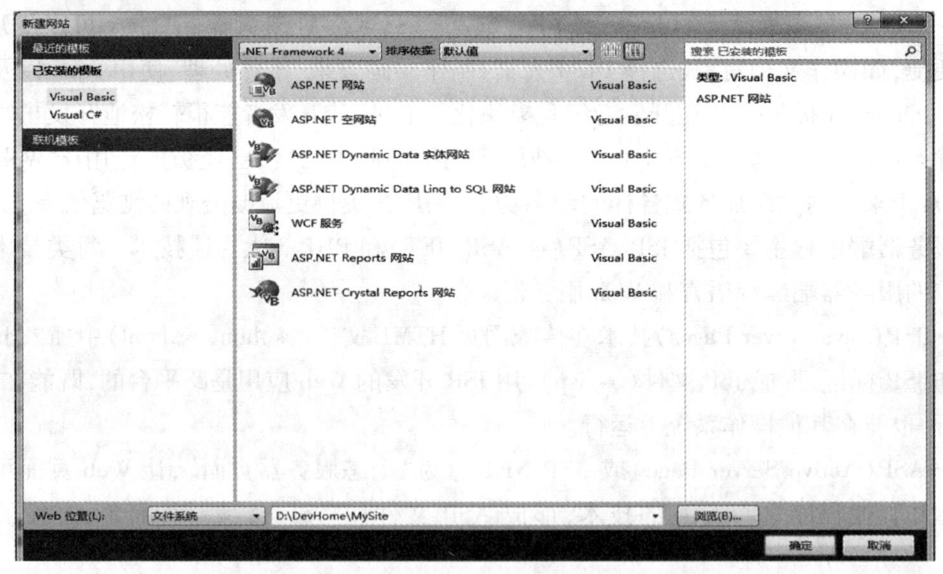

图 8.4 创建 Web 网站

单击"确定"按钮后,出现如图 8.5 所示的界面,在该界面右部的"解决方案资源管理器"窗口中列出了当前网站中的所有资源和文件。

(2)新建 Web 网页

在"解决方案资源管理器"窗口中,选中当前项目后单击鼠标右键,在弹出的菜单中选

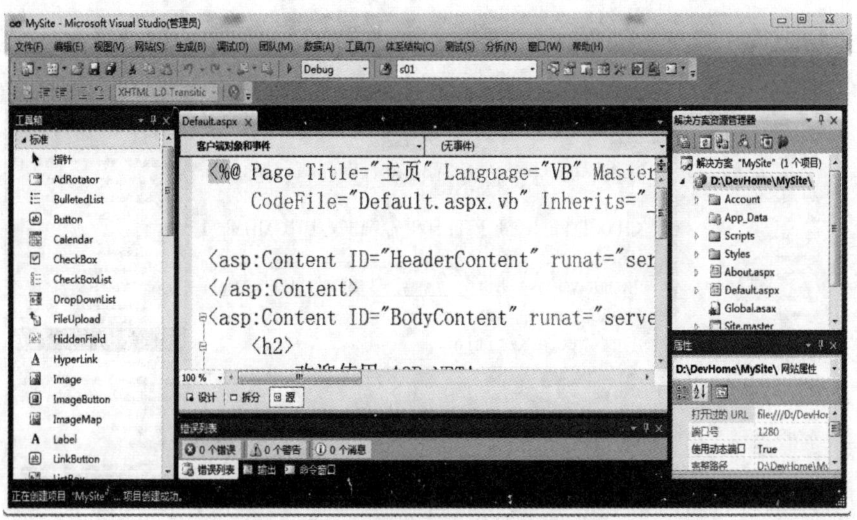

图 8.5　创建网站后的界面

择"添加新项"后出现如图 8.6 所示的对话框,在该对话框中选择"Web 窗体",然后在对话框的下部指定 Web 页面的名称,此处命名为"Login.aspx"。单击"确定"按钮后,就会出现如图 8.7 所示的界面,下一步就可以开始设计 Web 页面。

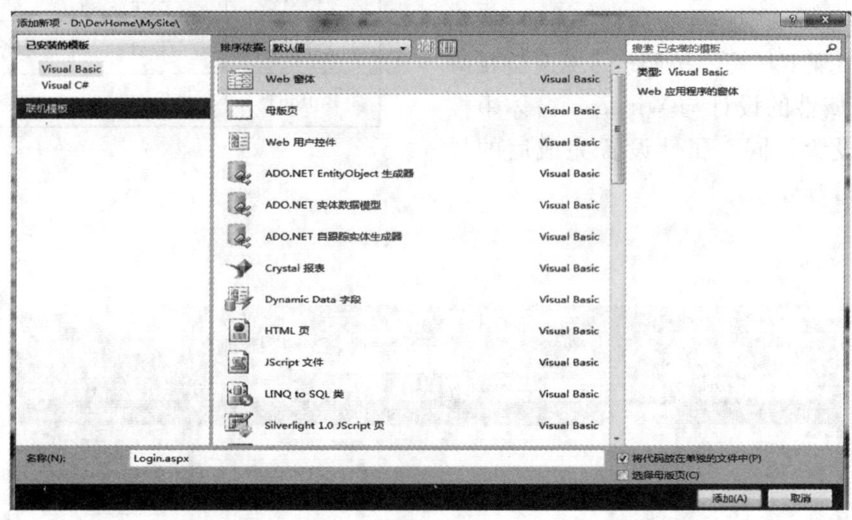

图 8.6　创建 Web 页面

(3)设计 Web 页面

Visual Studio 2010 提供了 3 种视图进行 Web 页面的设计:

➢ 设计视图:提供页面的可视化表示,此视图中可直观显示当前页面的外观。

➢ 源代码视图:包含了 Web 页面的源代码。

➢ 拆分视图:联合了设计视图和源代码视图这两个视图。

Visual Studio 底部,选择"设计""拆分"或"源代码"就可以在 3 个视图中进行随意的切换。选择"设计"视图后,工作区显示为一片空白界面,如图 8.8 所示,从工具箱中将两个标签控件、两个文本框控件以及一个按钮控件拖放到"设计"视图的页面中并放置于如图

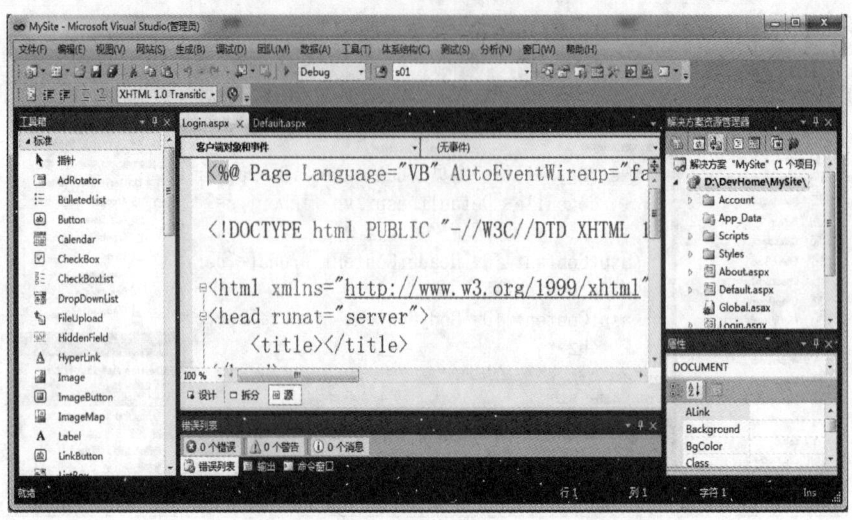

图 8.7　源代码视图中的 Login.aspx 页面

8.9所示的位置。Web 页面中控件的添加方法与 Windows 窗体中控件的添加类似,若在如图 8.8 所示界面中没有出现工具箱,可以选择“视图”菜单中的“工具箱”选项,就会在界面中出现工具箱。按照表 8.1 进行相应属性设置,属性的设计与 Windows 窗体中控件属性的设置相同。属性设置完成后的界面如图 8.10 所示。

表 8.1　Web 页面控件属性设置

控件	属性	设置值
Label1	Text	用户
Label2	Text	密码
Button1	Text	登录

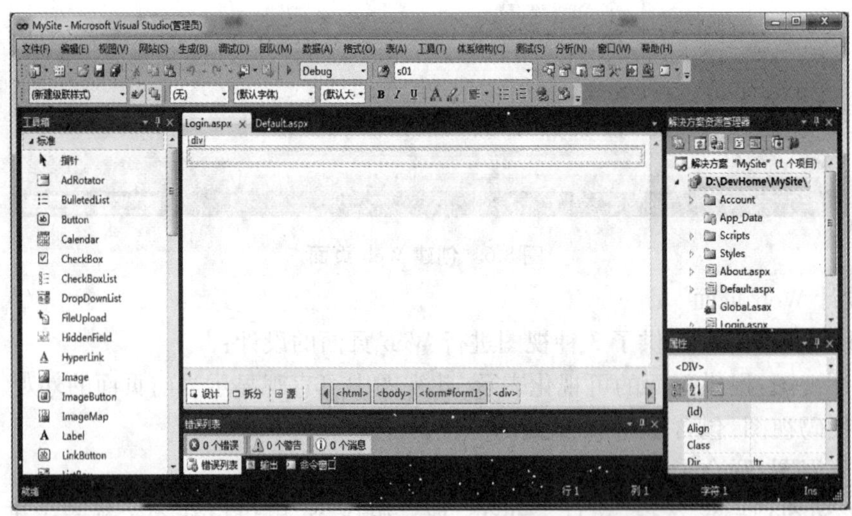

图 8.8　设计视图中的 Login.aspx 页面

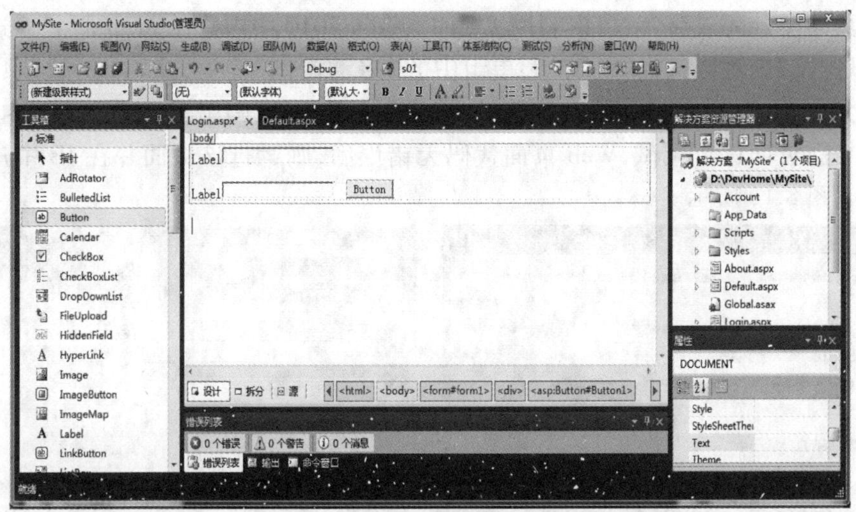

图 8.9 Login.aspx 页面的控件添加

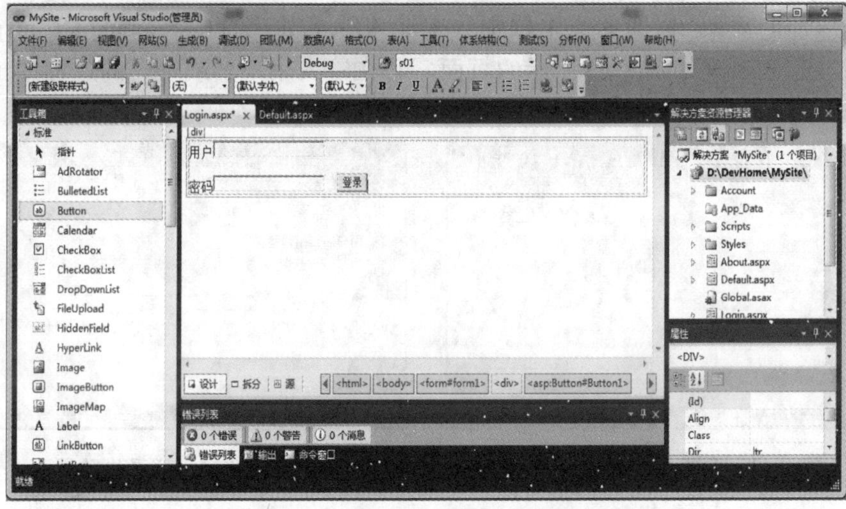

图 8.10 Login.aspx 页面的控件属性设置

(4)添加 Visual Basic 代码

双击“设计视图”中的“登录”按钮，则会在 Login.aspx.vb 文件中添加响应按钮单击事件的方法，在该方法中添加如下的代码：

```
Protected Sub Button1_Click(ByVal sender As Object, ByVal e As System.EventArgs) Handles Button1.Click
    If (TextBox1.Text.CompareTo("admin") = 0 And TextBox2.Text.CompareTo("mypass") = 0) Then
        Response.Write("登录成功!")
    Else
        Response.Write("用户名或密码错误!")
    End If
End Sub
```

Web 页面设计完成后，就可以利用 Visual Studio 2010 中内建的 Web 服务器进行调试，具体方法是：按 F5 键或选择“调试”菜单组中的“启动调试”命令，执行(调试)页面后出现如图 8.11 所示界面，在该界面中直接选择“确定”按钮，则会调用 Visual Studio 内嵌的 Web 服务器对当前页面进行调试，Web 页面代码无错误后，则运行该页面并在 IE 中进行显示，显示结果如图 8.12 所示。

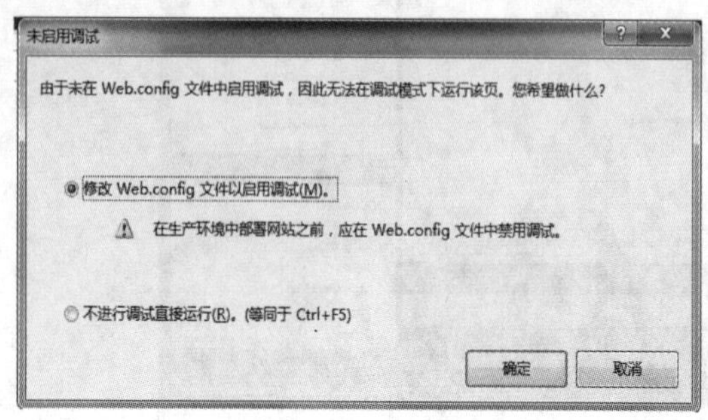

图 8.11　修改默认 Web.config

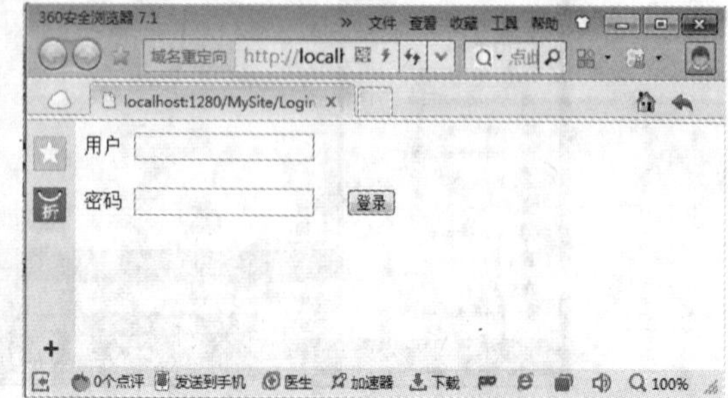

图 8.12　Login.aspx 页面调试

在“用户”和“密码”后面的文本框中分别输入如下的字符串“admin”和“mypass”后单击“登录”按钮，则出现如图 8.13 所示的页面。若在输入用户名或密码的过程中出错，则 IE 中显示如图 8.14 所示的界面。

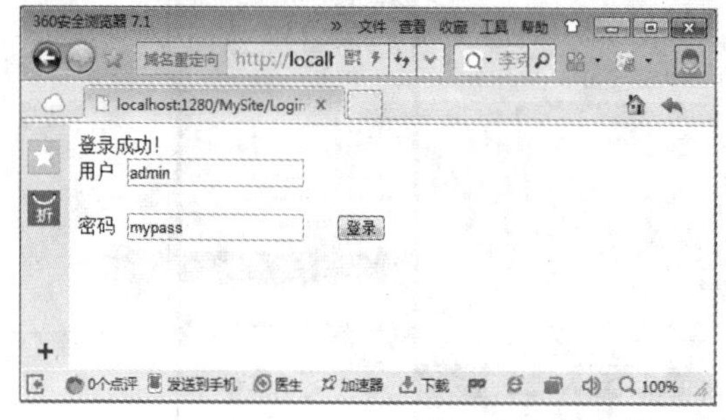

图 8.13　登录成功界面

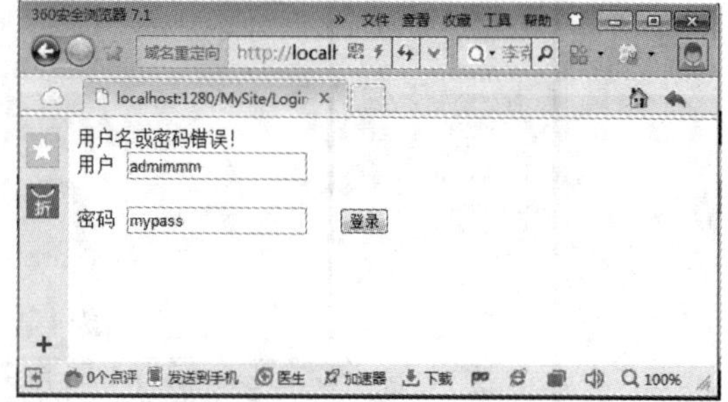

图 8.14　登录失败界面

8.2.2　Web 项目结构剖析

ASP.NET 中一个 Web 页面由两个文件名相同，但扩展名不同的文件组成。例如，例 8.1中新建的 Web 页面包含如下两个部分：实现页面前台布局的页面文件(Login.aspx)和实现业务逻辑的代码文件(Login.aspx.vb)。

页面文件由内容、HTML 标记和 ASP 标记组成，该页面在新建 Web 窗体时创建，也可以使用 Dreamweaver 等软件进行编辑。图 8.15 是 Login.aspx 添加了控件之后的源代码视图。ASP.NET 中每个 Web 页面的页面文件中开头都包含一条 Page 指令，通过它的属性设置来实现与代码文件的联系，其中 CodeFile 属性指明了与页面文件相关联的代码文件名，Language 属性指明了编写代码所使用的语言。常见格式如下：<%@ Page Language="VB" AutoEventWireup="false" CodeFile="Login.aspx.vb" Inherits="Login" %>

在设计视图中可以将工具箱中的控件添加到 Web 页面上，每向页面上添加一个控件，Visual Studio 2010 都将自动地在源视图中添加相应的 ASP 标记，添加的标记可理解为在页

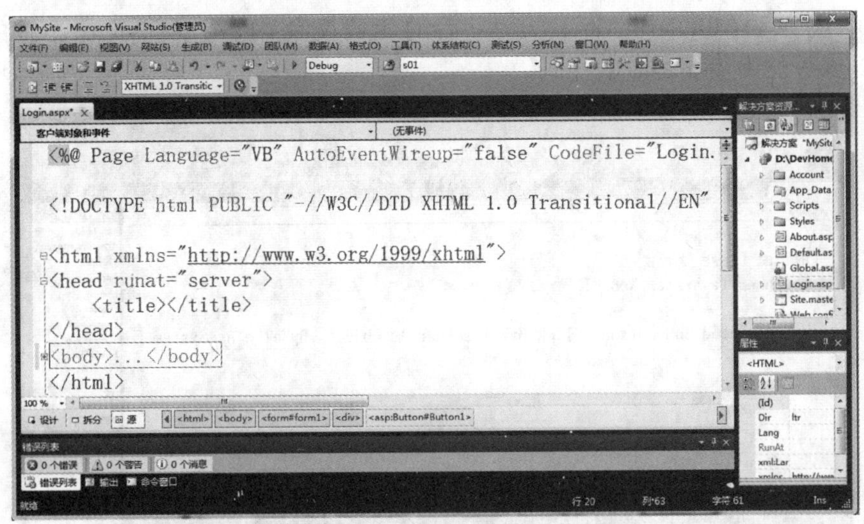

图 8.15　代码视图中的 Web 页面

面中声明并实例化了该控件类的一个对象，每个控件都被赋予唯一 ID，该 ID 号即为所添加控件生成对象的对象名，在代码文件中可以通过 ID 对相应的控件对象进行访问。图 8.16 为源代码视图的 Web 网页，其中虚线框内为添加控件后自动生成的代码。

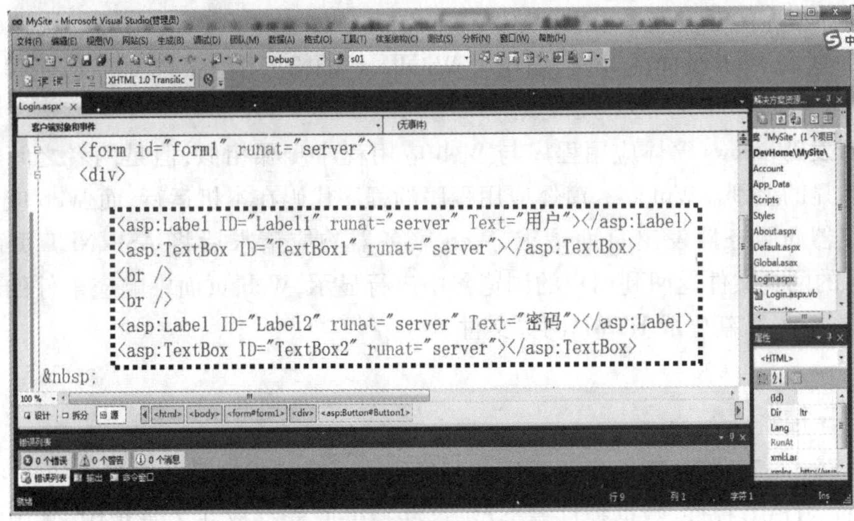

图 8.16　页面添加控件后源代码视图

与窗体程序类似，可对 Web 页面中控件的属性进行设置和添加事件响应方法。属性的设置有两种方式：一种是在设计视图中，选中控件后单击右键选择“属性”，在 Visual Studio 2010 开发环境的右下角属性窗口中进行设置，另一种设置控件属性的方法是在后台文件中添加 VB 语句，在程序运行的过程中进行设置。

控件响应事件的方法添加也与窗体程序设计中的事件响应方法的添加一样，既可以直接双击设计视图中的控件以添加控件（默认方法），也可以选择在 Visual Studio 2010 开发环境的右下角属性窗口中进行设置（选择事件）。所添加方法的程序代码会被自动添加到伴随 Web 页面的代码文件中。图 8.17 所示为“Login.aspx”页面中为“登录”按钮添加了鼠标单击事件响应方法(Button1_Click 方法)后的代码文件内容,下一步需要做的就是在Button1_Click方法中添加相应的代码。

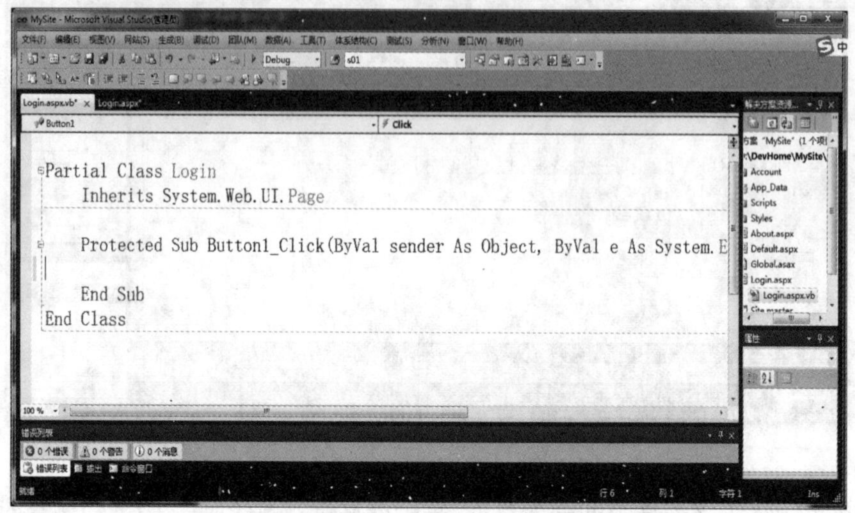

图 8.17　添加响应按钮单击事件后的代码文件

对 ASP.NET 中 Web 页面前后台文件分析后,可发现 ASP.NET 中 Web 页面的开发与Windows 窗体程序的开发基本相同,熟悉 Windows 窗体程序开发的人可以快速学会使用Visual Basic 进行 Web 页面的开发,缩小了 Windows 窗体应用程序与 Web 应用程序之间的差别,这也是 Visual Studio 的一大特点。

虽然开发 Windows 窗体应用程序与 Web 应用程序步骤相似,但是两者之间还是存在一些较为明显的差别。Windows 窗体应用程序的程序代码在本机运行,而 Web 应用程序是由用户浏览器向服务器发出页面请求,Web 服务器响应请求后将 ASP.NET 页面生成由HTML 表示的网页文件返回到用户的浏览器中进行显示,Web 页面中响应事件的方法也是在服务器端运行,重新生成 HTML 网页文件。

8.2.3　Web 控件

Visual Studio 2010 为 Web 应用程序的开发提供了类型丰富且功能强大的控件,主要包括 Web 控件、HTML 控件、数据控件等类型,这些控件同样存放在工具箱中,其中大部分控件与 Windows 窗体控件的外形非常相似,并且具有相似的属性和方法。除此之外,Visual Studio 2010 还提供了一些专门针对网页开发的控件。

Windows 窗体应用程序中,可以把控件放置在窗体上的任意位置。在网页上添加控件时,却只能将其放在当前光标位置上。为了实现控件在整个页面上的定位,通常需要使用表格,把控件放进选定的单元格内。这种控件定位方式虽然不够灵活,但只有这样布局的页面,才能在不同类型的浏览器下都正常显示。

ASP.NET 中的 Web 控件又称为 Web 服务器控件,必须添加到前台网页文件上的<form></form>标记之间。需要特别强调的是,创建 Web 应用程序时选择的虚拟目录名必须是不包含中文和其他特殊符号的,否则无法把控件添加到网页上。例如,在 8.1 节的示例中,

Login.apsx页面上添加了 2 个 Label 控件,2 个 TextBox 控件和 1 个 Button 控件,在该页面的源视图中,它们的 HTML 代码描述如下:

```
<form id="form1" runat="server">
<div>

    <asp:Label ID="Label1" runat="server" Text="用户名"></asp:Label>
    <asp:TextBox ID="TextBox1" runat="server"></asp:TextBox>
    <br />
    <br />
    <asp:Label ID="Label2" runat="server" Text="密码"></asp:Label>
    <asp:TextBox ID="TextBox2" runat="server"></asp:TextBox>
    <asp:Button ID="Button1" runat="server" Text="登录" />
</div>
</form>
```

从上面的代码可以看到,每个 Web 控件都用一对标记来声明,如<asp:Label></asp:Label>,前面一对尖括号(<>)中的内容称为开始标记,控件的类型、名称和其他属性都在开始标记中设置,后面一对尖括号中的内容称为结束标记。以上面按钮控件 Button1 的代码为例,说明开始标记中各项内容的意义:

(1)asp:Button,　　声明控件类型为控钮。

(2)ID="Button1",　　控件的名称,必须具有唯一性。

(3)runat="server",　　说明控件是在服务器端运行的,不可缺少。

(4)Text="登录",　　显示在按钮表面的文字。

对于标记之间没有任何内容的控件,结束标记可以省略。例如,声明 Label 控件的标记可以写为<asp:Label/>。

包含 ASP 标记的 Web 页面,在服务器端运行后会被转换为相应的 HTML 标记,Web 服务器返回给用户浏览器的是 HTML 标记构成的 Web 页面。

8.3 教学管理系统

本小节实现一个简单基于 B/S 模式的教学管理系统,整个系统主要分为用户管理和教学管理模块。系统中有系统管理员、学院管理员、教师和学生 4 种角色,每种角色有自己的权限,不同的角色登录后会根据角色权限显示不同的界面。系统登录如图 8.18 所示,用户输入用户名、密码,然后选择用户类型。

8.3.1 用户管理

系统中有系统管理员、学院管理员、教师和学生 4 种角色。系统管理员可以添加学院和学院管理员,学院管理员可以添加教师和学生。在登录界面中输入系统管理员的账号和密码,并选择用户类型为“系统管理员”后,单击“登录”按钮,页面跳转到系统管理员界面,如图 8.19 所示,图的左侧为系统管理员可以进行操作的功能,分别为用户管理和学院管理。

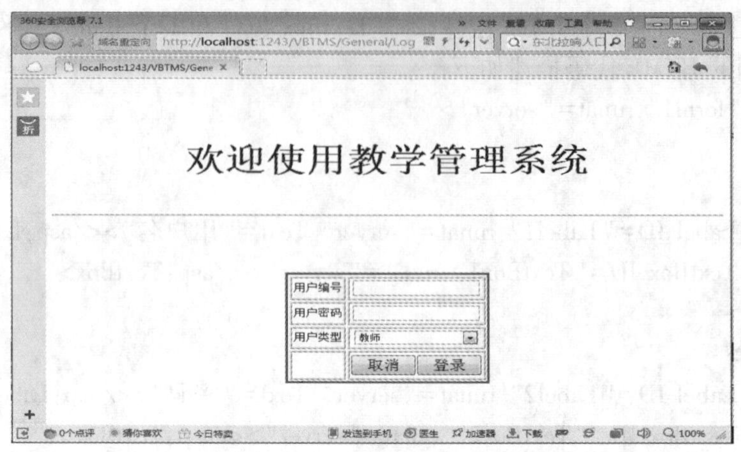

图 8.18　教学管理系统登录界面

图 8.19　系统管理员界面

1）系统管理员添加学院管理员

鼠标单击“用户管理”下的“用户添加”，出现“用户添加”的界面，在该界面中输入相应信息添加“学院管理员”，如图 8.20 所示。

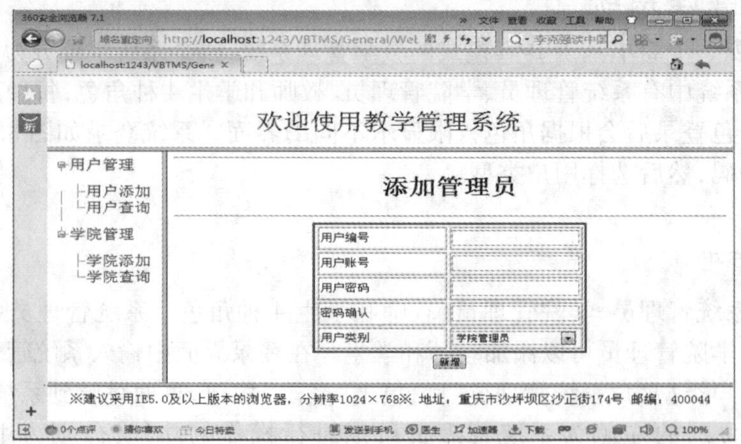

图 8.20　添加学院管理员

2)系统管理员添加学院信息

鼠标单击“学院管理”下的“学院添加”，出现“学院添加”的界面，输入相应信息添加“学院”，如图8.21所示。此处设置的学院编号将会对学院的教师、学生、课程和教学班都有使用。

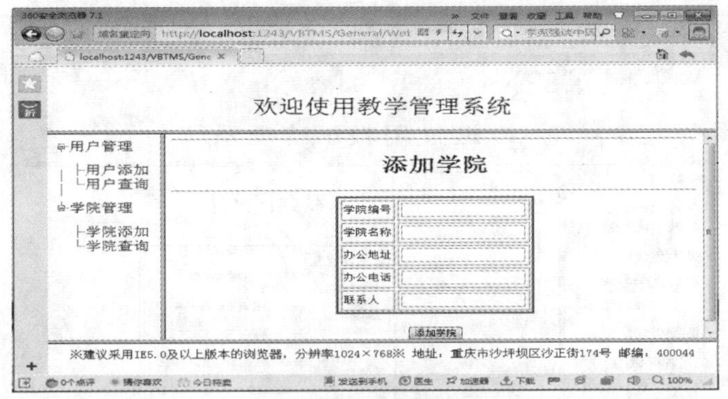

图8.21 添加学院界面

3)学院管理员添加教师

在系统中添加“学院管理员”后，即可使用该账号以“学院管理员”的用户类型登录系统，登录后的界面如图8.22所示，从图中可见“学院管理员”具有“教师管理”“教学管理”和“学生管理”3个权限。在如图8.23所示界面中选择“教师管理”菜单下的“添加教师”子菜单，即可在如图8.23所示界面中添加新的教师用户。

图8.22 学院管理员界面

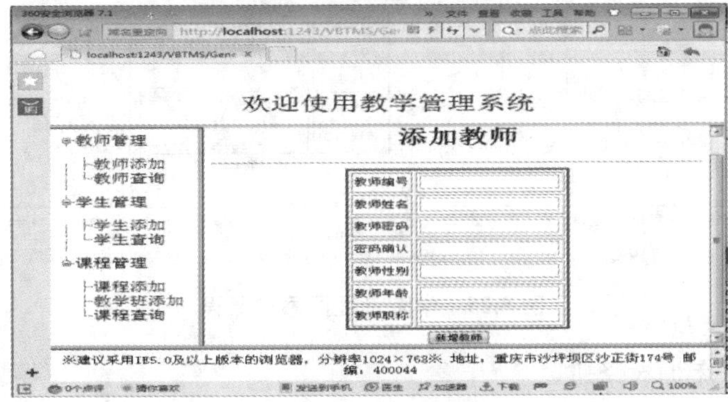

图8.23 添加教师界面

4)学院管理员添加学生

在如图8.22所示界面中选择“学生管理”菜单下的“添加学生”子菜单，即可在如图8.24所示界面中添加新的学生用户。

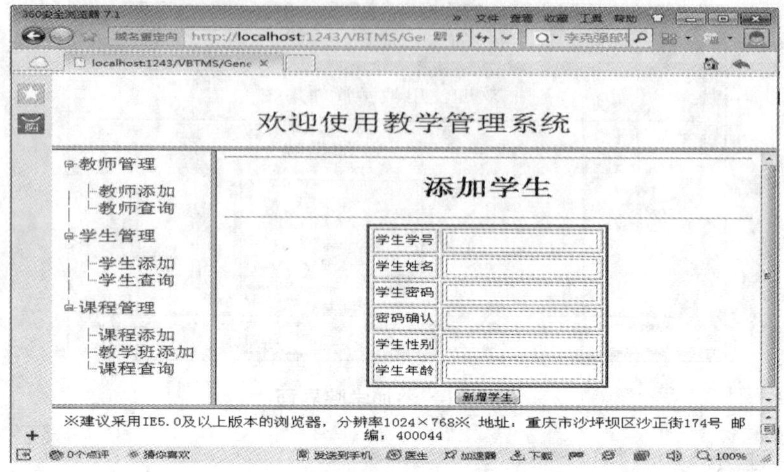

图8.24 学院管理员添加学生界面

8.3.2 教学管理

学院管理员可以添加课程和教学班；学生可以选课和查看自己的课程成绩；教师可以查看自己的教学任务和提交课程成绩。

1)学院管理员添加课程

在如图8.22所示界面中选择“课程管理”菜单下的“添加课程”子菜单，即可在如图8.25所示界面中添加新的课程。

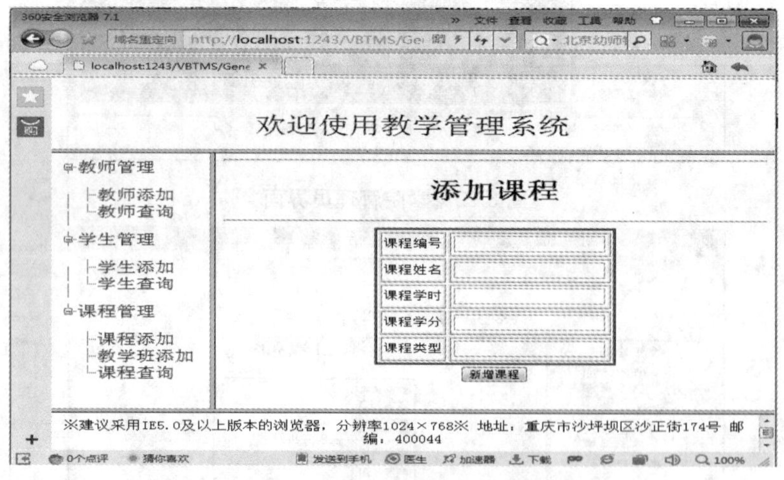

图8.25 学院管理员添加课程

2)学院管理员添加教学班

在如图8.22所示界面中选择“课程管理”菜单下的“添加教学班”子菜单，即可在如

图 8.26所示界面中添加教学班。需要首先填入的数据为教学班号，对应的课程和教师均可以在下拉框中进行选择，数据分别来自于前面添加的教师和课程。

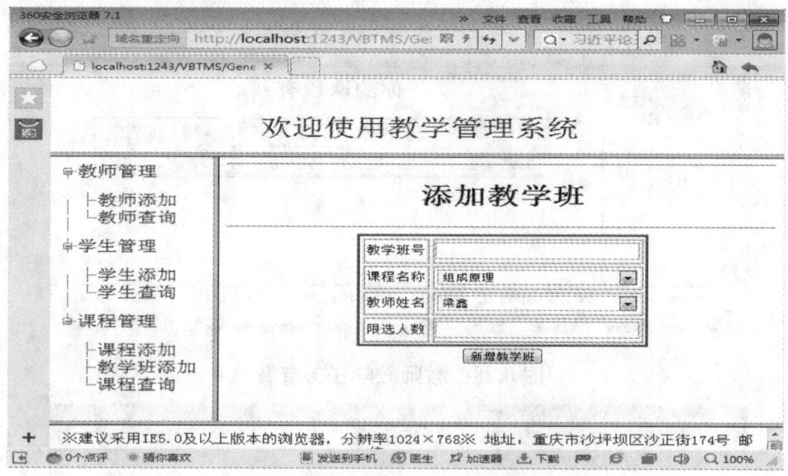

图 8.26　学院管理员添加教学班界面

3）教师查看教学任务

在系统中添加“教师”用户后，在“系统登录”界面中输入教师的账号和密码，选择“教师”用户类型进行登录后，出现如图 8.27 所示界面，选择“教学任务”后可以查看自己所应承担的教学任务，如图 8.28 所示。

图 8.27　教师用户界面

4）教师添加课程成绩

教师从如图 8.27 所示的界面选择“成绩录入”后，出现如图 8.29 所示界面，选择所需录入成绩的课程，单击“录入”的超级链接后，出现如图 8.30 所示界面，教师可以为所选教学班的每一个同学录入课程考试成绩。

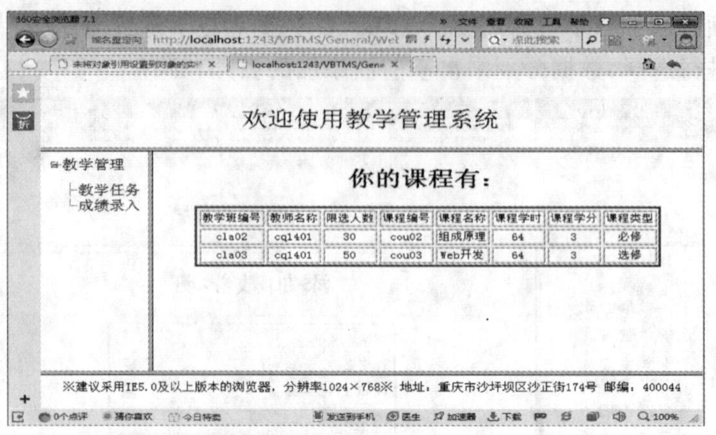

图 8.28 教师教学任务查看

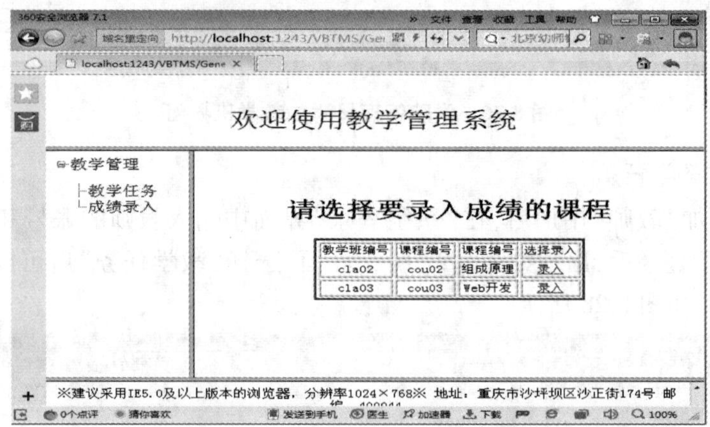

图 8.29 教师选择录入成绩课程

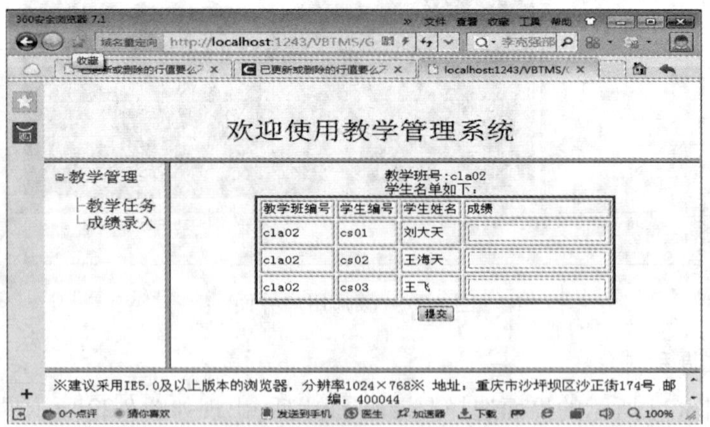

图 8.30 教师录入学生成绩

5)学生选课界面

学生登录系统后出现如图 8.31 所示界面。

学生用户选择“课程选择”后，出现如图 8.32 所示界面，界面中出现了学院为学生开设的课程，学生可以单击后面的复选框来确定是否选择某门课程。

图 8.31　学生用户界面

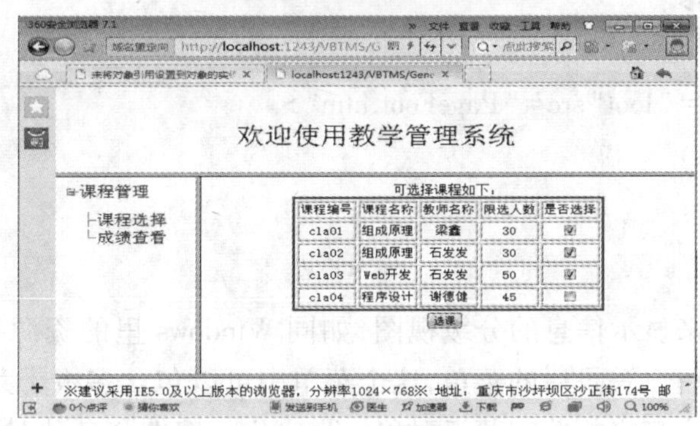

图 8.32　学生选择课程

6)学生查看自己所选课程的成绩

学生用户选择“成绩查看”后，出现如图 8.33 所示界面，显示了学生所选择课程的成绩。

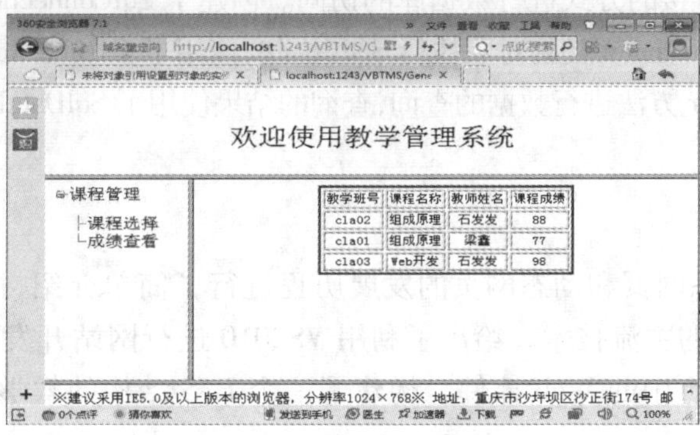

图 8.33　学生查看课程成绩

8.3.3　相关技术

1)页面布局

首先需要将 Web 页面分为几个部分，本文中采用了框架进行页面分块。首先将页面从垂直方向分为顶部、中部和底部 3 个部分，将顶部的帧指向“PageHead.htm”作为所有页面的顶部显示内容，将底部的帧指向“PageFoot.htm”作为所有页面的底部显示内容。对于中部再次使用框架嵌套后分为左右两个部分，其中左部的帧指向了“UserMenu.aspx”以显示用户登录后的菜单，右部显示具体的页面内容。具体代码如下：

```
<frameset rows = "15%,75%, * ">
    <frame src = " PageHead.htm" name = " head" >
    </frame>
    <frameset cols = "10%, * ">
        <frame name = " UserMenu.aspx" src = " UserMenu.aspx" >
        </frame>
        <frame name = " main" src = " DefaultContent.aspx" >
        </frame>
    </frameset>
    <frame name = " foot" src = " PageFoot.htm" >
    </frame>
</frameset>
```

2)菜单创建

TreeView 控件用来显示信息的分级视图，如同 Windows 里的资源管理器的目录，本文利用其显示不同种类用户登录后的菜单，这个菜单中可以包含多级子菜单。TreeView 控件中的各项信息都有一个与之相关的节点对象。TreeView 控件会自动对 Node 对象的分层结构进行显示，因此可以建立一个包含树形分层结构的节点对象。

3)数据库访问

本章使用了面向链接的方式进行数据库的访问。创建了 SqlConnection 类的对象进行数据库的链接，创建了 SqlCommand 类的对象执行 SQL 语句，使用了 ExecuteNonQuery 方法进行数据的插入和 ExecuteReader 方法进行数据的查询，查询的结果使用了 SqlDataReader 进行读取。

本章小结

对 B/S 模式、静态网页和动态网页的发展历程进行了简单介绍，指出了当前进行 Web 前台开发和后台开发的主流技术。给出了利用 VS2010 进行网站开发的过程，分析了 ASP.NET 的网页结构和网页中的 Web 控件。构建了一个 B/S 结构的教学管理系统，可以进行简单的教学管理。

习题与思考题

1.比较 C/S 结构与 B/S 结构各自的优缺点。

2.解释什么是静态页面，什么是动态页面？

3.常见的 Web 开发技术有哪些？

4.简述 Visual Studio 中开发 Web 应用的过程。

5.如何使用数据源控件和 GridiView 控件在 Web 页面中实现数据的查询？

附 录

附录1 《系统规格说明书》参考提纲

系统定义和分析阶段产生的《系统规格说明书》参考提纲如下：

1.引言

系统目标和系统将要运行的环境；开发要点；可行性、合理性及所要求的资源；价格和进度的概述。

2.功能描述

系统的每一功能，包括输入、执行任务、输出及接口数据等。

3.分配

把每一功能分配给合适的系统元素并对其特性、特征进行描述。

4.成本预算

对系统的各项成本进行预算。

5.约束

包括技术、经济和管理方面的约束。如外部环境、接口、政策、法规、资源、投资、进度等方面的限制。

6.进度

根据用户需要制定开发进度并可在以后协调和修改。

《系统规格说明书》由系统分析员编写，由用户和系统分析员共同审查。

附录2 《可行性研究报告》参考提纲

1.引言

编写目的、背景、专门术语定义、参考资料等。

2.可行性研究的前提

说明对所建议的开发项目进行可行性研究的前提，如要求、目标、假定、限制等；可行性研究的方法;评价尺度等。

3.对现有系统的分析

分析现有系统(指当前实际使用的系统,可能是计算机系统/机械系统/人工系统)的目的,是为了进一步阐明建议中的开发新系统或修改现有系统的必要性。从处理流程、数据流程、工作负荷、费用开支、人员、设备、局限性等方面分析说明。

4.所建议的系统

说明所建议系统的目标和要求将如何被满足。对所建议系统的说明、处理流程和数据流程、改进之处、影响、局限性、技术条件方面的可行性。

5.可选择的其他系统方案

扼要说明曾考虑过的每一种可选择的系统方案。

6.投资及效益分析

支出、收益、收益/投资比、投资回收周期。

7.社会因素方面的可行性

法律方面的可行性;使用方面的可行性。

8.结论

在进行可行性研究报告的编制时,必须有一个研究的结论。结论可以是:可以立即开始进行;需要推迟到某些条件(例如资金、人力、设备等)落实之后才能开始进行;需要对开发目标进行某些修改之后才能开始进行;不能进行或不必进行(如因技术不成熟、经济上不合算等)。

附录3 《需求分析规格说明书》参考提纲

1.引言

编写目的、项目背景、定义、专门术语、缩写词、参考资料等。

2.任务概述

目标、运行环境、产品功能、用户特点、一般约束、假设和依据。

3.数据描述/数据要求

数据词典、静态数据、动态数据(包括输入数据和输出数据)、内部生成数据、数据约定、数据采集。

4.功能需求

功能划分、功能描述、输入、加工/处理、输出。

5.性能需求

数据精确度、时间特性(如响应时间、更新处理时间、数据转换与传输时间等)等。

6.运行需求/外部接口需求

用户界面(如屏幕格式、报表格式、菜单格式、输入输出的相对时间、功能键的可用性等)、硬件接口、软件接口、通信接口、故障处理。

7.设计约束

其他标准的约束、硬件的限制等。

8.其他需求

数据库、适应性、可使用性、安全保密、可维护性、可移植性等。

附录 4 《概要设计规格说明书》参考提纲

1.引言

目的、读者、背景、专门术语的定义、参考资料、软件开发标准。

2.总体设计

需求规定、运行环境、系统的基本设计概念和方法、系统结构、功能需求与程序的关系、人工处理过程等。

3.接口设计

用户接口、外部接口、内部接口等。

4.运行设计

运行模块组合、运行控制、运行时间等。

5.系统数据结构设计/数据库设计

逻辑结构设计要点/数据库逻辑结构设计、物理结构设计要点/数据库物理结构设计、安全与保密设计、数据结构与程序的关系。

6.系统出错处理设计

出错信息、系统维护设计等。

附录 5 《程序设计说明书》参考提纲

1.引言

目的、读者、背景、专门术语、参考资料、软件开发标准等。

2.程序名及描述

3.所属系统及子系统名称

4.程序的功能

5.程序的输入、输出数据关系图

6.输入文件、输出文件的格式

7.程序处理过程说明

计算公式、决策表、控制方法等。

参考文献

[1] 曾一,王欣如,等.计算机信息管理基础[M].重庆:重庆大学出版社,2006.

[2] 王能斌.数据库系统教程[M].北京:电子工业出版社 2004.

[3] 王珊,萨师煊.数据库系统概论[M].北京:高等教育出版社 2011.

[4] 赵韶平. PowerDesigner 系统分析与建模[M].2 版.北京:清华大学出版社,2010.

[5] 张海藩.软件工程导论[M].6 版.北京:清华大学出版社,2013.

[6] 中国标准出版社.计算机软件工程规范国家标准汇编[M].北京:中国标准出版社,2000.

[7] 孔庆月,王彦新.SQL Server 数据库技术与应用[M].北京:北京理工大学出版社,2012.

[8] 胡国胜,易著梁.数据库技术与应用——SQL Server 2008[M].北京:机械工业出版社,2010.

[9] 王雨竹,张玉花.SQL Server 2008 数据库管理与开发教程[M].2 版.北京:人民邮电出版社,2012.

[10] Bruce Johnson. Visual Studio 2012 高级编程[M].张卫华,裴洪文,译.4 版.北京:清华大学出版社,2014.

[11] Adam Freeman, Matthew MacDonald, Mario Szpuszta.精通 ASP.NET 4.5[M].石华耀,译.5 版.北京:人民邮电出版社,2014.

[12] 程学先.管理信息系统及其开发[M].北京:清华大学出版社,2008.

[13] 薛大龙.高级信息系统项目管理师教程[M].北京:电子工业出版社,2012.

[14] 兰顺碧.Visual Basic.NET 程序设计教程[M].北京:人民邮电出版社,2012.

[15] 刘钢.VB.NET 程序设计基础[M].北京:高等教育出版社.2012.

[16] 彭作民.Visual Basic.NET 实用教程[M].2 版.北京:电子工业出版社,2013.

[17] 薛华成.管理信息系统[M].6 版.北京:清华大学出版社,2012.

[18] 刘翔.信息管理与信息系统[M].北京:清华大学出版社,2013.

[19] 曲翠玉.信息系统开发方法与实践教程[M].北京:机械工业出版社,2014.

[20] 杨洋.企业信息编码体系探讨与应用[J].企业研究,2014(02).

[21] 国家水利部.水利政务信息编码规则与代码(SL200-2013),2013.